普通高等教育“十二五”规划教材

简明弹性力学及有限元法

主 编 李 波

中国水利水电出版社
www.waterpub.com.cn

内 容 提 要

本书根据教学改革的需求和新的教学计划编写。内容包括绪论、弹性力学平面问题基本理论、弹性力学平面问题的解析解法、用常应变三角形单元解弹性力学平面问题、用较精密的平面单元解弹性力学平面问题和ANSYS简介及其应用。

本教材可作为农业类高等院校水利土木类专业弹性力学及有限元课程的教材。

图书在版编目（CIP）数据

简明弹性力学及有限元法 / 李波主编. -- 北京 : 中国水利水电出版社, 2014.7(2019.1重印)
普通高等教育"十二五"规划教材
ISBN 978-7-5170-2256-5

Ⅰ. ①简… Ⅱ. ①李… Ⅲ. ①弹性力学－有限元法－高等学校－教材 Ⅳ. ①O343

中国版本图书馆CIP数据核字(2014)第155505号

书　　名	普通高等教育"十二五"规划教材 **简明弹性力学及有限元法**
作　　者	主编　李波
出版发行	中国水利水电出版社 （北京市海淀区玉渊潭南路1号D座　100038） 网址：www.waterpub.com.cn E-mail：sales@waterpub.com.cn 电话：(010) 68367658（营销中心）
经　　售	北京科水图书销售中心（零售） 电话：(010) 88383994、63202643、68545874 全国各地新华书店和相关出版物销售网点
排　　版	中国水利水电出版社微机排版中心
印　　刷	北京瑞斯通印务发展有限公司
规　　格	184mm×260mm　16开本　10.5印张　248千字
版　　次	2014年7月第1版　2019年1月第2次印刷
印　　数	2501—4000册
定　　价	**26.00**元

前　言

本书是为农业高等院校水利、土建类专业编写的弹性力学及有限元法教材，是根据农业高校专业培养目标和培养计划编写的。本书以弹性力学平面问题为求解对象，介绍了该问题的解析解法及相关概念、有限单元数值解法及相关基本原理和大型有限元程序ANSYS求解及相关内容。

本书全部内容所需的教学时数为40学时。本书内容组织尽可能保证学生知识结构完备，并且针对目前教学学时缩减、知识信息量大的现状，编者综合多年的教学经验形成了教材的内容和结构。首先介绍弹性力学基本概念、两类平面问题及基本理论、平面问题的直角坐标解答；其次介绍了用常应变三角形单元解弹性力学平面问题的原理和步骤，以及用较精密的平面单元解弹性力学平面问题；最后介绍了大型有限元程序ANSYS及其应用，以保证学生形成基本的力学基础和相对完整的力学结构知识体系。

全书由沈阳农业大学李波主编。董克宝和任庆新两位参加了本书的编写工作。本书主审人东北大学王述红教授提出了很好的修改意见，特此表示衷心的感谢。并希望教师和学生在使用过程中，提出宝贵意见，以使该教材进一步完善，更好满足人才培养的需要。

编者水平有限，疏漏不足之处难免，敬请同行批评指正。

编　者

2014年4月

目录

第一章　绪　　论

第一节　弹性力学及有限元的内容

弹性力学是固体力学的一个分支，研究弹性体由于受外力作用、边界约束或温度改变等原因而发生的应力、形变和位移，从而解决结构或机械设计中所提出的强度和刚度问题。它是材料力学、结构力学、塑性力学和某些交叉学科的基础，广泛应用于建筑、机械、化工、航天等工程领域。

对工科各专业说来，弹性力学的任务和材料力学、结构力学的任务是一样，但在研究对象上有所分工，在研究方法上有所不同。在材料力学里，基本上只研究所谓杆构件，也就是长度远大于高度和宽度的构件。这种构件在拉压、剪切、弯曲、扭转作用下的应力和位移，是材料力学的主要研究内容。在结构力学里，主要是材料力学的基础上研究杆状构件所组成的结构，也就是所谓杆件系统，例如桁架、刚架等。至于非杆状的结构，例如板和壳，以及挡土墙、堤坝、地基等实体结构，则在弹性力学里加以研究。对于杆状构件作进一步的、较精确的分析，也须用到弹性力学。

虽然在材料力学和弹性力学里都研究杆状构件，然而研究的方法却不完全相同。在材料力学里研究杆状构件，除了从静力学、几何学、物理学三方面进行分析以外，大都还引用一些关于构件的形变状态或应力分布的假定，这就大大简化了数学推演，但是，得出的解答往往只是近似的。在弹性力学里研究杆状构件，一般都不必引用那些假定，因而得出的结果就比较精确，并且可以用来校核材料力学里得出了近似解答。例如，在材料力学里研究直梁在横向荷载作用下的弯曲，就引用了平面截面的假定，得出的结果是：横截面上的正应力（弯曲正应力）按直线分布。在弹性力学里研究这同一问题，就无须引用平面截面的假定。相反地，还可以用弹性力学里的分析结果来校核这个假定是否正确，并且由此判明：如果梁的深度并不远小于梁的跨度，而是同等大小的，那么，横截面上的正应力并不按直线分布，而是按曲线变化的，并且材料力学里给出的最大的应力将具有很大的误差。又例如，在材料力学里计算有孔的拉伸构件，通常就假定拉应力在净截面上均匀分布。弹性力学里的计算结果表明：净截面上的拉应力原不是均匀分布，而在孔的附近发生高度的应力集中，孔边的最大拉应力会比平均拉应力大出几倍。

弹性力学吸收了结构力学中的超静定结构分析法，大大扩展了它的应用范围，使得某些比较复杂的本来是无法求解的问题，得到了解答。在 20 世纪 50 年代中叶发展起来的有限单元法中，把连续弹性体划分成有限大小的单元构件，然后用结构力学里的位移法、力法或混合法求解，更加显示了弹性力学与结构力学综合应用的良好效果。

有限单元法（FEM，Finite Element Method）的基本概念是用较简单的问题代替复杂问题后再求解。它将求解域看成是由许多称为有限元的小的互连子域组成，对每一单元假定一个合适的近似解，然后推导求解这个域的满足条件，从而得到问题的解。这个解不是准确解，而是近似解，因为实际问题被较简单的问题所代替。由于大多数实际问题难以得到准确解，而有限元不仅计算精度高，而且能适应各种复杂形状，因而成为行之有效的工程分析手段。它广泛地应用于求解热传导、电磁场、流体力学等问题，且已经应用于水工、土建、桥梁、机械、电机、冶金、造船、飞机等，几乎所有的科学研究和工程技术领域。基于有限元分析（FEA）算法编制的软件，即有限元分析软件，通常根据软件的适用范围，可以将之区分为 专业有限元软件和大型通用有限元软件。实际上，经过了几十年的发展和完善，各种专用的和通用的有限元软件已经使有限元方法转化为社会生产力。常见通用有限元软件包括 Ansys、Abaqus、Algor、Femap/NX Nastran、Hypermesh、COMSOL Multiphysics、FEPG 等。

第二节 弹性力学的基本假定

弹性力学在处理问题方面比材料力学更广泛、更严密，但弹性力学仍必须作一些基本的假定，具体如下。

（1）假设物体是线性弹性的。即物体在引起形变的外力被除去以后，能够完全恢复其原来的形状，这种关系被称为正比关系，这种弹性就叫做“线性弹性”。在这一假定下的物体只能发生线性弹性变形，称其为“线性弹性体”。这样的物体在任一瞬时的变形，完全取决于它在这一瞬时所受的外力，而与它前一刻的受力情况无关。由此，也就是假定了弹性体内没有初始应力。

（2）假设物体是连续的。这假设认为整个物体的体积都被组成这个物体的物质所填满，而不留下任何空隙。这样物体中应力、应变和位移等物理量就可看成是连续的，因而我们就可用坐标的连续函数来表示它们的变化规律。实际上，一切物体都是微粒组成的，严格来说都不符合上述假定，但是，只要微粒尺寸和微粒之间的距离都比实际物体的尺寸小得很多时，这个物体连续的假定就不会引起显著的误差。

（3）假设物体是均匀的，各向同性的。均匀假设是认为整个物体是由同一种材料组成的，在这种情况下物体内部各点的物理性质都是相同的，反映这些物理性质的弹性常数，如弹性模量、泊松比等都不随位置坐标而变化。因此，可以取出物体中的任意一小部分来加以研究，然后把研究的结果用于整个物体。物体各向同性的假设是认为物体的弹性在所有各个方向都相同，各个弹性常数不随方向而变化。

凡是符合以上三个假定的物体被称为理想弹性体。

（4）假设物体的位移和应变是微小的。该假设认为物体在外力作用下，整个物体所有各点的位移都远远小于物体的原来尺寸，而且应变与转角都远小于 1。经过这样假定以后，有以下好处：

1）在考察物体的应变和位移时，可以将它的二次幂或乘积略去不计。因此弹性力学中的微分方程都可简化为线性的微分方程，从而可以应用叠加原理。

2）建立物体变形以后的平衡方程时，可用变形以前的尺寸来代替变形以后的尺寸，而不至引起显著的误差。

按照以上四个基本假定，来研究物体中应力、应变问题的弹性力学，称为线性弹性力学。本书所讨论的有关有限元的问题，都是建立在线性弹性力学的基础上。

第三节　外力、应力、应变和位移

在材料力学中的外力、应力、应变和位移这些物理量已经作过介绍，但在弹性力学不完全相同，因此这里仍需作一些必要的说明。

一、外力

作用于物体上的外力，按其作用方式的不同，可以分为体积力和表面力两类，分别简称为体力和面力。

体力是分布在物体内部的力，例如物体的自重、惯性力等。一般在物体内部各点的体力是不相同的，将任一点 P 处的单位体积内所作用的体力，沿着直角坐标轴 x、y、z 三个方向的投影，分别记为 f_x、f_y、f_z，这三个量称为物体在该点的体力分量，并规定它们以坐标轴的正方向为正向，体力的量纲是［力］/［长度］^{3}。

面力是作用在物体表面上的力，例如作用在墙梁上的均布荷载、水坝上游表面的静水压力、挡土墙的土压力等。作用在物体表面上的各点力的大小和方向一般也是不相同的。将作用在物体表面上任一点 P 处单位面积上的面力，沿着直角坐标轴 x、y、z 三个方向上的投影，分别记为$\overline{f_x}$、$\overline{f_y}$、$\overline{f_z}$，这三个量称为 P 点的面力分量，它们也以沿坐标轴的正方向为正向，面力的量纲是［力］/［长度］^{2}。

二、应力

物体受外力作用以后，在其内部将要产生应力，是作用在物体切割面上，不同截面之间相互的作用与反作用力。在物体内的同一点上切割不同截面，这些截面上的应力是不相同的。为了研究物体在其某一点 P 处的应力状态，即各个截面上应力的大小和方向，可以围绕该点取出一个无穷小的正六面体，如图 1－1 所示。取 $PA=\mathrm{d}x$，$PB=\mathrm{d}y$，$PC=\mathrm{d}z$，此六面体称为单元体。将单元体每一个面上的应力分解成为一个正应力和两个剪应力，分别与三个坐标轴平行，并称为该面的三个应力分量。

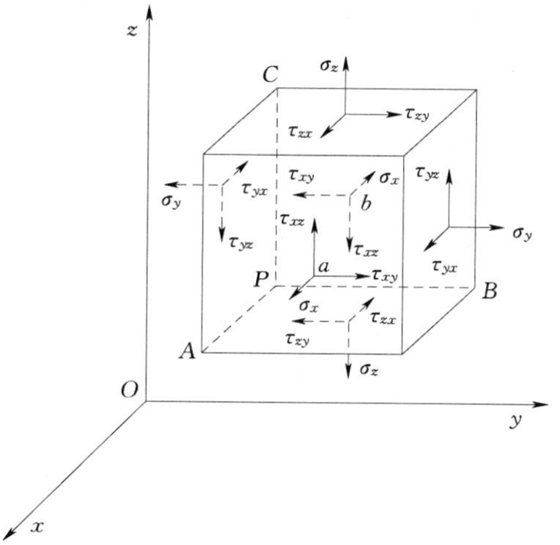

图 1－1

正应力用 σ 表示。作用在垂直于 x 轴的面上级，并沿着 x 轴方向的应力记为 σ_x。因作用面的外法线方向与应力方面一致，为了简化起见，只需加一个 x 下标就足够了。

剪应力用 τ 表示，并加上两个下标：如 τ_{xy}，前一个下标表示作用面的外法线方向，后一个下标表示应力沿着哪一个坐标轴方向。如剪应力 τ_{xy} 是作用在外法线平行于 x 轴的面上，其作用方向与 y 轴平行。其余类推。

应力的符号是这样规定的：如果某一个截面上的外法线是沿着坐标轴的正方向，这个截面就称为正面（例如图 1－1 中的右方、前方、上方这三个面），正面上的应力分量以沿坐标轴正方向为正，沿坐标轴负方向则为负；相反，如果某一个截面上的外法线是沿着坐标轴的负方向，这个截面就称为负面（例如图 1－1 中的左方、后方、下方这三个面），而负面上的应力分量是以沿坐标轴负方向为正向，沿坐标轴正方向为负。图 1－1 中所表示的应力分量全部是正向的。

上述符号的规定，对于正应力是以拉应力为正，而以压应力为负，这与材料力学中的符号规定是相同的。但是对于剪应力，结果和材料力学中的规定不一致。

在下节里将可以证明六个剪应力之间具有互等关系，即

$$\tau_{xy}=\tau_{yx};\tau_{yz}=\tau_{zy};\tau_{zx}=\tau_{xz}$$

由此可见，单元体上的九个应力中只有六个是独立的，它们是三个正应力 σ_x、σ_y、σ_z 和三个剪应力 τ_{xy}、τ_{yz}、τ_{zx}。这个六个应力统称为该点的应力分量，它们的量纲是［力］/［长度］^{2}。

三、应变

单元体受力之后，要发生形状的改变，这种改变可以归结为长度的改变和角度的改变。按照定义：任一线段（例如图 1－1 中的三个棱边 PA、PB、PC）每单位长度的伸长或缩短，称为正应变（或称线应变）；任意两个线段之间（例如图 1－1 中的棱边 PA 和 PB）夹角（直角）的改变，称为剪应变（或称为角应变）。

正应变用字母 ε 表示，例如 ε_x 表示 x 方向的线段 PA 的正应变，其余类推。正应变以伸长为正，缩短为负，与正应力的正负号规定相对应。

剪应变用字母 γ 表示，例如 γ_{yz} 表示 y 与 z 两个方向的线段（即 PB 与 PC）之间的夹角的改变，其余类推。剪应变以使夹角变小时为正，反之为负，与剪应力的正负号规定相对应。

因为正应变和剪应变都是表示相对变形，所以，它们都是无量纲的量。我们将三个正应变 ε_x、ε_y、ε_z 和三个剪应变 γ_{xy}、γ_{yz}、γ_{zx} 统称为一点的应变分量。

四、位移

所谓位移就是位置的移动。物体在受力之后或其他原因（如温度改变），其内部各点将发生位移。物体内任一点的位移，在 x、y、z 三个坐标轴方向的投影，用 u、v、w 来表示，这种三个量统称为一点的位移分量，它们以沿坐标轴正方向为正，反之为负。位移的量纲是［长度］。

在一般情况下，弹性体内任一点的体力分量、面力分量、应力分量、应变分量以及位移分量，都是随点的位置不同而不同，因而它们都是点的位置坐标的连续函数。

习　题　一

1－1　试举例说明，什么是均匀的各向异形体，什么是非均匀的各向同性体，什么是

非均匀的各向异形体。

1-2 一般的混凝土构件和钢筋混凝土构件能否作为理想弹性体？一般的岩质地基和土质地基能否作为理想弹性体？

1-3 五个基本假定在建立弹性力学基本方程时有什么用途？

1-4 应力和面力的符号规定有什么区别？试分别画出正面和负面上的正的应力和正的面力的方向。

1-5 试比较弹性力学和材料力学中关于切应力的符号规定。

1-6 试画出图1-2中的矩形薄板的正的体力，面力和应力的方向。

1-7 试画出图1-3中的三角形薄板的正的面力和体力的方向。

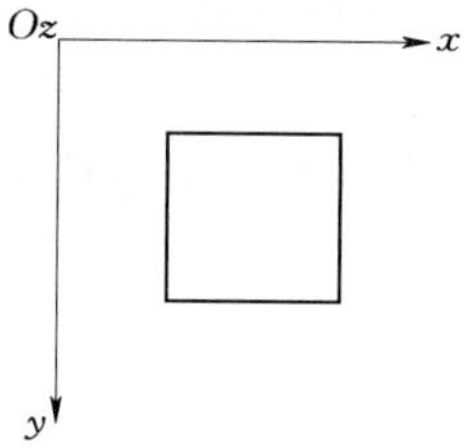

图1-2

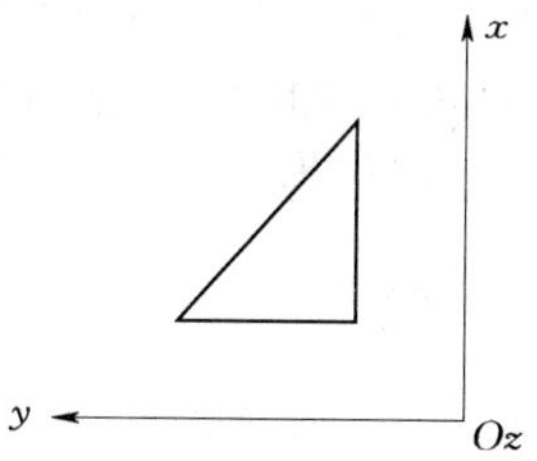

图1-3

第二章　弹性力学平面问题的基本理论

第一节　弹性力学两种平面问题

任何一个实际的工程问题严格来说都属于空间问题。但在多数情况下，常可以将空间问题简化为平面问题来进行分析。下面我们来讨论，弹性体必须具有什么样的受力状态（外力荷载）及几何形状，才能够简化为平面问题。

弹性力学平面问题可分为两类：一类称为平面应力问题；另一类称为平面应变问题。

一、平面应力问题

在工程中常见到这样一类结构，例如短而高的深梁（图 2－1）、开有孔洞的剪力墙（图 2－2）及开有孔洞或凹槽的受简单拉伸的钢板条（图 2－3）等，它们都具有以下共同的特点。

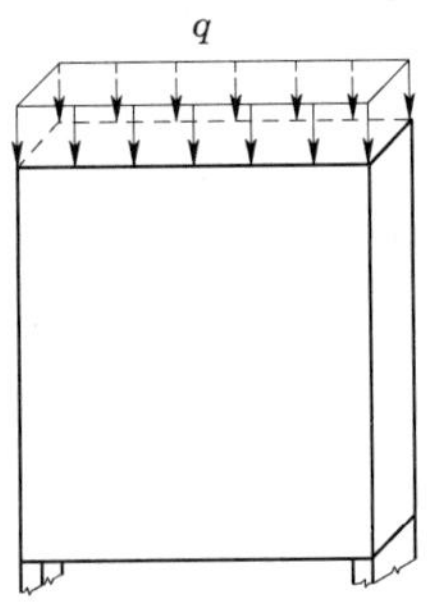

图 2－1

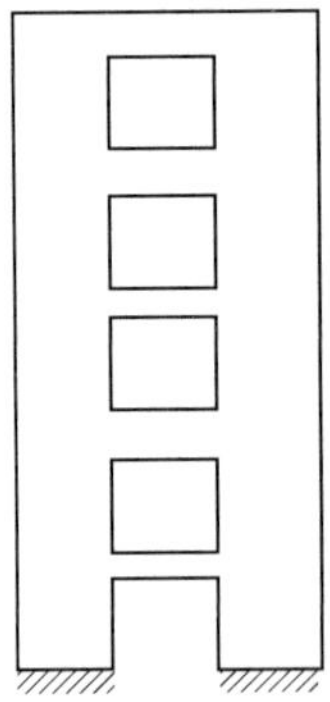

图 2－2

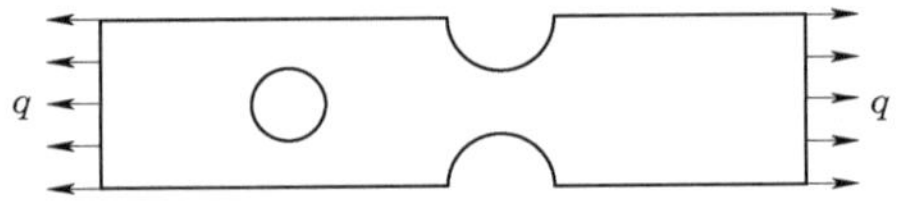

图 2－3

（1）在几何外形上，它们都是等厚度的平面薄板。

（2）在受力状态下，面力都是作用在板边上，且平行于板面，并且不沿厚度变化；体力也平行于板面，并且不沿厚度变化。

设薄板的厚变为 t，平分薄板厚度 t 的平面称为薄板的中面。外力合力应在薄板中面平面内。现在，以深梁为例，分析它们的应力特点。

设薄板的中面为 xoy 平面，垂直于中面的任一直线设为 z 轴（图 2－4）。因为板面上 $\left(z=\pm\dfrac{t}{2}\right)$ 不受力，故作用在该面上的应力必等于零（图 2－5），所以有

$$(\sigma_z)_{z=\pm\frac{t}{2}}=0;(\tau_{zx})_{z=\pm\frac{t}{2}}=0;(\tau_{xz})_{z=\pm\frac{t}{2}}=0$$

那么，在薄板上的内部这些应力分析量是否也为零呢？不难想象，由于板很薄，外力又不沿厚度变化，应力沿着板的厚度应是连续分布的，因而，即使在薄板内部会出现这些

应力，其值也是很微小的。因此，可以近似地假设在整个薄板的所有各点均有

$$\sigma_z=0;\tau_{zx}=0;\tau_{zy}=0$$

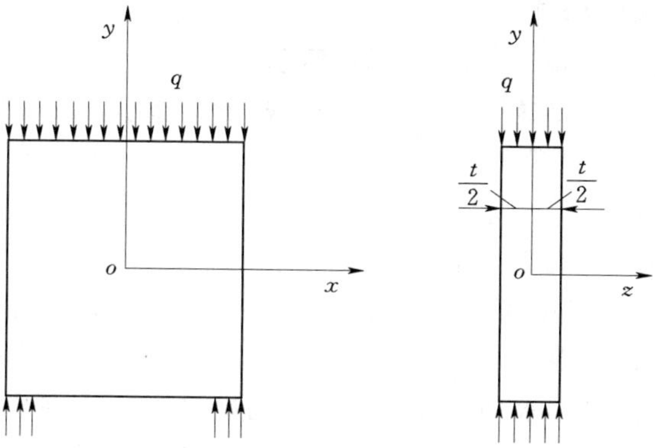

图 2-4

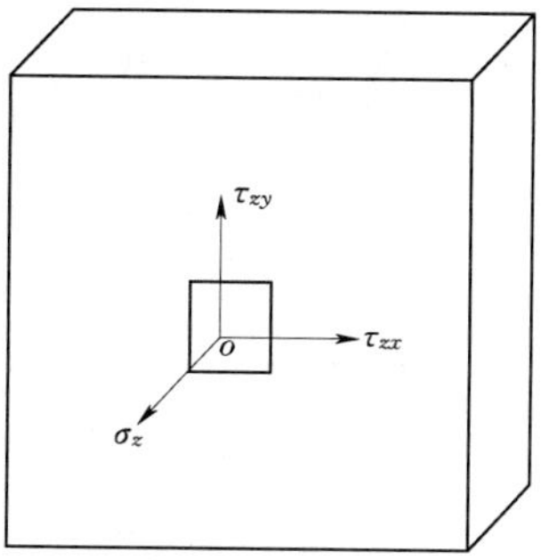

图 2-5

根据剪应力的互等关系，又可得 $\tau_{xz}=0$，$\tau_{yz}=0$。这样，在六个独立的应力分析量中，只剩下平行于 xoy 坐标面的三个应力分量，即 σ_x、σ_y、τ_{xy} 相应的应变分析量 ε_x、ε_y、γ_{xy} 和位移分量 u、v，都可认为是 x 和 y 的函数，而与 z 坐标无关。它们均沿板厚均匀分布。

这里应当注意的是，上面所述的弹性体，在与 z 轴垂直的两个侧面是不受约束的。因而，薄板在 z 方向可以任意变形，也就是说，沿 z 方向的应变 ε_z 和位移 w 并不等于零。在平面应力问题中有 $\sigma_z=0$，而 $\varepsilon_z\neq0$。

二、平面应变问题

在工程中还会遇到另一类结构，如横缝灌浆的重力水坝（图 2-6）、隧道（图 2-7）、挡土墙（图 2-8）、高压管道及船坞的底板等等。

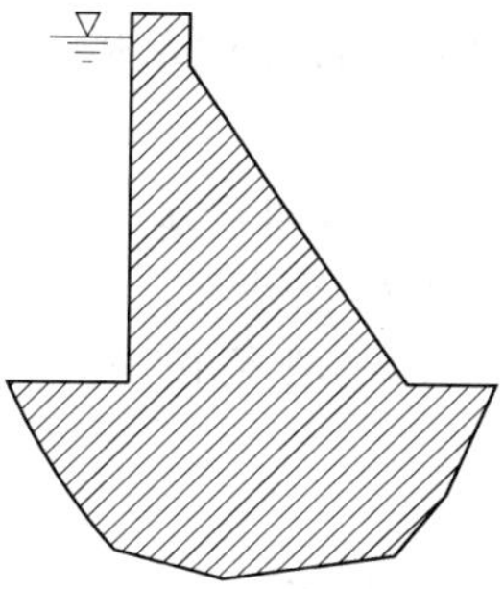

图 2-6

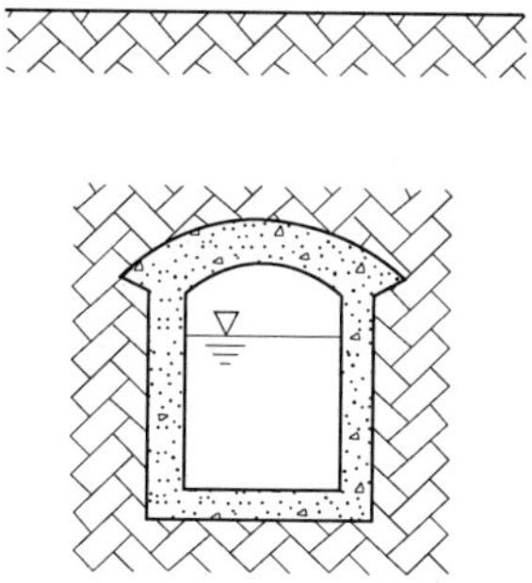

图 2-7

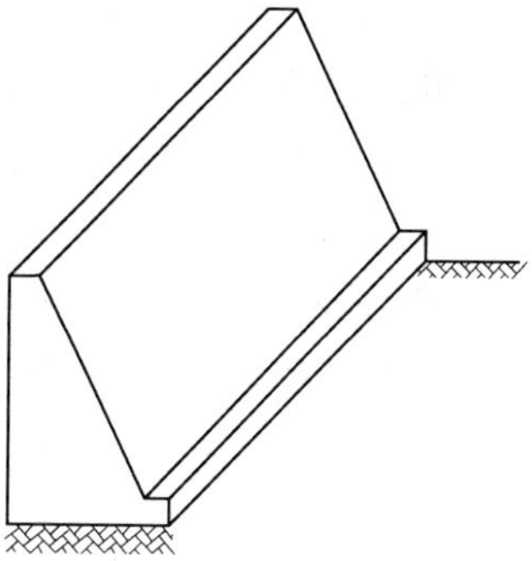

图 2-8

这一类结构的共同特点如下。

（1）在几何形状上，它们都是一个近似等截面的长柱体，它们的长度要比横截面的尺寸大得很多。

（2）在受力情况上，它们都只受平行于横截面且沿纵向长度均布的面力和体力。有的在纵向的两端还受有约束。

下面分析它们的变形情况。

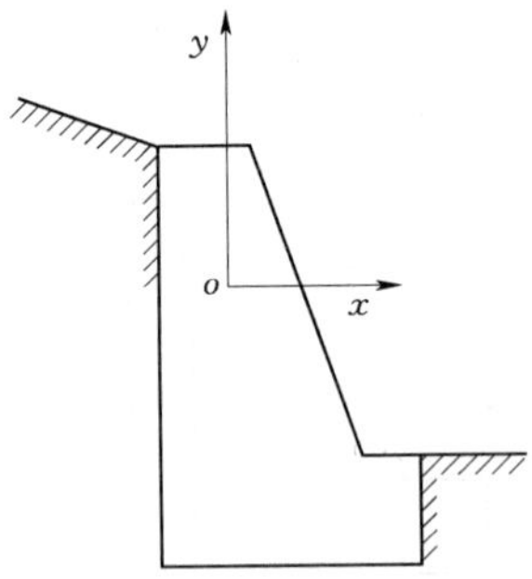

图 2-9

设长柱体的任一横截面为 xoy 坐标面，如图 2-9 所示，沿长度方向取为 z 轴。

两端的约束可分为以下两种情况。

第一种情况如隧道（图 2-7）。柱形体很长，分析时可以假想该柱形体为无限长，其端点不受 z 方向的约束。此时，任一横截面都可以看作是对称面。由于对称，横截面上各点只有沿 x 和 y 方向的位移，而不会是沿 z 方向的位移，即 $w=0$，由此得 $\varepsilon_z=0$。又由对称条件可知 $\tau_{zx}=0$，$\tau_{zy}=0$。利用剪应力的互等关系，可得 $\tau_{xz}=0$，$\tau_{yz}=0$。

第二种情况如水坝（图 2-6）。两端受到 z 方向岩层的约束，因此，两端面不能沿 z 轴方向移动。在此，我们设想将水坝沿 z 轴方向，切成许多厚度相等的的并在 xoy 平面内的薄片。这些薄片的几何形状和受力情况都是相同的，所以，这些薄片的应力、应变和位移分量，都可看成是 x、y 函数，而与 z 坐标无关。为此，我们可以近似地认为，柱体任一横截面上所有各点的轴向位移 $w=0$。从而，沿 z 方向的正应变 $\varepsilon_z=0$，各薄片的两侧面仍保持为平面，因此与 z 方向有关的两个剪应变 γ_{zx}、γ_{zy} 也必等于零，相应的剪应力 τ_{zy}、τ_{zx} 也就等于零。再根据剪应力的互等性 $\tau_{zy}=\tau_{yz}$、$\tau_{zx}=\tau_{xz}$。这样独立的应变分量中，只剩下平行于 xoy 坐标面的 ε_x、ε_y 和 γ_{xy} 三个应变分量了。

上述两种边界约束情况，其共同特点是：任一横截面上，所有各点的 z 轴方向位移都等于零，沿 z 方向的正应变也等于零，并且，所有各点的位移矢量都平行于 xoy 坐标面，这种问题本应称为平面位移问题，但又因为应变分量只剩下平行于 xoy 坐标面的 ε_x、ε_y 和 γ_{xy} 了，变形也只发生在横截面内，因此，人们又把这类问题称为平面应变问题，习惯中常用后一种称呼。这里应当注意的是：平面应变问题有 $\varepsilon_z=0$，但 $\sigma_z\neq0$。

需要指出的是许多实际工程问题，如隧道、挡土墙等，并不完全符合无限长柱形体的条件。但实践证明，对于离开两端足够远的截面，按平面应变问题进行分析，其计算结果完全可以满足工程上的精度要求。

上述两类问题有许多共同特点，统称为弹性力学平面问题。平面问题是工程实际中经常遇到的问题，但是，并不是所有工程问题都可简化为平面问题来处理。如薄拱坝、板的弯曲和两球体之间的弹性接触等等问题，都属于空间问题，都必须按空间问题去求解。

第二节　平衡方程——应力与外力的关系

下面推求平面问题中应力与外力之间的平衡方程的基本思路是：从弹性体中任一点处取出一个单元体，考虑其平衡，应用静力学的三个平衡条件，找出应力与体力的关系。

我们从薄板（或长柱体内）取出一个微小的单元体，如图 2-10 所示。单元体平面尺寸为 $dx\times dy$，厚度为 t。微小单元体上作用有内部的体积力和四个侧面上的应力。

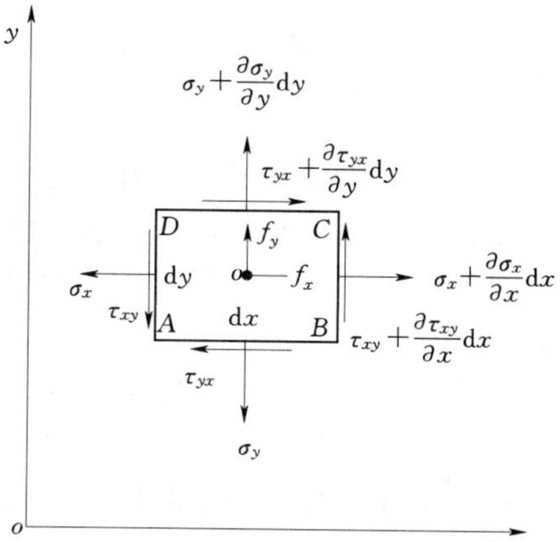

图 2-10

现在分析单元体上下、左右四个侧面上的应力情况。一般说来，物体内各点的应力分量是不相同的，它们应是坐标 x、y 的函数。因此，作用于左右两面三对面或上下两对面的应力分量不完全相同，而具有微小的差值。例如，设作用于左面的正应力是 σ_x，则作用于右面的正应力，由于 x 坐标的改变，根据台劳展开式，将是 $\sigma_x+\frac{\partial\sigma_x}{\partial x}dx+\frac{1}{2}\frac{\partial^2\sigma_x}{\partial x^2}dx^2+\cdots$，略去二阶及二阶以上的微量后便是 $\sigma_x+\frac{\partial\sigma_x}{\partial x}dx$。同样，设左面的剪应力是 τ_{xy}，则右面的剪应力将是 $\tau_{xy}+\frac{\partial\tau_{xy}}{\partial x}dx$ 其余类推。单元体各侧面上的应力分量如图 2-10 所示。由于单元体各侧面尺寸是微小的，在推导平衡方程时，我们又只考虑单元的合力。因此，各个面上所受的应力可以假设为均匀分布，并作用在对应面的中心。同理，六面体所受的体力，也可假设为均匀分布，并作用在它的体积的中心。

下面，根据三个平衡条件列出方程。

（1）各力在 x 轴方向上的投影代数和应等于零，由 $\sum F_x=0$，得 $\left(\sigma_x+\frac{\partial\sigma_x}{\partial x}dx\right)tdy-\sigma_x tdy+\left(\tau_{yx}+\frac{\partial\tau_{yx}}{\partial y}dy\right)tdx-\tau_{yx}tdx+f_x tdxdy=0$，简化以后，两边除以 $tdxdy$，得

$$\frac{\partial\sigma_x}{\partial x}+\frac{\partial\tau_{yx}}{\partial y}+f_x=0$$

（2）同样，各力在 y 轴方向上的投影代数和应等于零，由 $\sum F_y=0$，可得

$$\frac{\partial\tau_{yx}}{\partial y}+\frac{\partial\sigma_y}{\partial y}+f_y=0。$$

为清楚起见，将这两个式子排在一起：

$$\left.\begin{aligned}\frac{\partial\sigma_x}{\partial x}+\frac{\partial\tau_{yx}}{\partial y}+f_x=0\\ \frac{\partial\sigma_y}{\partial y}+\frac{\partial\tau_{xy}}{\partial x}+f_y=0\end{aligned}\right\}\tag{2-1}$$

式（2-1）表示平面问题中应力分量（σ_x、σ_y、$\tau_{xy}=\tau_{yx}$）和体力分量（f_x、f_y）之间的关系，称为平面问题的平衡微分方程。

（3）最后，各力对单元体中心的力矩代数和应等于零，由 $\sum M_0=0$，得 $\left(\tau_{xy}+\frac{\partial\tau_{xy}}{\partial x}dx\right)dy\cdot t\cdot\frac{dx}{2}+\tau_{xy}dy\cdot t\cdot\frac{dx}{2}-\left(\tau_{yx}+\frac{\partial\tau_{yx}}{\partial y}dy\right)dx\cdot t\cdot\frac{dy}{2}-\tau_{yx}dx\cdot t\cdot\frac{dy}{2}=0$，将上式除以 $tdxdy$，合并相同的项，得到 $\tau_{xy}+\frac{1}{2}\frac{\partial\tau_{xy}}{\partial x}dx=\tau_{yx}+\frac{1}{2}\frac{\partial\tau_{yx}}{\partial y}dy$ 将两边微量项

$\frac{1}{2}\frac{\partial \tau_{xy}}{\partial x}\mathrm{d}x$ 和 $\frac{1}{2}\frac{\partial \tau_{yx}}{\partial y}\mathrm{d}y$ 略去不计（即 dx、dy 趋于零），得出

$$\tau_{xy}=\tau_{yx} \tag{2-2}$$

这就再一次证明了材料力学给出的剪应力互等关系。

由式（2-1）方程看出，它包含着三个未知函数 σ_x、σ_y、$\tau_{xy}=\tau_{yx}$，仅用这两个方程是不可能求出三个应力分量的。因此，确定应力分量是超静定问题，还必须考虑变形条件，即几何条件和物理条件。

需要指出，对于平面应变问题，在图 2-10 所示的六面体上，一般还有作用于前后两面的正应力 σ_z。但是，由于它们自成平衡，完全不影响方程式（2-1）及式（2-2）的建立，所以上述方程对于是两种平面问题都同样适用。

第三节 几何方程——应变与位移的关系

再来讨论平面问题中应变分量与位移分量之间的几何关系式，即平面问题中的几何方程。

物体在平面内的变形状态有两类物理量：一是给出各点在 x 方向的位移 u 和在 y 方向的位移 v；二是给出各点微小矩形单元体的应变 ε_x、ε_y、γ_{xy}，其中 ε_x 和 ε_y 分别表示沿 x 方向和 y 方向的线应变，γ_{xy} 表示剪应变。

一、分析各点的位移

过弹性能体内的任意一点 P，沿 x 轴和 y 轴的方向，取两个微小长度的线段 $PA=\mathrm{d}x$，$PB=\mathrm{d}y$，如图 2-11 所示。假定弹性体受力以后，P、A、B 三点分别移到 P'、A'、B'。P 点移到 P' 点之后，它沿 x 方向的位移分量用 u 表示，沿 y 方向的位移分量用 v 表示。由于 A 点经 P 点有一个 dx 坐标增量，因而 A 点相对于 P 点沿 x、y 方向的位移分量也应该有一个微小的增量，所以，A 点沿 x、y 方向的位移，应分别为 $u+\frac{\partial u}{\partial x}\mathrm{d}x$ 和 $v+\frac{\partial u}{\partial x}\mathrm{d}x$。同理，由于 B 点比 P 点有一个 dy 坐标增量，故 B 点沿 x、y 方向的位移，应分别为 $u+\frac{\partial u}{\partial x}\mathrm{d}y$

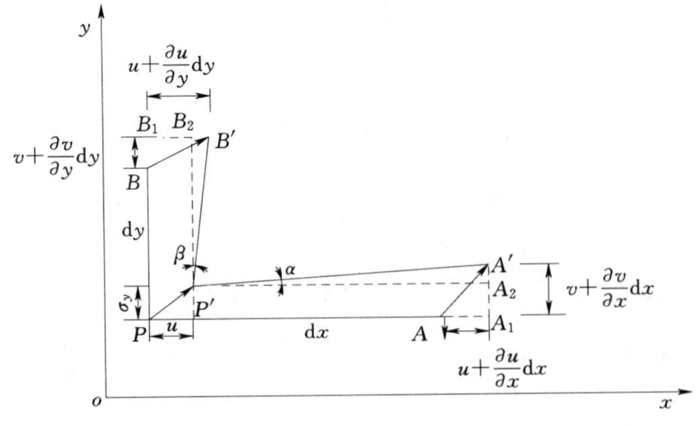

图 2-11

和 $v+\frac{\partial u}{\partial x}\mathrm{d}y$。

二、求正应变 ε_x、ε_y

在弹性力学的基本假定中，位移是微小的。因此，线段 PA 在变形后，它沿 y 方向的位称 v，所引起的线段 PA 的伸缩是高一阶的微量，可以略去不计。于是，线段 $P'A'$的长度可用 $P'A_2$ 的长度来代替。同理，$P'B'$的长度用 $P'B_2$ 来代替。见图 2-11。

由正应变的定义可得

$$\varepsilon_x=\frac{P'A_2-PA}{PA}=\frac{\left(\mathrm{d}x+u+\frac{\partial u}{\partial x}\mathrm{d}x-u\right)-\mathrm{d}x}{\mathrm{d}x}=\frac{\frac{\partial u}{\partial x}\mathrm{d}x}{\mathrm{d}x}=\frac{\partial u}{\partial x} \tag{2-3}$$

同理，由图 2-11 可得

$$\varepsilon_y=\frac{P'B_2-PB}{PB}=\frac{\partial u}{\partial y} \tag{2-4}$$

三、求剪应变 γ_{xy}

根据剪应变的定义，线段 PA 与 PB 之间的直角的改变称为 P 点的剪应变，并用 γ_{xy} 来表示。由图 2-11 可见，这个剪应变是由两部分组成的：一部分是由 y 方向的位移 v 引起的，即 x 方向的线段 PA 的转角 α；另一部分是由 x 方向的位移 u 引起的，即 y 方向的线段 PB 的转角 β。于是得 $\gamma_{xy}=\alpha+\beta$。

设 P 点在 y 方向的位移分量是 v，则 A 点在 y 方向的位移分量将是 $v+\frac{\partial v}{\partial x}\mathrm{d}x$。由图 2-11 可知，线段 PA 的转角是 $\alpha\approx\tan\alpha=\frac{A'A_2}{P'A_2}=\frac{\left(v+\frac{\partial v}{\partial x}\mathrm{d}x\right)-v}{\mathrm{d}x+\frac{\partial u}{\partial x}\mathrm{d}x}=\frac{\frac{\partial v}{\partial x}}{1+\frac{\partial u}{\partial x}}\approx\frac{\partial v}{\partial x}$。

上式中，因 α 角很小，故可近似地取 $\alpha\approx\tan\alpha$；又因$\frac{\partial u}{\partial x}$与 1 相比很小，亦可能略去不计。

同理，可得线段 PB 的转角 $\beta\approx\tan\beta=\frac{B'B_2}{P'B_2}=\frac{\partial u}{\partial y}$于是可见到，$PA$ 与 PB 之间直角的改变为

$$\gamma_{xy}=\alpha+\beta=\frac{\partial v}{\partial x}+\frac{\partial u}{\partial y} \tag{2-5}$$

规定 γ_{xy} 以直角的角度减小时为正。

综合式（2-3）、式（2-4）、式（2-5），平面问题中三个应变分量 ε_x、ε_y、γ_{xy} 也就完全确定。得到平面问题中的几何方程：

$$\varepsilon_x=\frac{\partial u}{\partial x},\quad \varepsilon_y=\frac{\partial v}{\partial y},\quad \gamma_{xy}=\frac{\partial v}{\partial x}+\frac{\partial u}{\partial y} \tag{2-6}$$

但反过来，当三个应变分量确定时，位移分量却不能完全确定。为了说明这一概念，试令三个应变分量为零，即

$$\varepsilon_x=\varepsilon_y=\gamma_{xy}=0 \tag{a}$$

先求出相应的位移分量。将式（a）代入几何方程式（2-6），得

$$\frac{\partial u}{\partial x}=0,\quad \frac{\partial v}{\partial y}=0,\quad \frac{\partial v}{\partial x}+\frac{\partial u}{\partial y}=0 \tag{b}$$

将式（b）的前两式分别对 x 及 y 积分，可得

$$u=f(y),\quad v=g(x) \tag{c}$$

其中 $f(y)$、$g(x)$ 为任意函数。式（c）代入式（b）中的第三式，得

$$\frac{\mathrm{d}f(y)}{\mathrm{d}y}=-\frac{\mathrm{d}g(x)}{\mathrm{d}x} \tag{d}$$

式（d）右边是 y 的函数，而右边是 x 的函数，因而，只可能两边都等于同一常数，于是得

$$\frac{\mathrm{d}f(y)}{\mathrm{d}y}=\omega,\quad \frac{\mathrm{d}g(x)}{\mathrm{d}x}=-\omega \tag{e}$$

积分式（e），得

$$f(y)=u_0+\omega y,\quad g(x)=v_0-\omega x \tag{f}$$

其中 u_0、v_0、ω 都为任意常数。将式（f）代入式（c），得

$$u=u_0+\omega y,\quad v=v_0-\omega x \tag{g}$$

式（g）即为三个应变分量为零时的位移，当然也就是刚体平移。可以证明 u_0 及 v_0 分别为物体沿 x 轴及 y 轴方向的刚体平移，而 ω 为物体绕 z 轴的刚体转动。应变为零存在刚体位移的概念，也可直接从物理意义上进行解释。人们熟知，引起物体位移的原因有两个：一个是由于弹性体受力或别的原因（如温度改变，材料膨胀、收缩等）产生变形引起的；另一个是由于物体做刚体运动引起的。例如，简支的伸臂梁，由于 A 支座沉陷 ΔA，C 点移到 C' 点，如图 2-12 所示。显然可见，此时 AC 杆并不产生应变（变形），但在 C 点去产生了位移 ΔC。这就是清楚地说明，杆子应变为零，各点也可以生发位移。因此，虽然弹性体的应变已确定，但它仍可以做各种不同的刚体位移。在平面问题中，常数 u_0、v_0、ω 是任意的，反映位移是不确定的。为了确定这三个常数，消除刚体位移，就必须设有三个适当的约束条件，由此求出的位移才是完全确定的。

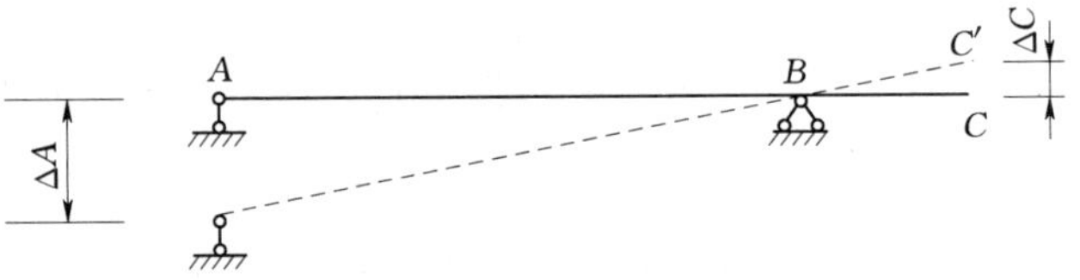

图 2-12

为了以后应用的方便，平面问题的几何方程式（2-6）可用列阵表示为

$$\{\varepsilon\}=\begin{Bmatrix}\varepsilon_x\\ \varepsilon_y\\ \gamma_{xy}\end{Bmatrix}=\begin{Bmatrix}\dfrac{\partial u}{\partial x}\\ \dfrac{\partial v}{\partial y}\\ \dfrac{\partial u}{\partial y}+\dfrac{\partial v}{\partial x}\end{Bmatrix} \tag{2-7}$$

第四节　物理方程——应力与应变的关系

上面已经导出了平面问题的平衡方程和几何方程。但是，仅有这两组方程，还不能求解问题。这是因为式（2－1）、式（2－3）只含应力分量，而式（2－6）只含应变分量。我们必须将它们联系起来，表示应力分量与应变分量的关系式，称为物理方程。

在完全弹性的各向同性体内，应变分量与应力分量之间的关系已在材料力学中根据广义胡克（R·hooke）定律导出如下：

$$\left.\begin{aligned}\varepsilon_x&=\frac{1}{E}[\sigma_x-\mu(\sigma_y+\sigma_z)]\\ \varepsilon_y&=\frac{1}{E}[\sigma_y-\mu(\sigma_x+\sigma_z)]\\ \varepsilon_z&=\frac{1}{E}[\sigma_z-\mu(\sigma_x+\sigma_y)]\\ \gamma_{xy}&=\frac{1}{G}\tau_{xy}\\ \gamma_{yz}&=\frac{1}{G}\tau_{yz}\\ \gamma_{zx}&=\frac{1}{G}\tau_{zx}\end{aligned}\right\}\tag{2-8}$$

式中　E——拉压弹性模量，又简称为弹性模量；

μ——侧向收缩系数，又称为泊松系数；

G——剪切弹性模量，又称为刚度模量。

这三个弹性常数之间有如下的关系：

$$G=\frac{E}{2(1+\mu)}\tag{2-9}$$

因此，只要知道这三个弹性常数中的任何两个，我们就可以根据式（2－9）求出第三个。

因为假定物体是线性弹性的、均匀的、各向同性的，所以，这些弹性常数不随应力或应变的大小而变，不随位置坐标而变，也不随方向而变。

在平面问题中，式（2－9）所示的应力与应变关系可以得到简化，下面分两种情况来讨论。

一、平面应力问题

在平面应力问题中，$\sigma_z=\tau_{zy}=\tau_{zx}=0$。在式（2－8）的第一式及第二式中删去$\sigma_z$，并将式（2－9）代入式（2－8）中的第三式，得

$$\left.\begin{aligned}\varepsilon_x&=\frac{1}{E}(\sigma_x-\mu\sigma_y)\\ \varepsilon_y&=\frac{1}{E}(\sigma_y-\mu\sigma_x)\\ \gamma_{xy}&=\frac{2(1+\mu)}{E}\tau_{xy}\end{aligned}\right\}\tag{2-10}$$

这就是平面应力问题的物理方程。

此外，式（2-8）中的第三式成为

$$\varepsilon_z = -\frac{\mu}{E}(\sigma_x + \sigma_y) \tag{2-11}$$

由式（2-11）可见，只要求出了 σ_x 和 σ_y，也就可以求得 ε_z，因此，ε_z 不是独立的量。在以后的讨论中，我们不把它看作基本未知量，但可以由式（2-11）的 ε_z 求得薄板厚度的改变。

最后，由式（2-8）的第五、第六式可得 $\gamma_{zy} = \gamma_{zx} = 0$。

式（2-10）是由应力求应变的物理方程。反之，可由式（2-10）解出应力，即可得出由应变求应力的物理方程，可表示为

$$\left.\begin{aligned} \sigma_x &= \frac{E}{1-\mu^2}(\varepsilon_x + \mu\varepsilon_y) \\ \sigma_y &= \frac{E}{1-\mu^2}(\mu\varepsilon_x + \varepsilon_y) \\ \tau_{xy} &= \frac{E}{2(1+\mu)}\gamma_{xy} = \frac{E}{1-\mu^2}\cdot\frac{1-\mu}{2}\gamma_{xy} \end{aligned}\right\} \tag{2-12}$$

为了便于以后的应用，式（2-12）可写成矩阵形式：

$$\{\sigma\} = [D]\{\varepsilon\} \tag{2-13}$$

其中

$$\{\sigma\} = \begin{Bmatrix} \sigma_x \\ \sigma_y \\ \tau_{xy} \end{Bmatrix},\quad \{\varepsilon\} = \begin{Bmatrix} \varepsilon_x \\ \varepsilon_y \\ \gamma_{xy} \end{Bmatrix},\quad [D] = \frac{E}{1-\mu^2}\begin{bmatrix} 1 & \mu & 0 \\ \mu & 1 & 0 \\ 0 & 0 & \frac{1-\mu}{2} \end{bmatrix} \tag{2-14}$$

$[D]$ 矩阵的元素只与弹性常数 E 及 μ 有关，故称为平面应力问题的弹性矩阵，它是一个对称矩阵。

二、平面应变问题

在平面应变问题中，因为物本的所有各点都不沿 z 方向移动（即 $\omega=0$），所以 z 方向的线段都没有伸缩，因而得 $\varepsilon_z=0$。于是由式（2-8）中的第三式，得

$$\sigma_z = \mu(\sigma_x + \sigma_y) \tag{2-15}$$

此式说明只要求出了 σ_x 和 σ_y，也就随之确定了 σ_z，因此，σ_z 也不作为基本未知量。所以，在分析平面应变问题时，只有 σ_x、σ_y 和 τ_{xy} 三个独立的应力分量。将式（2-15）代入式（2-8）中的第一式及第二式，并注意式（2-10）中的第三式仍然适用，得

$$\left.\begin{aligned} \varepsilon_x &= \frac{1-\mu^2}{E}\left(\sigma_x - \frac{\mu}{1-\mu}\sigma_y\right) \\ \varepsilon_y &= \frac{1-\mu^2}{E}\left(\sigma_y - \frac{\mu}{1-\mu}\sigma_x\right) \\ \gamma_{xy} &= \frac{2(1+\mu)}{E}\tau_{xy} \end{aligned}\right\} \tag{2-16}$$

式（2-16）就是平面应变问题的物理方程。此外，在平面应变问题中，因 $\tau_{zy}=0$，

$\tau_{zx}=0$，所以也有 $\gamma_{zy}=0$，$\gamma_{zx}=0$。

如将两类平面问题的物理方程式（2-11）和式（2-16）加以比较，则可看出两者虽不一样，但是，若把平面应力问题的物理方程式（2-11）中的 E 换成 E_1、μ 换成 μ_1，即

$$\left.\begin{aligned} E_1&=\frac{E}{1-\mu^2}\\ \mu_1&=\frac{\mu}{1-\mu}\end{aligned}\right\} \tag{2-17}$$

就得到平面应变问题的物理方程式（2-16）。其中的第三式也并不例外，读者由 E_1 和 μ_1 的定义不难证明

$$\frac{2(1+\mu)}{E}=\frac{2(1+\mu_1)}{E_1} \tag{2-18}$$

应用式（2-17）的关系，将式（2-16）改写成

$$\left.\begin{aligned} \varepsilon_x&=\frac{1}{E_1}(\sigma_x-\mu_1\sigma_y)\\ \varepsilon_y&=\frac{1}{E_1}(\sigma_y-\mu_1\sigma_x)\\ \gamma_{xy}&=\frac{2(1+\mu_1)}{E_1}\tau_{xy}\end{aligned}\right\} \tag{2-19}$$

由式（2-19）看出，两类平面问题可以按照同样的方式进行分析，只要利用转换关系式（2-17），就可将平面应力问题的物理方程转换成平面应变问题的物理方程。为了便于以后的应用，平面应当变问题的物理方程也可写成式（2-13）的矩阵形式 $\{\sigma\}=[D]\{\varepsilon\}$，只是其中的弹性矩阵 $[D]$，应由式（2-17），将式（2-14）转换成如下形式

$$[D]=\frac{E(1-\mu)}{(1+\mu)(1-2\mu)}\begin{bmatrix} 1 & \frac{\mu}{1-\mu} & 0\\ \frac{\mu}{1-\mu} & 1 & 0\\ 0 & 0 & \frac{1-2\mu}{2(1-\mu)}\end{bmatrix} \tag{2-20}$$

两类平面问题的物理方程虽用统一的式（2-13），但应用时需注意：平面应力问题的弹性矩阵使用式（2-14）；平面应变问题的弹性矩阵使用式（2-20）。

第五节　边　界　条　件

边界条件表示在边界上位移与约束，或应力与面力之间的关系式。它可以分为应力边界条件，位移边界条件和混合边界条件。

（1）应力边界条件。

在图 2-13 中，弹性体的边界周线为 S，其中自由边界为 S_1，其上作用给定的表面为 $\overline{f_x}$、$\overline{f_y}$。另一部分固定边界为 S_2，其上位移 u 和 v 都为零。

在自由边 S_1 上仍应满足平衡条件。为了推导自由边界处表面力 $\overline{f_x}$、$\overline{f_y}$ 与单元体应力之间的平衡方程，我们在自由边界处割取一个单元体。一般来说，这时所取胜的单元体不

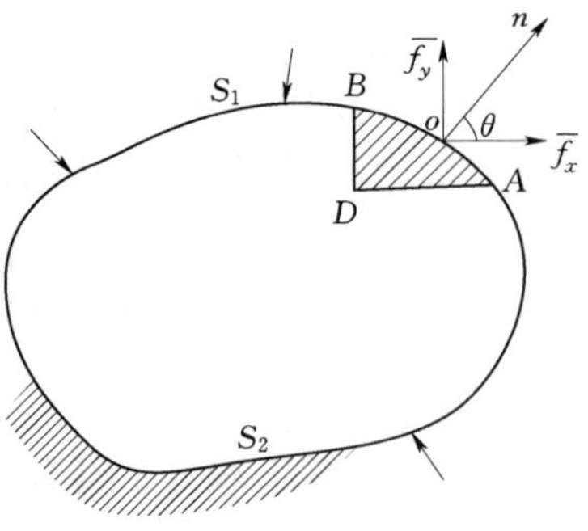

图 2-13

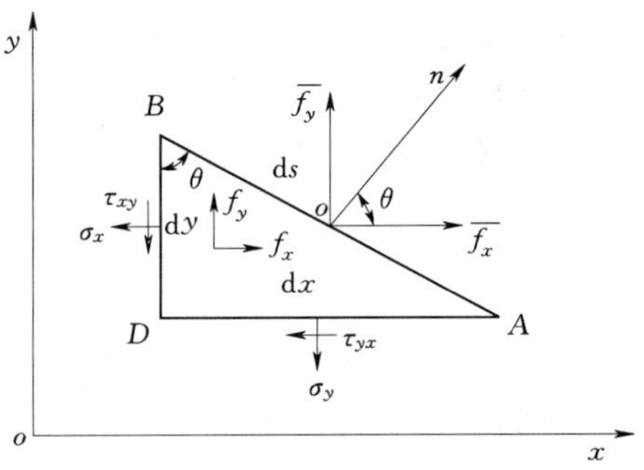

图 2-14

再是一个正六面体，而是一个微小的三角形或三棱柱体，如图 2-13 中的 ABD 阴影部分所示。为了清楚起见，取隔离体受力图（图 2-14），它的斜面 AB 与物体的边界面重合，沿 S 方向的厚度取为 t_0 用 n 代表边界面 AB 的外法线方向，它的方向余弦为 $\cos(n,x)=l$，$\cos(n,y)=m$。

设边界面 AB 的长度为 ds，则截面 DB 及 DA 的长度分别为 $l\cdot ds$ 及 $m\cdot ds$。

由平衡条件 $\sum F_x=0$，得 $\overline{f_x}t\,ds-\sigma_x t\,ds\cdot l-\tau_{yx}t\,ds\cdot m+f_x\cdot\frac{1}{2}l\cdot ds\cdot m\,ds\cdot t=0$ 略去上式中包含 ds 平方的微量项，并两边除以 $t\,ds$，得

$$\left.\begin{aligned}l(\sigma_x)_s+m(\tau_{yx})_s=\overline{f_x}\\ m(\sigma_y)_s+l(\tau_{xy})_s=\overline{f_y}\end{aligned}\right\}\tag{2-21}$$

式（2-21）就是在边界 S_1 上应力与表面力之间的平衡方程，称为平面问题静力边界条件。

若弹性体处于平衡状态，则在其内部应满足平衡微分方程式（2-1），同时，在自由边界 S_1 上应满足应力边界条件式（2-21）。

应注意：在应力边界条件式（2-21）中，应力分量和面力分量分别作用于不同的面上，且各有不同的正负号规定。由于微分体是微小的，所以式（2-21）表示在边界点，坐标面上的应力分量与边界面（一般为斜面）上的面力分量之间的关系式。应力边界条件是在边界上建立的，因此，必须把边界 s 的坐标表达式代入到左边的应力分量中，式（2-21）才成立。

当边界面为坐标面时，应力边界条件可以化为简单的形式。例如，若边界面 $x=a$ 为正 x 面（其外法线指向正 x 方向），$l=1$，$m=0$，则在此面上应力边界条件式（2-21）简化为

$$(\sigma_x)_{x=a}=\overline{f_x}(y),(\tau_{xy})_{x=a}=\overline{f_y}(y)\tag{a}$$

若边界面 $x=b$ 为负 x 面（其外法线指向负 x 方向），$l=-1$，$m=0$，则在此面上应力边界条件式（2-21）简化为

$$(\sigma_x)_{x=b}=-\overline{f_x}(y),(\tau_{xy})_{x=b}=-\overline{f_y}(y)\tag{b}$$

在式（a）和式（b）中，正、负 x 面上的面力分量一般为随 y 而变化的函数。由式（a）和式（b）可见，由于应力分量和面力分量的正负号规定的不同，在正坐标面上，应力分量与面力分量同号；在负坐标面上，应力分量与面力分量异号。

从上还可见，应力边界条件可以有两种表达方式：一是在边界点取出一个微分体，考虑其平衡条件，得出应力边界条件。另一种表达方式是，在同一界面上，应力分量的边界

值就等于对应的面力分量。由于面力分量是给定的，因此，应力分量的绝对值等于面力分量的绝对值；而面力分量的方向就是应力分量的方向，并可按照应力分量的正负号规定来确定应力分量的正负号。

例如，若边界面 $y=c$，d 分别为正、负 y 坐标面，按照这种表达方式，就同样有

$$(\sigma_y)_{y=c}=\overline{f_y}(x),\ (\tau_{yx})_{y=c}=\overline{f_x}(x);$$

$$(\sigma_y)_{y=d}=-\overline{f_y}(x),\ (\tau_{yx})_{y=d}=-\overline{f_x}(x)$$

在平面问题中，每边都有表示 x 向和 y 向的两个边界条件。并且，在边界面为正、负 x 面时，应力边界条件中并没有 σ_y；在边界面为正、负 y 面时，应力边界条件中并没有 σ_x。这就是说，平行于边界面的正应力，它的边界值与面力分量并不直接相关。

(2) 位移边界条件。

若图 2-13 中在 s_2 部分边界上给定了约束位移分量 $\overline{u}(s)$ 和 $\overline{v}(s)$，则对于此边界上的每一点，位移函数 u 和 v 应满足

$$(u)_s=\overline{u}(s),\ (v)_s=\overline{v}(s)\quad (\text{在 } s_2 \text{ 上}) \tag{2-22}$$

其中 $u(s)$ 和 $v(s)$ 是位移的边界值，$\overline{u}(s)$ 和 $\overline{v}(s)$ 是位移在边界上坐标的已知函数，式 (2-22) 称为平面问题的位移边界条件。对于完全固定边，$\overline{u}=\overline{v}=0$，有

$$(u)_s=0,\ (v)_s=0\quad (\text{在 } s_2 \text{ 上}) \tag{2-23}$$

(3) 混合边界条件。

在平面问题的混合边界条件中，物体的一部分边界具有已知位移，因而具有位移边界条件，如式 (2-22) 所示；另一部分边界则具有已知面力，因而具有应力边界条件，如式 (2-21) 所示。此外，在同一部分边界上还可能出现混合边界条件，即两个边界条件中的一个是位移边界条件，而另一个则是应力边界条件。例如，设某一个 x 面时连杆支承边，如图 2-15 (a) 所示，则在 x 方向有位移边界条件 $(u)_s=\overline{u}=0$，而在 y 方向有应力边界条件 $(\tau_{xy})_s=\overline{f_y}=0$。又例如，设某一个 x 面是齿槽边，如图 2-15 (b) 所示，则在 x 方向有应力边界条件 $(\sigma_x)_s=\overline{f_x}=0$，而在 y 方向有位移边界条件 $(v)_s=\overline{v}=0$。在垂直于 y 轴的边界上，以及与坐标轴斜交的边界上，都可能有与此相似的混合边界条件。

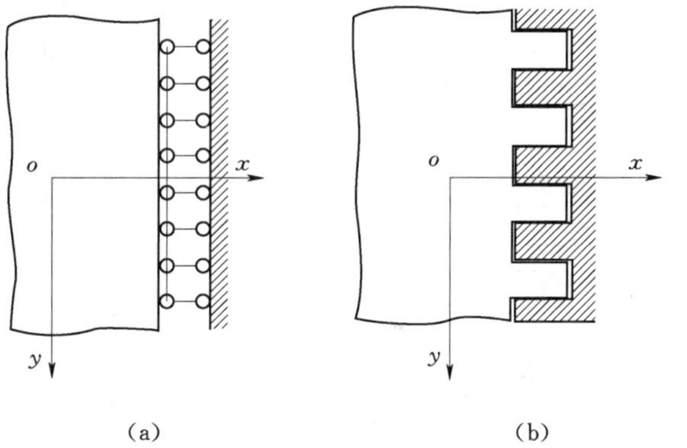

图 2-15

第六节　圣维南原理及其应用

在求解弹性力学问题时，应力分量、形变分量和位移分量等必须满足区域内的三套基本方程，还必须满足边界上的边界条件，因此，弹性力学问题属于数学物理方程中的边值问题。但是，要使边界条件得到完全满足，往往遇到很大的困难。这时，圣维南原理可为简化局部边界上的应力边界条件提供很大的方便。

圣维南原理表明：如果把物体的一小部分边界上的面力，变换为分布不同但静力等效的面力（主矢量相同，对于同一点的主矩也相同），那么，近处的应力分布将有显著的改变，但是远处所受的影响可以不计。

应用圣维南原理时必须注意：不仅变换的面力必须与原面力静力等效，而且只能在局部边界上进行静力等效变换。所谓"近处"，是指小边界附近区域。圣维南原理指出，在此范围内，应力将发生显著的变化；但在此范围之外，对应力的影响很小，可以不计。也就是说，在小边界上进行面力的静力等效变换，只改变局部区域的应力分布，对此外的大部分区域的应力没有什么影响。

例如，设有一柱形构件，在两端截面的形心受到大小相等而方向相反的拉力 F，如图 2-16（a）所示。如果把一端或两端的拉力变换为静力等效的力，如图 2-16（b）或（c）所示，则只有虚线划出的部分的应力分布有显著的改变，而其余部分所受的影响是可以不计的。如果再将两端的拉力变换为均匀分布的拉力，即集度等于 F/A，其中 A 为构件的横截面面积，如图 2-16（d）所示，仍然只有靠近两端部分的应力受到显著的影响。这就是说，在上述四种情况下，离开两端较远处的应力分布，并没有显著的差别。

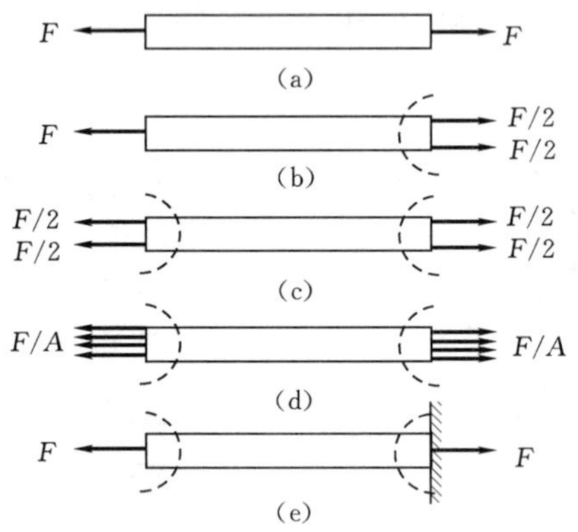

图 2-16

以后可见，在图 2-16（d）所示的情况下，由于面力连续均匀分布，边界条件简单，应力是很容易求得而且解答是很简单的。在其余三种情况下，由于面力并非连续分布，甚至只知其合力为 F 而不知其分布方式，应力是难以求解的。根据圣维南原理，将图 2-16（d）所示情况下的应力解答应用到其余三个情况，虽然不能满足两端的应力边界条件，但仍然可以表明离杆端较远处的应力状态，而并没有显著的误差。

必须注意：应用圣维南原理，绝不能离开"静力等效"的条件。例如，在图 2-16（a）所示的构件上，如果两端的力 F 不是作用于截面的形心，而是具有一定的偏心距离，那么，作用在每一端的面力，不管它的分布方式如何，与作用于截面形心的力 F 不是静力等效的。这时的应力，与上述四种情况下的应力相比，就不仅是在靠近两端处有差异，而且在整个构件中都是不相同的。

当物体一小部分边界上的位移边界条件不能满足时，也可以应用圣维南原理而得到有用的解答。例如，设图 2-16 所示构件的右端是固定端，如图 2-16（e）所示，则在该构件的右端，有位移边界条件 $(u)_s=\overline{u}=0$ 和 $(v)_s=\overline{v}=0$，把图 2-16（d）所示情况下的简单解答应用于这一情况时，这个位移边界条件是不能满足的。但是，显然可见，右端的面力，一定是合成为经过截面形心的力 F，和左端的面力成平衡。这就是说，右端（固定端）的面力，静力等效于经过右端截面形心的力 F。因此，根据圣维南原理，把上述简单解答应用于这一情况时，仍然只是在靠近两端处有显著的误差，而在离两端较远之处，误差是可以不计的。

圣维南原理还可以推广到下列情形：如果物体一小部分边界上的面力是一个平衡力学

（主矢量及主矩都等于零），那么，这个面力就只会使近处产生显著的应力，而远处的应力可以不计。这是因为，主矢量和主矩都等于零的面力，与无面力状态是静力等效的，只能在近处产生显著的应力。例如，当没有体力作用时，离边界较远的小孔口边界上有平衡力系作用，只能在小孔口附近产生局部的应力；又如在结构中开设孔口或不开孔口，两者的应力也只在孔口附近区域有显著的差别。

下面来考虑在局部边界上如何应用圣维南原理。设图 2－17 所示的厚度 $\delta=1$ 的梁中，左、右端 $x=\pm l$ 的边界面时正、负 x 面，其上作用有一般分布的面力 $\overline{f_x}(y)$ 和 $\overline{f_y}(y)$。按照严格的应力边界条件式（2－22），应力分量在边界上应满足条件

$$(\sigma_x)_{x=\pm l}=\pm\overline{f_x}(y),\quad (\tau_{xy})_{x=\pm l}=\pm\overline{f_y}(y) \tag{2-24}$$

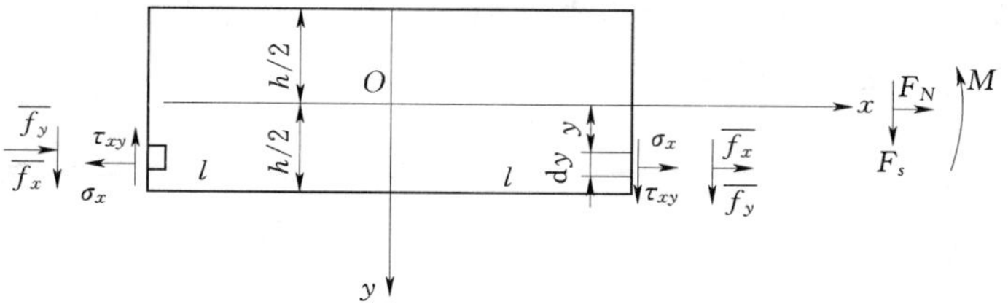

图 2－17

式（2－24）要求在边界上 y 值不同的各点，应力分量与对应的面力分量必须处处对等。这种严格的边界条件是较难满足的。但是，当 $l\gg h$ 时，$x=\pm l$ 是梁的边界的一小部分。这时，可以应用圣维南原理，用如下的静力等效条件来代替式（2－24）的条件：即在这一局部边界面上，使应力的主矢量和主矩分别等于对应的面力的主矢量和主矩。由于面力是已知的，从而面力的主矢量和主矩的绝对值及其方向也是知道的。因此，应力的主矢量和主矩的绝对值，应分别等于面力的主矢量和主矩的绝对值；而面力的主矢量和主矩的方向，就是应力的主矢量和主矩的方向，并可按应力分量的正负号规定来确定应力的主矢量和主矩的正负号。

因此，在 $x=\pm l$ 的次要边界上，可以列出三个主矢量和主矩对等的积分边界条件（设梁的宽度，即 z 方向的尺寸为 1）代替式（2－24），即

$$\left.\begin{aligned}
\int_{-h/2}^{h/2}(\sigma_x)_{x=\pm l}\mathrm{d}y&=\pm\int_{-h/2}^{h/2}\overline{f_x}(y)\mathrm{d}y\\
\int_{-h/2}^{h/2}(\sigma_x)_{x=\pm l}\mathrm{d}y\cdot y&=\pm\int_{-h/2}^{h/2}\overline{f_x}(y)\mathrm{d}y\cdot y\\
\int_{-h/2}^{h/2}(\tau_{xy})_{x=\pm l}\mathrm{d}y&=\pm\int_{-h/2}^{h/2}\overline{f_y}(y)\mathrm{d}y
\end{aligned}\right\} \tag{2-25}$$

如果不是给出面力的分布，而是直接给出单位宽度上面力的主矢量和主矩，如图 2－17 中所示的 F_N，F_S，M，则在 $x=l$ 的小边界上，三个积分边界条件成为

$$\left.\begin{aligned}
\int_{-h/2}^{h/2}(\sigma_x)_{x=l}\mathrm{d}y&=F_N\\
\int_{-h/2}^{h/2}(\sigma_x)_{x=l}\mathrm{d}y\cdot y&=M\\
\int_{-h/2}^{h/2}(\tau_{xy})_{x=l}\mathrm{d}y&=F_S
\end{aligned}\right\} \tag{2-26}$$

将严格的边界条件式（2-21）与近似的边界条件式（2-25）相比，前者是精确的条件，为函数方程，后者是近似的积分条件，为简单的代数方程；前者有两个条件，后者有三个条件；前者不易满足，后者易于满足。因此，在求解弹性力学方面问题时，常常在局部边界上用近似的三个积分的应力边界条件代替严格的边界条件，使问题的求解大为简化，而得出的应力结果只对该局部边界附近的区域有显著影响。

习　题　二

2-1　如图2-18所示为两个平面受力体，图2-18（a）为左侧受静水压力、下边界固定的水坝；图2-18（b）为上、下边界分别受均布力 q、p 作用的三角形悬臂梁。试写出其应力边界条件，固定边不必写。

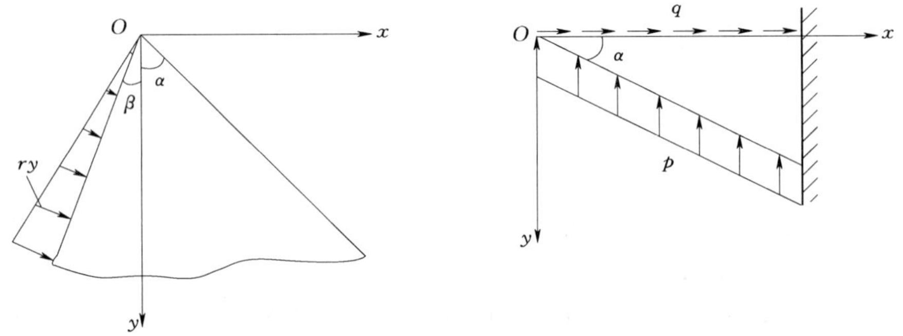

图2-18

2-2　如图2-19所示矩形截面梁，在均布何在作用下，由材料力学得到的应力分量为 $\sigma_x=My/I$，$\tau_{xy}=QS/I$，试检查该公式是否满足平衡方程和边界条件，并导出 σ_y 的表达式。

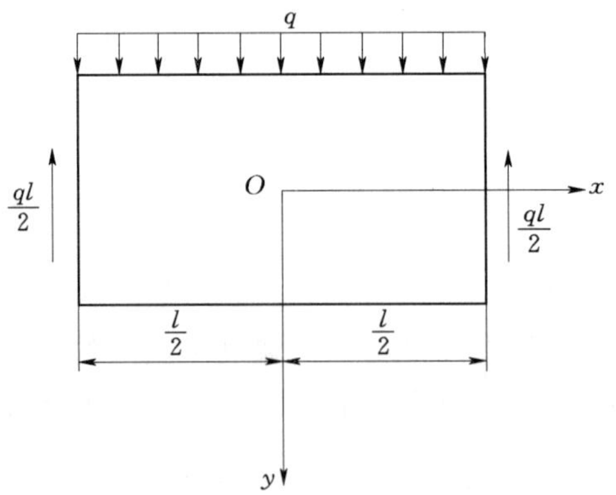

图2-19

2-3　三角形截面水坝、悬臂梁的受力情况及应力表达式（含待定常数）分别列在表2-1右边两侧内。试根据应力边界条件确定其中的待定常数。

表 2-1

类型	三角形截面水坝	悬　臂　梁
受力情况	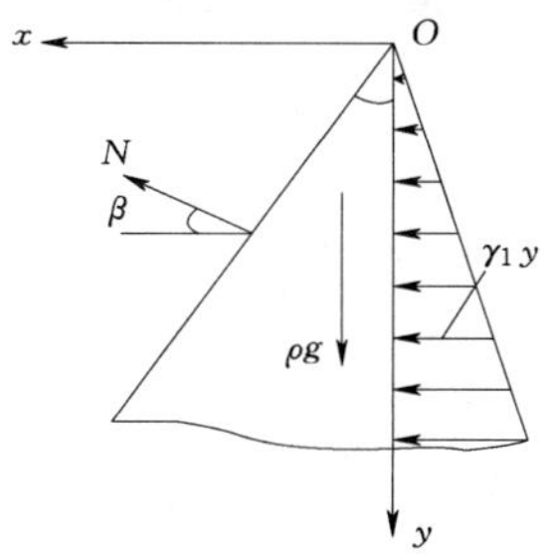	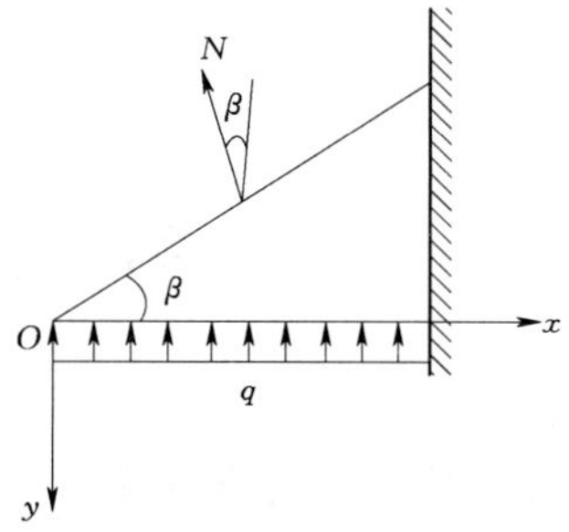
应力分量	$\sigma_x = ax + by$ $\sigma_y = cx + dy$ $\tau_{xy} = -dx - ay - \rho g x$	$\sigma_x = A\left(-\arctan\frac{y}{x} - \frac{xy}{x^2+y^2} + C\right)$ $\sigma_y = A\left(-\arctan\frac{y}{x} + \frac{xy}{x^2+y^2} + B\right)$ $\tau_{xy} = -A\frac{y^2}{x^2+y^2}$

2-4　如图 2-20 所示为一矩形截面水坝，其右侧面受静水压力，顶部受集中力 P 作用。试写出水坝的应力边界条件，固定边不必考虑。

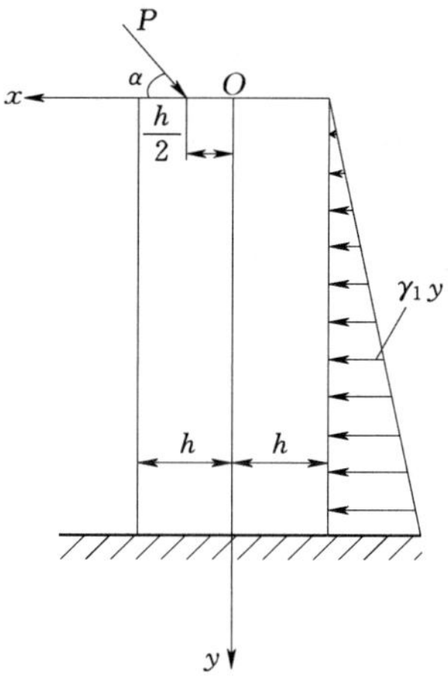

图 2-20

第三章　弹性力学平面问题的解析解法

第一节　按位移求解平面问题

在前面的章节中已经建立了弹性力学平面问题的基本方程和边界条件，即：平衡微分方程式（2-1），几何方程式（2-6）和物理方程式（2-10）或式（2-16），以及边界上的位移边界条件式（2-22）和应力边界条件式（2-21）。求解弹性力学平面问题，即求解3个应力分量、3个形变分量及两个位移分量的未知函数，这些函数在区域内必须满足基本方程，在边界上必须满足边界条件。由于未知函数及应满足的方程数目较多，问题是难以求解的。为此，通常采用类似于代数方程中的消元法进行求解。

按位移求解的方法，又称为位移法。它是以位移分量为基本未知函数，从方程和边界条件中消去应力分量和形变分量，导出只含位移分量的方程和相应的边界条件，并由此解出位移分量，然后再求出形变分量和应力分量。此解法类似于结构力学中的位移法。

按应力求解的方法，又称为应力法。它是以应力分量为基本未知函数，从方程和边界条件中消去位移分量和形变分量，导出只含应力分量的方程和边界条件，并由此解出应力分量，然后再求出形变分量和位移分量。此解法类似于结构力学中的力法。

现在来导出按位移求解平面问题的方程和边界条件。为此，取位移分量 u 和 v 为基本未知函数。

为了从方程和边界条件中消去形变分量和应力分量，须将它们用基本未知函数——位移分量来表示。首先，几何方程式（2-6）就是用位移分量表示形变分量的表达式。其次，对于平面应力问题，从物理方程式（2-10）求出应力分量，使它们用形变分量表示：

$$\left.\begin{aligned}\sigma_x&=\frac{E}{1-\mu^2}(\varepsilon_x+\mu\varepsilon_y)\\ \sigma_y&=\frac{E}{1-\mu^2}(\varepsilon_y+\mu\varepsilon_x)\\ \tau_{xy}&=\frac{E}{2(1+\mu)}\gamma_{xy}\end{aligned}\right\}\tag{3-1}$$

再将几何方程式（2-10）代入，就得到用位移分量表示应力分量的表达式：

$$\left.\begin{aligned}\sigma_x&=\frac{E}{1-\mu^2}\left(\frac{\partial u}{\partial x}+\mu\frac{\partial v}{\partial y}\right)\\ \sigma_y&=\frac{E}{1-\mu^2}\left(\frac{\partial v}{\partial y}+\mu\frac{\partial u}{\partial x}\right)\\ \tau_{xy}&=\frac{E}{2(1+\mu)}\left(\frac{\partial v}{\partial x}+\frac{\partial u}{\partial y}\right)\end{aligned}\right\}\tag{3-2}$$

下面来导出求解位移分量的方程和边界条件。在区域内还有两个平衡微分方程式，将

其中的应力分量用式（3－2）代入，即得

$$\left.\begin{aligned}\frac{E}{1-\mu^2}\left(\frac{\partial^2 u}{\partial x^2}+\frac{1-\mu}{2}\frac{\partial^2 u}{\partial y^2}+\frac{1+\mu}{2}\frac{\partial^2 v}{\partial x\partial y}\right)+f_x=0\\ \frac{E}{1-\mu^2}\left(\frac{\partial^2 v}{\partial y^2}+\frac{1-\mu}{2}\frac{\partial^2 v}{\partial x^2}+\frac{1+\mu}{2}\frac{\partial^2 u}{\partial x\partial y}\right)+f_y=0\end{aligned}\right\}\tag{3-3}$$

式（3－3）是按位移求解平面应力问题时所用的基本微分方程，实际上它就是用位移表示的平衡微分方程。

另一方面，将式（3－2）代入应力边界条件式（2－21）简化以后得

$$\left.\begin{aligned}\frac{E}{1-\mu^2}\left[l\left(\frac{\partial u}{\partial x}+\mu\frac{\partial v}{\partial y}\right)+m\,\frac{1-\mu}{2}\left(\frac{\partial u}{\partial y}+\frac{\partial v}{\partial x}\right)\right]_s=\overline{f_x}\\ \frac{E}{1-\mu^2}\left[m\left(\frac{\partial v}{\partial y}+\mu\frac{\partial u}{\partial x}\right)+l\,\frac{1-\mu}{2}\left(\frac{\partial v}{\partial x}+\frac{\partial u}{\partial y}\right)\right]_s=\overline{f_y}\end{aligned}\right\}\ (\text{在 } s_\sigma \text{ 上})\tag{3-4}$$

这是用位移表示的应力边界条件，也就是按位移求解平面应力问题时所用的应力边界条件。位移边界条件仍然如式（2－22）所示，即

$$(u)_s=\overline{u},(v)_s=\overline{v}\quad(\text{在 } s_u \text{ 上})\tag{2-22}$$

总结起来，按位移求解平面应力问题时，要使得位移分量在区域内满足微分方程式（3－3），并在边界上满足位移边界条件式（2－22）或应力边界条件式（3－4）。求出位移分量以后，即可用几何方程式（2－6）求得形变分量，再用式（3－2）求得应力分量。

平面应变问题域平面应力问题相比，除了物理方程不同外，其他的方程与边界条件都相同。只有将上述各方程和边界条件中的 E 换为 $\frac{E}{1-\mu^2}$，μ 换为 $\frac{\mu}{1-\mu}$，就可以得出平面应变问题按位移求解的方程和边界条件。同样，如果已求得平面应力问题的解答，只需将 E，μ 作同样地转换，就可以得出对应的平面应变问题的解答。

位移法能适应各种边界条件问题的求解。其缺点是，从较复杂的方程式（3－3）和边界条件式（3－4）等具体求解位移函数时，往往遇到很大的困难，因此已得出的函数解答很少。但是，位移法仍然是弹性力学的一种基本解法，它在弹性力学的各种近似数值解法中有着广泛的应用。

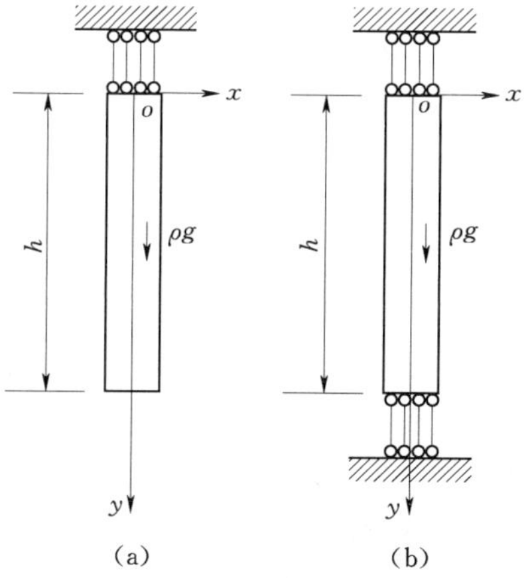

图 3－1

【例题 3－1】 设图 3－1（a）所示的杆件，在 y 方向的上端为固定，下端为自由，受自重体力 $f_x=0$，$f_y=\rho g$（ρ 是杆的密度，g 是重力加速度）的作用。试用位移法求解此问题。

为了简化，将这个问题作为一维问题处理，设 $u=0$，$v=v(y)$，泊松比 $\mu=0$。将这些量和体力分量代入方程式（3－3），其中第一式自然满足，而第二式成为

$$\frac{\mathrm{d}^2 v}{\mathrm{d}y^2}=-\frac{\rho g}{E}$$

由此式解出

$$v=-\frac{\rho g}{2E}y^2+Ay+B\tag{a}$$

上下边的边界条件分别满足要求

$$(\nu)_{y=0}=0 \tag{b}$$

$$(\sigma_y)_{y=h}=0 \tag{c}$$

将式（a）代入式（b）得 $B=0$，将式（a）（取 $B=0$）代入式（3-2）第二式，在代入式（c），即得 $A=\frac{\rho gh}{E}$。由此得出解答

$$\nu=\frac{\rho g}{2E}(2hy-y^2)$$

$$\sigma_y=\rho g(h-y)$$

对于图 3-1（b）所示的问题，读者可以类似地求出其解答。

第二节　按应力求解平面问题——相容方程

按应力求解平面问题时，应力分量即 σ_x，σ_y，τ_{xy} 取为基本未知函数。其他未知函数中形变分量可以简单地用应力分量表示，即物理方程式（2-10）或式（2-16）。为了用应力分量表示位移分量，须将物理方程代入几何方程式（2-6），然后通过积分等运算求出位移分量。因此，用应力分量表示位移分量的表达式较为复杂，且其中包含了待定的积分项。从而使位移边界条件式（2-22）用应力分量表示的式子十分复杂，且很难求解。所以在按应力求解函数解答时，通常只求解全部为应力边界条件的问题。

现在同样应用消元法，来导出应力求解平面问题的方程。平衡微分方程中应力分量有3个，而方程只有两个，还不足以求出应力分量。因此，需要从几何方程和物理方程中消去位移分量和形变分量，导出只含应力分量的补充方程。

由于位移分量只在几何方程中存在，可以先从几何方程中消去位移分量。考察几何方程式（2-6），即

$$\varepsilon_x=\frac{\partial u}{\partial x},\ \varepsilon_y=\frac{\partial v}{\partial y},\ \gamma_{xy}=\frac{\partial v}{\partial x}+\frac{\partial u}{\partial y}$$

将 ε_x 对 y 的二阶导数和 ε_y 对 x 的二阶导数相加，得

$$\frac{\partial^2\varepsilon_x}{\partial y^2}+\frac{\partial^2\varepsilon_y}{\partial x^2}=\frac{\partial^3 u}{\partial x\partial y^2}+\frac{\partial^3 v}{\partial y\partial x^2}=\frac{\partial^2}{\partial x\partial y}\left(\frac{\partial u}{\partial y}+\frac{\partial v}{\partial x}\right)$$

但这个等式右边括弧中的表达式就等于 γ_{xy}，于是得

$$\frac{\partial^2\varepsilon_x}{\partial y^2}+\frac{\partial^2\varepsilon_y}{\partial x^2}=\frac{\partial^2\gamma_{xy}}{\partial x\partial y} \tag{3-5}$$

这个关系式称为形变协调方程或相容方程。式（3-5）表示，在连续性假定下，物体的变形满足几何方程的，并由此可以导出相容方程。也就是说，连续体的形变分量 ε_x，ε_y，γ_{xy} 不是互相独立的，而是相关的，它们之间必须满足相容方程，才能保证对应的位移分量 u 和 v 的存在。如果任意选取函数 ε_x，ε_y，γ_{xy} 而不能满足相容方程，那么，有三个几何方程中的任何两个求出的位移分量，将与第三个几何方程不能相容，也就是互相矛盾。这就是说，不能满足相容方程的形变分量，不是物体中实际存在的，也求不出对应的位移分量。

例如，试取显然不满足相容方程式（3－5）的形变分量

$$\varepsilon_x=0,\quad \varepsilon_y=0,\quad \gamma_{xy}=Cxy \tag{a}$$

则由几何方程式（2－6）中的前两式得

$$\frac{\partial u}{\partial x}=0,\quad \frac{\partial v}{\partial y}=0 \tag{b}$$

从而得

$$u=f_1(y),\quad v=f_2(x) \tag{c}$$

另一方面，将式（a）中的第三式代入几何方程式（2－6）中的第三式，又得出

$$\frac{\partial v}{\partial x}+\frac{\partial u}{\partial y}=Cxy$$

显然，式（b）和式（c）也不能相容，也就是互相矛盾。

现在，我们来利用物理方程将相容方程中的形变分量消去，使相容方程中只包含应力分量（基本未知函数）。

对于平面应力的情况，将物理方程式（2－10）代入式（3－5），得

$$\frac{\partial^2}{\partial y^2}(\sigma_x-\mu\sigma_y)+\frac{\partial^2}{\partial x^2}(\sigma_y-\mu\sigma_x)=2(1+\mu)\frac{\partial^2\tau_{xy}}{\partial_x\partial_y} \tag{d}$$

利用平衡微分方程，可以简化上式，使它只包含正应力而不包含切应力。为此，将平衡微分方程式（2－1）写成

$$\left.\begin{aligned}\frac{\partial\tau_{yx}}{\partial y}&=-\frac{\partial\sigma_x}{\partial x}-f_x\\ \frac{\partial\tau_{xy}}{\partial x}&=-\frac{\partial\sigma_y}{\partial y}-f_y\end{aligned}\right\}$$

将两式分别对 x 和 y 求导，然后相加，并注意 $\tau_{yx}=\tau_{xy}$，得

$$2\frac{\partial^2\tau_{xy}}{\partial x\partial y}=-\frac{\partial^2\sigma_x}{\partial x^2}-\frac{\partial^2\sigma_y}{\partial y^2}-\frac{\partial f_x}{\partial x}-\frac{\partial f_y}{\partial y}$$

代入式（d），简化以后得到用应力表示的相容方程

$$\left(\frac{\partial^2}{\partial x^2}+\frac{\partial^2}{\partial y^2}\right)(\sigma_x+\sigma_y)=-(1+\mu)\left(\frac{\partial f_x}{\partial x}+\frac{\partial f_y}{\partial y}\right) \tag{3-6}$$

对于平面应变的情况，进行同样的推演，可以导出一个与此相似的方程

$$\left(\frac{\partial^2}{\partial x^2}+\frac{\partial^2}{\partial y^2}\right)(\sigma_x+\sigma_y)=-\frac{1}{1-\mu}\left(\frac{\partial f_x}{\partial x}+\frac{\partial f_y}{\partial y}\right) \tag{3-7}$$

但是，也可以不必进行推演，把方程式（3－6）中的 μ 换为$\dfrac{\mu}{1-\mu}$，就得到这一方程。

归纳起来讲，按应力求解平面问题时，应力分量 σ_x，σ_y 和 τ_{xy} 必须满足下列条件：①在区域内的平衡微分方程式（2－1）；②在区域内的相容方程式（3－6）或式（3－7）；③在边界上的应力边界条件式（2－21），其中假设只求解全部为应力边界条件的问题。

对于单连体（只有一个连续边界的物体），上述条件就是确定应力的全部条件。对于多连体（具有两个或两个以上的连续边界的物体，如有孔口的物体），还需满足多连体中的位移单值条件。因为对于多连体的情况，应力分量的表达式中常常有待定的项，需要利用“位移必须为单值”这样的所谓位移单值条件，才能完全确定应力分量。

第三节　常体力情况下的简化——应力函数

在很多的工程问题中，体力是常量，即体力分量 f_x 和 f_y 不随坐标 x 和 y 而变。例如重力和常加速度下平行移动时的惯性力，就是常量的体力。在常体力的情况下，相容方程式（3－6）和式（3－7）的右边都成为零，因而两种平面问题的相容方程都简化为

$$\left(\frac{\partial^2}{\partial x^2}+\frac{\partial^2}{\partial y^2}\right)(\sigma_x+\sigma_y)=0 \tag{3-8}$$

可见，在体力为常量的情况下，$\sigma_x+\sigma_y$ 应当满足拉普拉斯微分方程即调和方程，也就是说，$\sigma_x+\sigma_y$ 应当是调和函数。为了书写简便，下面用记号 ∇^2 代表 $\frac{\partial^2}{\partial x^2}+\frac{\partial^2}{\partial y^2}$，把方程式（3－8）简写为

$$\nabla^2(\sigma_x+\sigma_y)=0$$

注意：在体力为常量的情况下，平衡微分方程式（2－1）、相容方程式（3－8）和应力边界条件式（2－21）中都不包含弹性常数，从而对于两种平面问题都是相同的。因此，当体力为常量时，在单连体的应力边界问题中，如果两个弹性体具有相同的边界形状，并受到同样分布的外力，那么，就不管这两个弹性体的材料是否相同，也不管它们是在平面应力情况下或是在平面应变情况下，应力分量 σ_x，σ_y，τ_{xy} 的分布是相同的（两种平面问题中的应力分量 σ_z，以及形变和位移，却不一定相同）。

根据上述结论，针对某种材料的物体而求出应力分量 σ_x，σ_y，τ_{xy} 也适用于具有同样边界并受有同样外力的其他材料的物体；针对平面应力问题而求出的这些应力分量，也适用于边界相同、外力相同的平面应变情况下的物体。这为弹性力学解答在工程上的应用，提供了极大的方便。

另一方面，根据上述结论，在用实验方法量测结构或构件的上述应力分量时，可以用便于量测的材料来制造模型，以代替原来不便于量测的结构或构件材料；还可以用平面应力情况下的薄板模型来代替平面应变情况下的长柱形的结构或构件。这对于实验应力分析，也提供了极大的方便。

由以上的讨论可见，在体力为常量的情况下，按应力求解应力边界问题时，应力分量 σ_x，σ_y，τ_{xy} 应当满足平衡微分方程

$$\left.\begin{aligned}\frac{\partial\sigma_x}{\partial x}+\frac{\partial\tau_{xy}}{\partial y}+f_x=0\\ \frac{\partial\sigma_y}{\partial y}+\frac{\partial\tau_{xy}}{\partial x}+f_y=0\end{aligned}\right\} \tag{a}$$

和相容方程

$$\left(\frac{\partial^2}{\partial x^2}+\frac{\partial^2}{\partial y^2}\right)(\sigma_x+\sigma_y)=0 \tag{b}$$

并在边界上满足应力边界条件式（2－21）。对于多连体，还须考虑位移单值条件。

首先来考虑平衡微分方程式（a）。这是一个非齐次微分方程组，它的解答包含两部分，即它的任意一个特解及下列齐次微分方程的通解：

$$\left.\begin{aligned}\frac{\partial \sigma_x}{\partial x}+\frac{\partial \tau_{xy}}{\partial y}=0\\\frac{\partial \sigma_y}{\partial y}+\frac{\partial \tau_{xy}}{\partial x}=0\end{aligned}\right\}\tag{c}$$

特解可以取为

$$\sigma_x=-f_x x,\ \sigma_y=-f_y y,\ \tau_{xy}=0\tag{d}$$

也可以取为

$$\sigma_x=0,\ \sigma_y=0,\ \tau_{xy}=-f_x y-f_y x$$

以及

$$\sigma_x=-f_x x-f_y y,\ \sigma_y=-f_x x-f_y y,\ \tau_{xy}=0$$

等等的形式，因为它们都能满足微分方程式（a）。

下面来研究齐次方程式（c）的通解。根据微分方程理论，偏导数具有相容性。若设函数 $f=f(x, y)$，则有

$$\frac{\partial}{\partial x}\left(\frac{\partial f}{\partial y}\right)=\frac{\partial}{\partial y}\left(\frac{\partial f}{\partial x}\right)$$

假如函数 C 和 D 满足下列关系式

$$\frac{\partial}{\partial x}(C)=\frac{\partial}{\partial y}(D)$$

那么，对照上式，一定存在某一函数 f，使得

$$C=\frac{\partial f}{\partial y},\quad D=\frac{\partial f}{\partial x}$$

为了求得齐次微分方程式（c）的通解，将其中前一个方程改写为

$$\frac{\partial \sigma_x}{\partial x}=\frac{\partial}{\partial y}(-\tau_{xy})$$

根据上述微分方程理论，这就一定存在某一个函数 $A(x, y)$，使得

$$\sigma_x=\frac{\partial A}{\partial y}\tag{e}$$

$$-\tau_{xy}=\frac{\partial A}{\partial x}\tag{f}$$

同样，将式（c）中的第二个方程改写为

$$\frac{\partial \sigma_y}{\partial y}=\frac{\partial}{\partial x}(-\tau_{xy})$$

可见也一定存在某一个函数 $B(x, y)$，使得

$$\sigma_y=\frac{\partial B}{\partial x}\tag{g}$$

$$-\tau_{xy}=\frac{\partial B}{\partial y}\tag{h}$$

由式（f）及式（h）得

$$\frac{\partial A}{\partial x}=\frac{\partial B}{\partial y}$$

因而又一定存在某一个函数 $\Phi(x, y)$，使得

$$A=\frac{\partial \Phi}{\partial y} \tag{i}$$

$$B=\frac{\partial \Phi}{\partial x} \tag{j}$$

将式（i）代入式（e），式（j）代入式（g），并将式（i）代入式（f），即得通解

$$\sigma_x=\frac{\partial^2 \Phi}{\partial y^2},\sigma_y=\frac{\partial^2 \Phi}{\partial x^2},\tau_{xy}=-\frac{\partial^2 \Phi}{\partial x \partial y} \tag{k}$$

将通解式（k）与任一组特解叠加，例如与特解式（d）叠加，即得平衡微分方程式（a）的全解：

$$\sigma_x=\frac{\partial^2 \Phi}{\partial y^2}-f_x x,\ \sigma_y=\frac{\partial^2 \Phi}{\partial x^2}-f_y y,\ \tau_{xy}=-\frac{\partial^2 \Phi}{\partial x \partial y} \tag{3-9}$$

Φ 称为平面问题的应力函数，又称为艾里应力函数。由于式（3－9）是从平衡微分方程导出的解答，所以必然满足该方程。同时，推导解答式（3－9）的过程，也就证明了应力函数 Φ 的存在性。还应指出的是，虽然 Φ 还是一个待定的未知函数，但是，用 Φ 表示 3 个应力分量 σ_x，σ_y，τ_{xy} 后，使得平面问题的求解得到很大的简化：待求的未知函数从 3 个变换为 1 个，并从求解应力分量 σ_x，σ_y，τ_{xy} 变换为求解应力函数 Φ。

为了求解应力函数 Φ，下面来分析应力函数应满足的条件。由于式（3－9）所表示的应力分量应该满足相容方程式（b）即方程式（3－8），将式（3－9）代入式（b），得到

$$\left(\frac{\partial^2}{\partial x^2}+\frac{\partial^2}{\partial y^2}\right)\left(\frac{\partial^2 \Phi}{\partial y^2}-f_x x+\frac{\partial^2 \Phi}{\partial x^2}-f_y y\right)=0$$

注意 f_x 及 f_y 为常量，于是上式简化为

$$\left(\frac{\partial^2}{\partial x^2}+\frac{\partial^2}{\partial y^2}\right)\left(\frac{\partial^2 \Phi}{\partial x^2}+\frac{\partial^2 \Phi}{\partial y^2}\right)=0 \tag{3-10}$$

或者展开而成为

$$\frac{\partial^4 \Phi}{\partial x^4}+2\frac{\partial^4 \Phi}{\partial x^2 \partial y^2}+\frac{\partial^4 \Phi}{\partial y^4}=0 \tag{3-11}$$

这就是用应力函数表示的相容方程。由此可见，应力函数应当满足重调和方程，也就是说，它应当是重调和函数。方程式（3－10）或式（3－11）可以简写为 $\nabla^2\nabla^2\Phi=0$，或者进一步简写为

$$\nabla^4\Phi=0$$

此外，将式（3－9）代入应力边界条件式（2－21），则应力边界条件也可以用应力函数 Φ 表示。

综上所述，在常体力的情况下，弹性力学平面问题中仍然存在着一个应力函数 Φ。按应力求解平面问题，可以归纳为求解一个应力函数 Φ，它必须满足在区域内的相容方程式（3－11），在边界上的边界条件式（2－21）（假设全部都为应力边界条件）；在多连体中，还需满足位移单值条件。从上述条件求解出应力函数 Φ 后，便可以由式（3－9）求出应力分量，然后再求出应变分量和位移分量。

第四节　逆解法与半逆解法——多项式解答

在上一章中已经得出，当体力为常量时，按应力求解平面问题，最后可以归纳为求解

一个应力函数 Φ，它必须满足下列条件。

（1）在区域内的相容方程，即

$$\frac{\partial^4 \Phi}{\partial x^4}+2\frac{\partial^4 \Phi}{\partial x^2 \partial y^2}+\frac{\partial^4 \Phi}{\partial y^4}=0 \tag{3-11}$$

（2）在边界 s 上的应力边界条件（假设全部为应力边界条件），即

$$\left.\begin{aligned}(l\sigma_x+m\tau_{yx})_s=\overline{f_x}\\(m\sigma_y+l\tau_{xy})_s=\overline{f_y}\end{aligned}\right\}\quad（在\ s\ 上） \tag{2-22}$$

（3）对于多联体，还须满足多连体的移位单值条件。

求出应力函数 Φ 后，可以由下式求得应力分量，即

$$\sigma_x=\frac{\partial^2 \Phi}{\partial y^2}-f_x x,\ \sigma_y=\frac{\partial^2 \Phi}{\partial x^2}-f_y y,\ \tau_{xy}=-\frac{\partial^2 \Phi}{\partial x \partial y} \tag{3-9}$$

然后再求出形变分量和位移分量。

由于相容方程式（3－10）是偏微分方程，它的通解不能写成有限项数的形式，因此，我们一般都不能直接求解问题，而只能采用逆解法或半逆解法。

所谓逆解法，就是先设定各种形式的、满足相容方程式（3－10）的应力函数 Φ；并由式（3－9）求得应力分量；然后再根据应力边界条件式（2－21）和弹性体的边界形状，了解这些应力分量对应于边界上什么样的面力，从而得知所选取的应力函数可以解决问题。

所谓半逆解法，就是针对所要求解的问题，根据弹性体的边界形状和受力情况，假设部分或全部应力分量的函数形式；并从而推出应力函数的形式；然后代入相容方程，求出应力函数的具体表达式；再按式（3－9）由应力函数求得应力分量；并考察这些应力分量能否满足全部应力边界条件（对于多连体，还须满足位移单值条件）。如果所有条件都能满足，自然得出的就是正确解答。如果某方面的条件不能满足，就要另作假设，重新进行求解。

下面先用逆解法求出几个简单平面问题的解答。假设体力可以不计，也就是 $f_x=f_y=0$，应力函数取为多项式。

首先取应力函数为一次式

$$\Phi=a+bx+cy$$

不论各系数取任何值，相容方程式（3－11）总能满足。由式（3－9）得应力分量 $\sigma_x=0$，$\sigma_y=0$，$\tau_{xy}=\tau_{yx}=0$。不论弹性体为任何形状，也不论坐标轴如何选择，由应力边界条件总是得出 $\overline{f_x}=\overline{f_y}=0$。于是可见：①线性应力函数对应于无体力、无面力、无应力状态；②把平面问题的应力函数加上一个线性函数，并不影响应力。

其次，取应力函数为二次式

$$\Phi=ax^2+bxy+cy^2$$

不论各系数取任何值，相容方程式（3－11）也总能满足。为明了起见，试分别考察该式中每一项所能解决的问题。

对应于 $\Phi=ax^2$，应力分量是 $\sigma_x=0$，$\sigma_y=2a$，$\tau_{xy}=\tau_{yx}=0$。对于图 3－2（a）所示的矩形板和坐标轴，当板内发生上述应力时，由应力边界条件可知左右两边没有面力，而上下两边分别受有向上和向下的均布面力 $2a$。可见，应力函数 $\Phi=ax^2$ 能解决矩形板在方向受均布拉力（设 $a>0$）或均布压力（设 $a<0$）的问题。

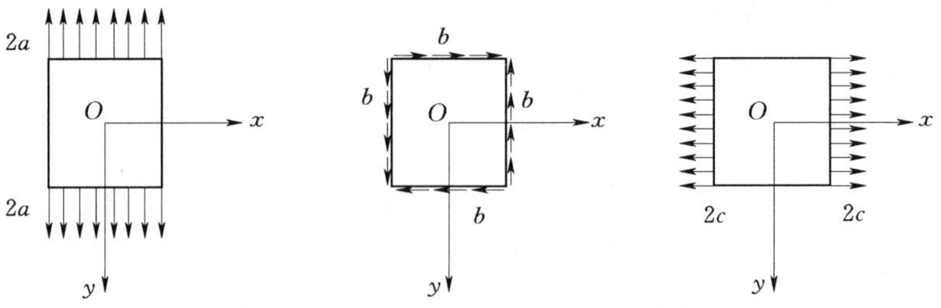

(a)　　　(b)　　　(c)

图 3-2

对应于 $\Phi=bxy$，应力分量是 $\sigma_x=0$，$\sigma_y=0$，$\tau_{xy}=\tau_{yx}=-b$。对于图 3-2（b）所示的矩形板和坐标轴，当板内发生上述应力时，由应力边界条件可知，在左右两边分别有向下和向上的均布面力 b，而在上下两边分别有向右和向左的均布面力 b，可见，应力函数 $\Phi=bxy$ 能解决矩形板受均布剪力的问题。

同样可见，应力函数 $\Phi=cy^2$ 能解决矩形板在 x 方向受均布拉力（设 $c>0$）或均布压力（设 $c<0$）的问题，如图 3-2（c）所示。

再次，取三次式

$$\Phi=ay^3$$

不论系数 a 取任何值，相容方程式（3-11）也总能满足。

图 3-3

对应的应力分量是 $\sigma_x=6ay$，$\sigma_y=0$，$\tau_{xy}=\tau_{yx}=0$。对于图 3-3 所示的矩形板和坐标轴，当板内发生上述应力时，上下两边没有面力；在左右两边，没有铅直面力，有按直线变化的水平面力，而每一边上的水平面力合成为一个力偶。可见，应力函数 $\Phi=ay^3$ 能解决矩形梁受纯弯曲的问题，详细的讨论见下节。

如果取应力函数 Φ 为四次或四次以上的多项式，则其中的系数必须满足一定的条件，才能满足相容方程。

第五节　矩形梁的纯弯曲

设有矩形截面的长梁（长度 l 远大于深度 h），它的宽度远小于深度和长度（近似的平面应力情况），或者远大于深度和长度（近似的平面应变情况），在两端受相反的力偶而弯曲，体力可以不计。为了方便，取单位宽度的梁来考察，如图 3-4 所示，并令每单位宽度上力偶的矩为 M。注意，M 的量纲是 $[MT^{-2}]$。

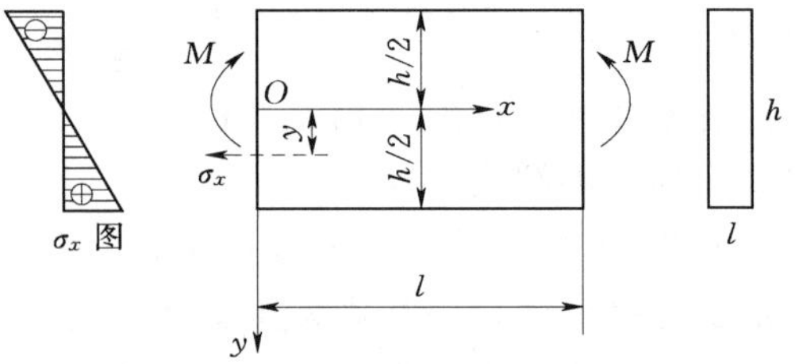

图 3-4

取坐标轴如图所示。由前一节中已知，满足相容方程的应力函数

$$\Phi=ay^3$$

能解决纯弯曲的问题，而相应的应力分量为

$$\sigma_x=6ay,\ \sigma_y=0,\ \tau_{xy}=\tau_{yx}=0 \tag{a}$$

现在来考察，这些应力分量是否能满足边界条件，如果能满足，系数 a 应该取什么值。

首先考虑上下两个主要边界（占边界绝大部分）的条件。在下边和上边，都没有面力，要求

$$(\sigma_y)_{y=\pm\frac{h}{2}}=0,\ (\tau_{yx})_{y=\pm\frac{h}{2}}=0$$

这是能满足的，因为在所有各点都有 $\sigma_y=0$，$\tau_{yx}=0$。其次，考虑左右端次要边界（占边界很小部分）的条件。在左端和右端，没有铅直面力，分别要求

$$(\tau_{xy})_{x=0}=0,\ (\tau_{xy})_{x=l}=0$$

这也是能满足的，因为在所有各点都有 $\tau_{xy}=0$。

此外，由于 $x=0$，l 的两端面是相对较小的边界，可以应用圣维南原理，将关于 σ_x 的边界条件改用主矢量和主矩的条件代替。即在左端和右端，边界面上 σ_x 合成的主矢量应为零，而 σ_x 合成的主矩应等于面力的力偶矩 M，亦即

$$\int_{-\frac{h}{2}}^{\frac{h}{2}}(\sigma_x)_{x=0,l}\mathrm{d}y=0,\ \int_{-\frac{h}{2}}^{\frac{h}{2}}(\sigma_x)_{x=0,l}y\mathrm{d}y=M$$

将式（a）中的 σ_x 代入，上列二式成为

$$6a\int_{-\frac{h}{2}}^{\frac{h}{2}}y\mathrm{d}y=0,\ 6a\int_{-\frac{h}{2}}^{\frac{h}{2}}y^2\mathrm{d}y=M$$

前一式总能满足，而后一式要求

$$a=\frac{2M}{h^3}$$

代入式（a），得

$$\sigma_x=\frac{12M}{h^3}y,\ \sigma_y=0,\ \tau_{xy}=\tau_{yx}=0 \tag{b}$$

注意到梁截面的惯矩是 $I=\frac{1\times h^3}{12}$，上式又可以改写成为

$$\sigma_x=\frac{M}{I}y,\ \sigma_y=0,\ \tau_{xy}=\tau_{yx}=0 \tag{3-12}$$

这就是矩形梁受纯弯曲时的应力分量，与材料力学中完全相同，即，梁的各纤维只有受有按直线分布的所谓弯应力，如图 3－3 所示。

应当指出，组成梁端力偶的面力必须按如图 3－3 所示的直线分布，解答式（3－12）才是完全精确的。如果两端的面力按其他方式分布，解答式（3－12）是有误差的。但是，按照圣维南原理，只在梁的两端附近有显著的误差；在离开梁端较远之处，误差是不可估计的。

第六节　位移分量的求出

本节中以矩形梁的纯弯曲问题为例，说明如何由应力分量求出位移分量。

假定这里是平面应力的情况。首先，将应力分量式（3－12）代入物理方程式（2－10），得变形分量

$$\varepsilon_x=\frac{M}{EI}y,\ \varepsilon_y=-\frac{\mu M}{EI}y,\ \gamma_{xy}=0 \tag{a}$$

然后，再将式（a）的形变分量代入几何方程式（2－6），得

$$\frac{\partial u}{\partial x}=\frac{M}{EI}y,\frac{\partial u}{\partial y}=-\frac{\mu M}{EI}y,\frac{\partial u}{\partial x}+\frac{\partial u}{\partial y}=0 \tag{b}$$

前两式的积分给出

$$u=\frac{M}{EI}xy+f_1(y),v=-\frac{\mu M}{2EI}y^2+f_2(x) \tag{c}$$

其中的 f_1 和 f_2 分别是 y 和 x 的待定函数，可以通过几何方程的第三式来求出。将式（c）代入式（b）中的第三式，得

$$\frac{\mathrm{d}f_2(x)}{\mathrm{d}x}+\frac{M}{EI}x+\frac{\mathrm{d}f_1(y)}{\mathrm{d}y}=0$$

将上式移项而得

$$-\frac{\mathrm{d}f_1(y)}{\mathrm{d}y}=\frac{\mathrm{d}f_2(x)}{\mathrm{d}x}+\frac{M}{EI}x$$

等式左边只是 y 的函数，而等式右边只是 x 的函数。因此，只可能两边都等于同一常数 ω。于是有

$$\frac{\mathrm{d}f_1(y)}{\mathrm{d}y}=-\omega,\frac{\mathrm{d}f_2(x)}{\mathrm{d}x}=-\frac{M}{EI}x+\omega$$

积分以后得

$$f_1(y)=-\omega y+u_0,f_2(x)=-\frac{M}{2EI}x^2+\omega x+v_0$$

代入式（c），得位移分量

$$\left.\begin{aligned}u&=\frac{M}{EI}xy-\omega y+u_0\\v&=-\frac{\mu M}{2EI}y^2-\frac{M}{2EI}x^2+\omega x+v_0\end{aligned}\right\} \tag{d}$$

其中表示刚体位移量的常数 ω，u_0，v_0 须由约束条件求得。

由式（d）中的第一式可见，不论约束情况如何（也就是不论 ω，u_0，v_0 取任何值）铅直线段的转角都是

$$\beta=\frac{\partial u}{\partial y}=\frac{M}{EI}x-\omega$$

在同一个横截面上，x 是常量，因而 β 也是常量。于是可见，同一横截面上的各铅直线段的转角相同，说明横截面保持为平面。

又由式（d）中的第二式可见，不论约束情况如何，梁的各纵向纤维的曲率是

$$\frac{1}{\rho}=-\frac{\partial^2 v}{\partial x^2}=\frac{M}{EI} \tag{3-13}$$

这是材料力学里求梁的挠度时所用的基本公式。

如果梁是简支梁，如图 3－5（a）所示，则在铰支座 O，没有水平位移和铅直位移；

在连杆支座 A，没有铅直位移。因此，约束条件是

$$(u)_{\substack{x=0\\y=0}}=0,(v)_{\substack{x=0\\y=0}}=0,(v)_{\substack{x=l\\y=0}}=0$$

于是由式（d）得出下列方程来决定任意常数 ω，u_0，v_0：

$$u_0=0,v_0=0,-\frac{Ml^2}{2EI}+\omega l+v_0=0$$

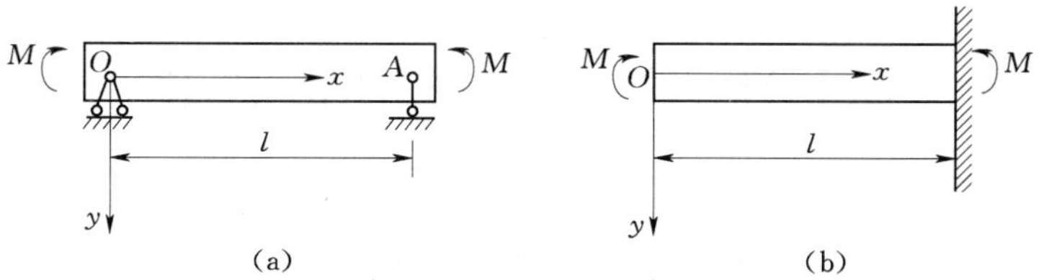

图 3－5

求出各个常数，代入式（d），就得到该简支梁的位移分量：

$$u=\frac{M}{EI}\left(x-\frac{l}{2}\right)y,v=\frac{M}{2EI}(l-x)x-\frac{\mu M}{2EI}y^2 \tag{3-14}$$

梁轴的挠度方程式：

$$(v)_{y=0}=\frac{M}{2EI}(l-x)x$$

上式和材料力学中的结果相同。

如果梁是悬臂梁，左端自由而右端完全固定，如图 3－5（b）所示，则在梁的右端（$x=l$），对于 y 的任何值$\left(-\frac{h}{2}\leqslant y\leqslant\frac{h}{2}\right)$，都要求 $u=0$ 和 $v=0$。在多项式解答中，这个条件是无法满足的。在工程实际中，这种完全固定的约束条件也是不大能实现的。现在，和材料力学中一样，假定右端截面的中点不移动，该点的水平线段不转动。这样，约束条件是

$$(u)_{\substack{x=l\\y=0}}=0,(v)_{\substack{x=l\\y=0}}=0,\left(\frac{\partial v}{\partial x}\right)_{\substack{x=l\\y=0}}=0$$

于是由式（d）得出下列三个方程来决定 ω，u_0，v_0：

$$u_0=0,-\frac{Ml^2}{2EI}+\omega l+v_0=0,-\frac{Ml}{EI}+\omega=0$$

求解以后，得

$$\omega=\frac{Ml}{EI},u_0=0,v_0=-\frac{Ml^2}{2EI}$$

代入式（d），得出该悬臂梁的位移分量：

$$u=-\frac{M}{EI}(l-x)y,v=-\frac{M}{2EI}(l-x)^2-\frac{\mu M}{2EI}y^2 \tag{3-15}$$

梁轴的挠度方程式：

$$(v)_{y=0}=-\frac{M}{2EI}(l-x)^2$$

上式也和材料力学中的解答相同。

对于平面应变情况写的梁，须在以上的变形公式和位移公式中，把 E 换为 $\frac{E}{1-\mu^2}$，把 μ 换为 $\frac{\mu}{1-\mu}$。例如，梁的纵向纤维的曲率公式，应该变换为

$$\frac{1}{\rho}=\frac{(1-\mu^2)M}{EI} \tag{3-16}$$

第七节　简支梁受均布荷载

设有矩形截面的简支梁，深度为 h，长度为 $2l$，体力可以不计，受均布荷载 q，有两端的反力 ql 维持平衡，如图 3-6 所示。为了方便，仍然取单位宽度的梁来考虑。

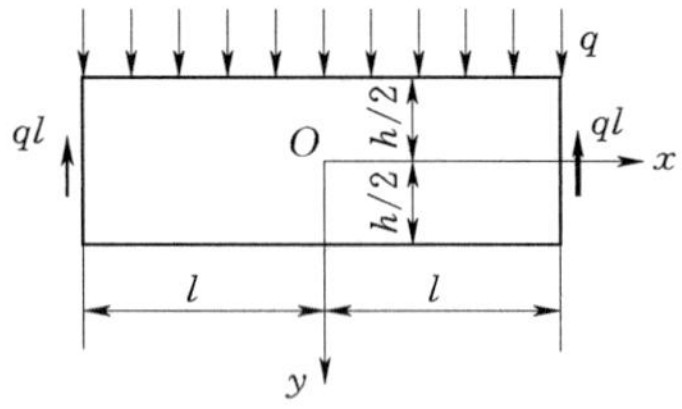

图 3-6

这个问题用半逆解法求解，步骤如下：

(1) 假设应力分量的函数形式。由材料力学已知：弯应力 σ_x 主要由弯矩引起的，切应力 τ_{xy} 主要由剪力引起的，挤压应力 σ_y 主要是由直接荷载 q 引起的。现在，q 不随 x 而变，也就是假设 σ_y 只是 y 的函数：

$$\sigma_y=f(y)$$

(2) 推求应力函数的形式。将 σ_y 代入应力公式 (3-9) 有

$$\frac{\partial^2\Phi}{\partial x^2}=f(y)$$

对 x 积分，得

$$\frac{\partial\Phi}{\partial x^2}=xf(y)+f_1(y) \tag{a}$$

$$\Phi=\frac{x^2}{2}f(y)+xf_1(y)+f_2(y) \tag{b}$$

其中 $f(y)$，$f_1(y)$ 和 $f_2(y)$ 都是待定的 y 的函数。

(3) 由相容方程求解应力函数。为使应力函数满足相容方程，将式 (b) 代入式 (2-23)，得

$$\frac{1}{2}\frac{\mathrm{d}^4f(y)}{\mathrm{d}y^4}x^2+\frac{\mathrm{d}^4f_1(y)}{\mathrm{d}y^4}x+\frac{\mathrm{d}^4f_2(y)}{\mathrm{d}y^4}+2\frac{\mathrm{d}^2f(y)}{\mathrm{d}y^2}=0$$

这是 x 的二次方程，但相容方程要求它有无数多的根（全梁内的 x 值都应该满足它），可见它的系数和自由项都必须等于零，即

$$\frac{\mathrm{d}^4f(y)}{\mathrm{d}y^4}=0,\frac{\mathrm{d}^4f_1(y)}{\mathrm{d}y^4}=0,\frac{\mathrm{d}^4f_2(y)}{\mathrm{d}y^4}+2\frac{\mathrm{d}^2f_2(y)}{\mathrm{d}y^2}=0$$

前面两个方程要求

$$f(y)=Ay^3+By^2+Cy+D,f_1(y)=Ey^3+Fy^2+Gy \tag{c}$$

在这里，$f_1(y)$ 中的常数项已被略去，因为这一项在 Φ 的表达式中成为 x 的一次项，不影响应力分量。第三个方程则要求

$$\frac{d^4 f_2(y)}{dy^4}=-2\frac{d^2 f(y)}{dy^2}=-12Ay-4B$$

也就是要求

$$f_2(y)=-\frac{A}{10}y^5-\frac{B}{6}y^4+Hy^3+Ky^2 \tag{d}$$

其中的一次项及常数项都被略去，因为它们不影响应力分量。将式（c）和式（d）代入式（b），得应力函数

$$\Phi=\frac{x^2}{2}(Ay^3+By^2+Cy+D)+x(Ey^3+Fy^2+Gy)-\frac{A}{10}y^5-\frac{B}{6}y^4+Hy^3+Ky^2 \tag{e}$$

（4）由应力函数求应力分量。将式（e）代入式（3-9），得应力分量

$$\sigma_x=\frac{x^2}{2}(6Ay+2B)+x(6Ey+2F)+2Ay^3-2By^2+6Hy+2K \tag{f}$$

$$\sigma_y=Ay^3+By^2+Cy+D \tag{g}$$

$$\tau_{xy}=-x(3Ay^2+2By+C)-(3Ey^2+2Fy+G) \tag{h}$$

这些分量满足平衡微分方程和相容方程的。因此，如果能够适当选择常数 A、B、…、K，使所有的边界条件都被满足，则应力分量式（f）、式（g）、式（h）就是正确的解答。

在考虑边界条件以前，先考虑一下问题的对称性（如果这个问题有对称性的话），往往可以减少一些运算工作。在这里，因为 yz 面是梁和荷载的对称面，所以应力分布应当对称于 yz 面。这样，σ_x 和 σ_y 应该是 x 的偶函数，而 τ_{xy} 应该是 x 的奇函数。于是由式（f）和式（h）可见

$$E=F=G=0$$

如果不考虑问题的对称性，那么，在考虑过程全部边界条件以后，也可以得出同样的结果，但运算工作要多一些。

（5）考察边界条件。通常，梁的跨度远大于梁的深度，梁的上下两个边界占全部边界的绝大部分，因而上下两个边界是主要的边界。在主要的边界上，式（2-15）的应力边界条件必须完全满足；在次要边界上（很小部分的边界上），如果边界条件不能完全满足，就可以引用圣维南原理，用 3 个积分的应力边界条件来代替，使边界条件得到近似的满足，仍然可以得出有用的解答。

根据这个理由，先考虑上下两边的主要边界条件：

$$(\sigma_y)_{y=\frac{h}{2}}=0,(\sigma_y)_{y=\frac{h}{2}}=-q,(\tau_{xy})_{y=\pm\frac{h}{2}}=0$$

将应力分量式（g）和式（h）代入，并注意前面已有 $E=F=G=0$，可见这些边界条件要求

$$\frac{h^3}{8}A+\frac{h^2}{4}B+\frac{h}{2}C+D=0$$

$$-\frac{h^3}{8}A+\frac{h^2}{4}B-\frac{h}{2}C+D=-q$$

$$-x\left(\frac{3}{4}h^2A+hB+C\right)=0 \quad 即 \quad \frac{3}{4}h^2A+hB+C=0$$

$$-x\left(\frac{3}{4}h^2A-hB+C\right)=0 \quad 即 \quad \frac{3}{4}h^2A-hB+C=0$$

由于上列 4 个方程是互相不依赖的，也是不相矛盾的，而且只包含 4 个未知数，因此可以联立求解而得出

$$A=-\frac{2q}{h^3},B=0,C=\frac{3q}{2h},D=-\frac{q}{2}$$

将以上以确定的常数代入式（f），式（g），式（h）三式，得

$$\sigma_x=-\frac{6q}{h^3}x^2y+\frac{4q}{h^3}y^3+6Hy+2K \tag{i}$$

$$\sigma_y=-\frac{2q}{h^3}y^3+\frac{3q}{2h}y-\frac{q}{2} \tag{j}$$

$$\tau_{xy}=\frac{6q}{h^3}xy^2-\frac{3q}{2h}x \tag{k}$$

现在考虑左右两边的次要边界条件。由于问题的对称性，只需考虑其中的一边，例如右边。如果右边的边界条件能满足，左边的边界条件自然也能满足。

首先，在梁的右边，没有水平面力，这就要求当 $x=l$ 时，不论 y 取任何值（$-\frac{h}{2}\leqslant y\leqslant\frac{h}{2}$），都有 $\sigma_x=0$。由式（i）可见，这是不可能满足的，除非是 q、H、K 均等于零。因此，用多项式求解，只能要求 σ_x 在这部分边界上合成的主矢量和主矩均为零，也就是要求

$$\int_{-\frac{h}{2}}^{\frac{h}{2}}(\sigma_x)_{x=l}\mathrm{d}y=0 \tag{l}$$

$$\int_{-\frac{h}{2}}^{\frac{h}{2}}(\sigma_x)_{x=l}y\mathrm{d}y=0 \tag{m}$$

将式（i）代入式（l），得

$$\int_{-\frac{h}{2}}^{\frac{h}{2}}\left(-\frac{6ql^2}{h^3}y+\frac{4q}{h^3}y^3+6hy+2K\right)\mathrm{d}y=0$$

积分以后得

$$K=0$$

将式（i）代入式（m），并命 $K=0$，得

$$\int_{-\frac{h}{2}}^{\frac{h}{2}}\left(-\frac{6ql^2}{h^3}y+\frac{4q}{h^3}y^3+6hy\right)\mathrm{d}y=0$$

积分以后得

$$H=\frac{ql^3}{h^3}-\frac{q}{10h}$$

将 H 和 K 的已知值代入式（i），得

$$\sigma_x=-\frac{6q}{h^3}x^2y+\frac{4q}{h^3}y^3+\frac{6ql^2}{h^3}y-\frac{3q}{5h}y \tag{n}$$

另一方面，梁的右边的切应力 τ_{xy} 以向下为正，而 ql 是向上的。将式（k）代入，上式成为

$$\int_{-\frac{h}{2}}^{\frac{h}{2}}\left(\frac{6ql}{h^3}y^2-\frac{3ql}{2h}\right)\mathrm{d}y=-ql$$

积分以后，可见这一条件是满足的。

将式（n），式（j），式（k）三式略加整理，得应力分量的最后解答

$$
\left.
\begin{aligned}
\sigma_x &= \frac{6q}{h^3}(l^2-x^2)y + q\frac{y}{h}\left(4\frac{y^2}{h^2}-\frac{3}{5}\right)\\
\sigma_y &= -\frac{q}{2}\left(1+\frac{y}{h}\right)\left(1-\frac{2y}{h}\right)^2\\
\tau_{xy} &= -\frac{6q}{h^3}x\left(\frac{h^2}{4}-y^2\right)
\end{aligned}
\right\}
\tag{o}
$$

各应力分量沿铅直方向的变化大致如图 3-7 所示。

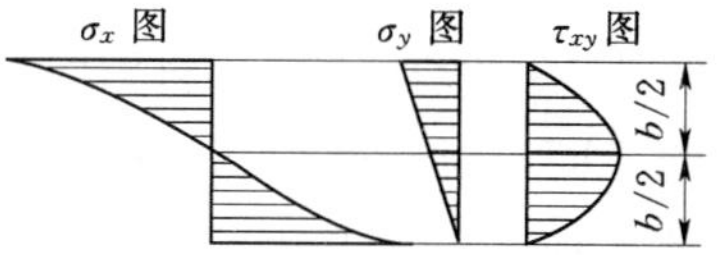

图 3-7

注意梁截面的宽度取为一个单位，可见惯性矩是 $I=\frac{1}{12}h^3$，静矩式 $S=\frac{h^2}{8}-\frac{y^2}{2}$，而梁的任一横截面上的弯矩和剪力分别为

$$
M = ql(l-x) - \frac{q}{2}(l-x)^2 = \frac{q}{2}(l^2-x^2)
$$

$$
F_s = -ql + q(l-x) = -qx
$$

于是式（o）可以写成

$$
\left.
\begin{aligned}
\sigma_x &= \frac{M}{I}y + q\frac{h}{y}\left(4\frac{y^2}{h^2}-\frac{3}{5}\right)\\
\sigma_y &= -\frac{q}{2}\left(1+\frac{y}{h}\right)\left(1-\frac{2y}{h}\right)^2\\
\tau_{xy} &= \frac{F_s S}{bI}
\end{aligned}
\right\}
\tag{3-17}
$$

从应力的解答式（o）容易看出，在长度远大于深度（即 $l\gg h$）的长梁中，应力中各项的数量级是：弯应力 σ_x 的第一项与 $q\frac{l^2}{h^2}$ 同阶大小，为主要应力；切应力 τ_{xy} 与 $q\frac{l}{h}$ 同阶大小，为次要应力；而挤压应力 σ_y 与 σ_x 的第二项均与 q 同阶大小，为更次要应力。

现在来比较一下简支梁受均布荷载下的弹性力学解答和材料力学解答。在弯应力 σ_x 的表达式中，第一项是主要项，和材料力学中的解答相同，第二项则是弹性力学提出的修正项。对于通常的浅梁，修正项很小，可以不计。对于较深的梁，则须注意修正项。读者试证：当梁的跨度两倍于深度时，最大弯应力须修正 1/15；当梁的跨度四倍于深度时，最大弯应力只需修正 1/60。因此，对于跨度与深度之比大于 4 的梁，材料力学中的解答已经足够精确。

应力分量 σ_y 乃是梁的各纤维之间的挤压应力，它的最大绝对值为 q，发生在梁顶。在材料力学里，一般不考虑这个应力分量。

切应力 τ_{xy} 的表达式和材料力学里完全一样。

注意：按照式（o），在梁的右边和左边，分别有水平的面力

$$
\bar{f} = \pm(\sigma_x)_{x=\pm l} = \pm q\frac{y}{h}\left(4\frac{y^2}{h^2}-\frac{3}{5}\right)
$$

但是，由于式（l）及式（m）可见，每一边的水平面力是一个平衡力系，即它的主矢量和主矩均为零。因此，根据圣维南原理，不管这些面力是否存在，离两边较远处的应力都和式（3-17）所示的一样。

弹性力学解答和材料力学解答的差别，是由于各自的解法不同。简而言之，弹性力学的解法，是严格考虑区域内的平衡微分方程、几何微分方程和物理方程，以及在边界上的边界条件而求解的，因而得出的解答是较精确的。而在材料力学的解法中，没有严格考虑上述条件，因而得出的是近似答案。例如，材料力学中引用了平面截面假设而简化了几何关系，但这个假设对于一般梁是近似的；材料力学中考虑的是有限大部分物体（$h\times dx\times b$）的平衡条件，而不是微分体的平衡条件，因而也是近似的；材料力学中忽略了 σ_y 的影响，并且在主要边界上也没有严格考虑盈利边界条件，这些都使材料力学的解答成为近似的解答。一般地说，材料力学的解法只适用于解决杆状构件问题，这时，它的解答具有足够的精度。对于非杆状构件的问题，不能用材料力学的解法来求解，只能用弹性力学的解法来求解。

第八节　楔形体受重力和液体压力

设有楔形体，如图 3-8 所示，左面铅直，右面与铅直面成 α 角，下端作为无限长，承受重力及液体压力，楔形体的密度为 ρ_1，液体的密度为 ρ_2，试求应力分量。

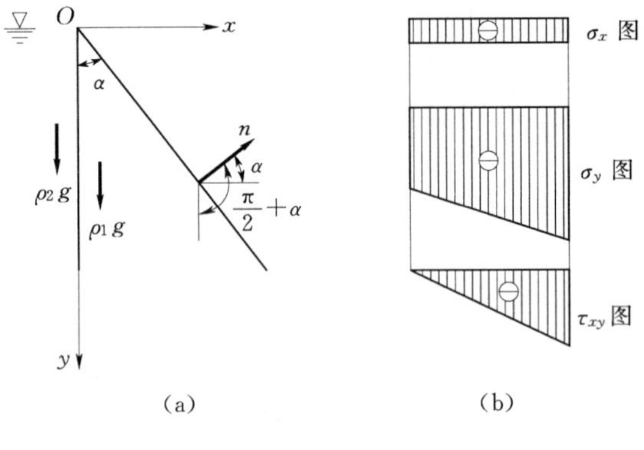

图 3-8

采用半逆解法。首先应用量纲分析方法来假设应力分量的函数形式。取坐标轴如图3-8 所示。在楔形体的任意一点，每一个应力分量都将由两部分组成：第一部分由重力引起，应当与 $\rho_1 g$ 成正比（g 是重力加速度）；第二部分由液体压力引起，应当与 $\rho_2 g$ 成正比。此外，每一部分还与 α，x，y 有关。由于应力的量纲是 $L^{-1}MT^{-2}$，$\rho_1 g$ 和 $\rho_2 g$ 的量纲是 $L^{-2}MT^{-2}$，α 是量纲一的量，而 x 和 y 的量纲是 L，因此，如果应力分量具有多项式的解答，那么，它们的表达式只可能是 $A\rho_1 gx$，$B\rho_1 gy$，$C\rho_2 gx$，$D\rho_2 gy$ 四种项的组合，而其中的 A，B，C，D 是量纲一的量，只与 α 有关。这就是说，各应力分量的表达式只可能是 x 和 y 的纯一次式。

其次，由应力函数与应力分量的关系式（3-9）可见，应力函数比应力分量的长度量纲高二次，应该是 x 和 y 的纯三次式。因此，假设

$$\Phi=ax^3+bx^2y+cxy^2+dy^3$$

不论上式中的系数取何值，纯三次式的应力函数总能满足相容方程式（3-11）。并且，注意到体力分量 $f_x=0$ 而 $f_y=\rho_1 g$，于是由式（3-9）得应力分量的表达式

$$\left.\begin{aligned}\sigma_x&=\frac{\partial^2\Phi}{\partial y^2}-f_x x=2cx+6dy\\ \sigma_y&=\frac{\partial^2\Phi}{\partial x^2}-f_y y=6ax+2by-\rho_1 gy\\ \tau_{xy}&=-\frac{\partial^2\Phi}{\partial x\partial y}=-2bx-2cy\end{aligned}\right\}\tag{a}$$

这些应力分量自然是满足平衡微分方程和相容方程的，现在来考察，如果适当选择各个系数，是否也能满足边界条件。

在左边（$x=0$），应力边界条件是

$$(\sigma_x)_{x=0}=-\rho_2 gy,(\tau_{xy})_{x=0}=0$$

将式（a）代入，得

$$6dy=-\rho_2 gy,-2cy=0$$

要求 $d=-\frac{\rho_2 g}{6}$，$c=0$，而式（a）成为

$$\sigma_x=-\rho_2 gy,\sigma_y=6ax+2by-\rho_1 gy,\tau_{xy}=\tau_{yx}=-2bx\tag{b}$$

右边是斜边界，它的边界方程是 $x=y\tan\alpha$，在斜面上没有任何面力，$\overline{f}_x=\overline{f}_y=0$，按照一般的边界条件式（2-21），有

$$l(\sigma_x)_{x=y\tan\alpha}+m(\tau_{xy})_{x=y\tan\alpha}=0$$

$$m(\sigma_y)_{x=y\tan\alpha}+l(\tau_{xy})_{x=y\tan\alpha}=0$$

将式（b）代入，得

$$\left.\begin{aligned}&l(-\rho_2 gy)+m(-2by\tan\alpha)=0\\ &m(6ay\tan\alpha+2by-\rho_1 gy)+l(-2b\tan\alpha)=0\end{aligned}\right\}\tag{c}$$

但由图 3-8 可见

$$l=\cos(n,x)=\cos\alpha$$

$$m=\cos(n,y)=\cos\left(\frac{\pi}{2}+\alpha\right)=-\sin\alpha$$

代入式（c），求解 b 和 a，即得

$$b=\frac{\rho_2 g}{2}\cot^2\alpha,a=\frac{\rho_1 g}{6}\cot\alpha-\frac{\rho_2 g}{3}\cot^3\alpha$$

将这些系数代入式（b），得李维（Levy）解答

$$\left.\begin{aligned}&\sigma_x=-\rho_2 gy\\ &\sigma_y=(\rho_1 g\cot\alpha-2\rho_2 g\cot^3\alpha)x+(\rho_2 g\cot^2\alpha-\rho_1 g)y\\ &\tau_{xy}=\tau_{yx}=-\rho_2 gx\cot^2\alpha\end{aligned}\right\}\tag{3-18}$$

各应力分量沿水平方向的变化如图 3-7（b）所示。

应力分量 σ_x 沿水平方向没有变化，这个结果是不能由材料力学公式求得的。应力分量 σ_y 沿水平方向按直线变化，在左面和右面，它分别为

$$(\tau_{yx})_{x=0}=0$$

$$(\tau_{yx})_{x=y\tan\alpha}=-\rho_2 gy\cot\alpha$$

与等截面梁中的切应力变化规律不同。

以上所得的解答，一向被当做是三角形重力坝中应力的基本解答。但是，必须指出一下3点：

(1) 沿着坝轴，坝身往往具有不同的截面，而且坝身也不是无限长，因此，严格地说，这不是一个平面问题。但是，如果沿着坝轴，有一些伸缩缝把坝身分成若干段，在每一段范围内，坝身的截面可以当做没变化，而且 τ_{zx} 和 τ_{zy} 可以当做零，那么，在计算时是可以把这个问题当做平面问题的。

(2) 这里假定楔形体在下端是无限长，可以自由变形。但是，实际上坝身式有限高的，底部与地基相连，坝身底部的形变受到地基的约束，因此，对于底部，以上所得的解答是不精确的。

(3) 坝顶总具有一定的宽度，而不会是一个尖顶，而且顶部通常还受有其他的荷载，因此，在靠近坝顶，以上所得的解答也不实用。

关于重力坝的较精确的应力分析，目前大都采用有限单元法来进行。

习　题　三

3-1　试证函数 $\varphi=\frac{qx^2}{4}\left(-\frac{4y^3}{h^3}+\frac{3y}{h}-1\right)+\frac{qy^2}{10}\left(\frac{2y^3}{h^3}-\frac{y}{h}\right)$ 是一个应力函数，并指出它在图3-9中所示矩形板和坐标系中能解决什么问题（设矩形板，长为 l，高为 h，体力不计）。

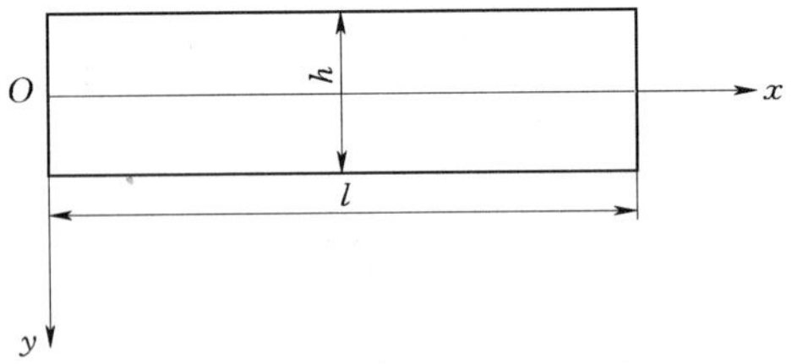

图3-9

3-2　已知函数 $\varphi=a(x^4-y^4)$，试检查它能否作为应力函数？若能，试写出应力分量（不计体力），并求出如图3-10所示矩形薄板边界上的面力。

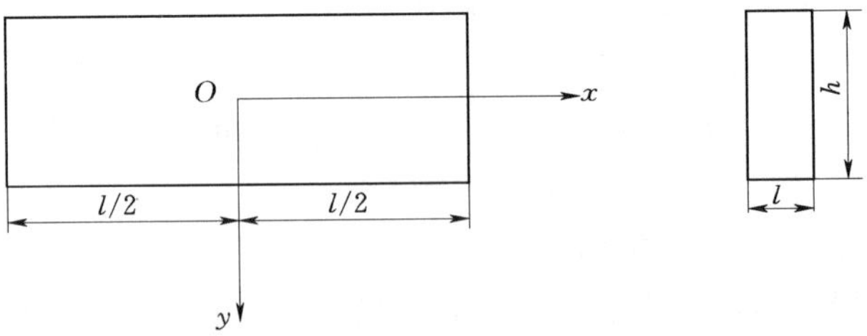

图3-10

3-3　如果体力虽不是常量，却是有势的力，即体力可表示为 $X=-\frac{\partial V}{\partial x}, Y=-\frac{\partial V}{\partial y}$，

其中：V 为势函数。试证明应力分量也可用应力函数表示为 $\sigma_x=\frac{\partial^2\varphi}{\partial y^2}+V$，$\sigma_y=\frac{\partial^2\varphi}{\partial x^2}+V$，$\tau_{xy}=-\frac{\partial^2\varphi}{\partial x\partial y}$，并导出相应的相容方程。

3－4　如果 φ 为平面调和函数，它满足 $\nabla^2=0$，问 $x\varphi$、$y\varphi$、$(x^2+y^2)\varphi$ 是否可作为应力函数。

3－5　已知如图 3－11 所示简支梁，在其上表面作用着均布荷载 q。试求应力函数 φ 及应力分量（不计体力）。

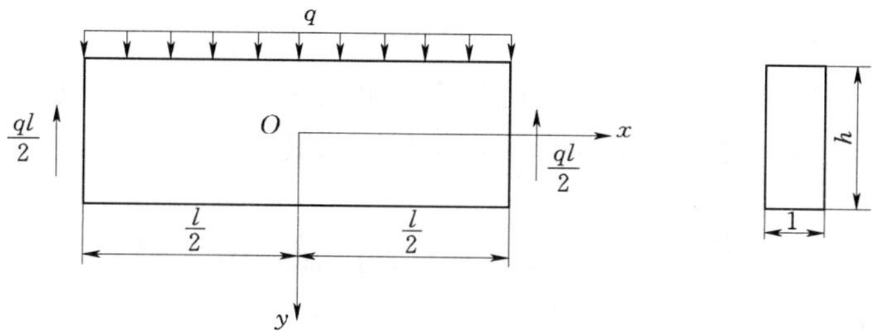

图 3－11

3－6　设有矩形截面的竖柱，容重为 P，$P=\rho g$，在右侧面上受均布剪力 q，如图 3－12所示，求应力分量。提示：可假设 $\sigma_x=0$，或假定 $\tau_{xy}=f(x)$。

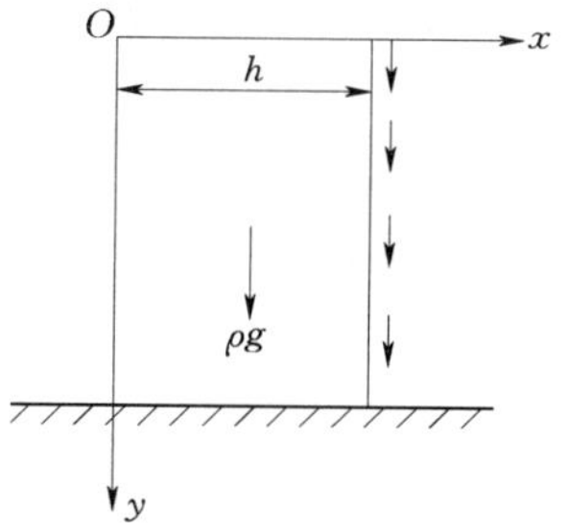

图 3－12

第四章 用常应变三角形单元解弹性力学平面问题

本章从一个简例入手，介绍用常应变三角形单元（即三结点三角形单元）解弹性力学平面问题的基本原理和分析方法。常应变三角形单元不仅具有实用意义，而且还带有一定的典型性。以下将以这种单元为典型，讨论平面问题的单元分析及整体分析。弹性力学问题有限元位移法，包括下列三个主要步骤：结构离散化；单元分析；整体分析。

第一节 结构的离散化

图 4-1（a）所示为一悬臂深梁，梁的厚度为 t，泊松比 $\mu=\dfrac{1}{3}$，弹性模量为 E。求端点 A 的竖向位移。

此例属于弹性力学的平面应力问题。为了能用类比结构力学中的分析方法，计算弹性力学中的问题，人们对弹性体进行所谓离散化，假想把一个连续的弹性体分割成为一个离散的结构物［图 4-1（b）］，使其变为由有限多个有限大小的构件组成，而这些构件之间，只在结点处用有限多个铰相连接［图 4-1（c）］，组成一个构件的集合体以代替原来的弹性体，这一分割的过程称为结构的离散化。这些有限大小的构件，就称为弹性力学问题的有限单元，简称为单元。

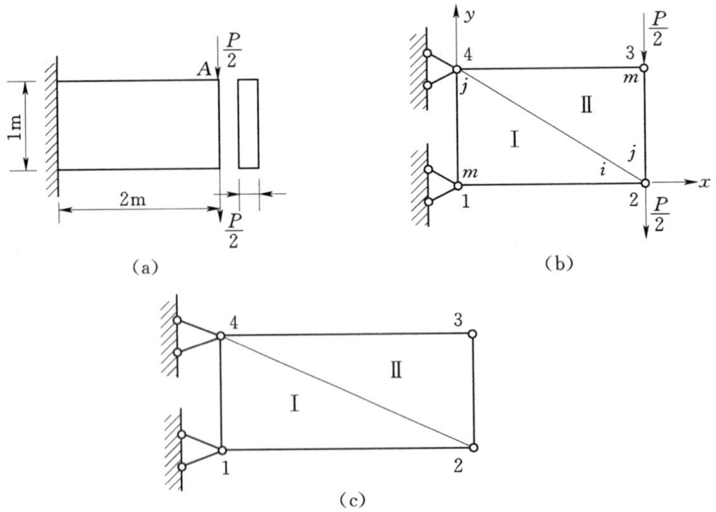

图 4-1

对于弹性力学平面问题，最简单、最常用的单元是三结点三角形单元。为了说明时的方便，此例我们只取两个结点的两种编码，一是结点总码，又称整体编码。四个结点统一编码为 1、2、3、4，以后就按照结构的整体结点局部码。由于各个单元的结点整体编码是不相同的，为了一般性、规格化，每个单元的三个结点按反时针方向的顺序，各自编码为 i、j、m，称为单元结点的局部码，它主要用于单元分析。作用在结构上的荷载和支座反力，在结构离散化之后，都要作用在结点上，因此，悬臂深梁固定端支承面上的结点 1 和结点 4 均可简化为铰支座。图 4－1（b）即为用有限单元法解平面问题的计算网格图。结构的离散化是有限单元法分析的第一步，它从数学意义上说，就是把微分方程的连续形式转化为代数方程组，以便于进行数值解。

第二节 单 元 分 析

单元分析的主要内容有：由结点移求内部任一点的位移；由结点位移求单元应变、应力和结点力。

单元分析的步骤可用图框（图 4－2）表示如下。

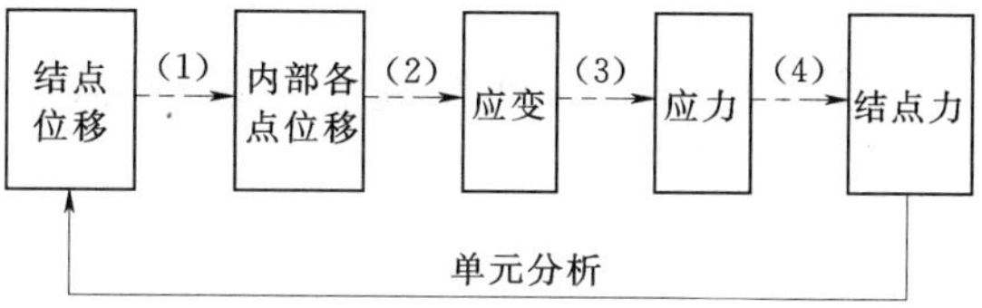

图 4－2

下面按此次序，分成四步求出相邻各量之间的转换关系。单元分析的主要任务是：建立单元刚度方程，即求出单元结点位移和结点力之间的转换关系，从而求出单元刚度矩阵 $[k]^e$。

一、由结点位移求内部任一点的位移

1. 位移模式

在有限元法计算中，通常采用位移法取结点的位分量为基本未知量。单元中的位移、应力、应变等各种物质量，都需要和基本示知量相关联。在实际结构中，位移就是连续分布的，所以，仅仅知道结点的位移是不够的，还需要知道单元内部任一点的位移分量。通常做法是假设单元的位移分布形式，使其满足结点的位移连续条件和单元边界的位移连续条件。这种假设单元位移分布的做法，正是有限元法的特点优点。在求得结点位移之后，还需要由几何方程求单元中的应变，由物理方程求单元中的应力，这些都要求单元中的位移分量必须是坐标的连续函数。这种假定的单元中的位移分布形式称为位移模式。它是以坐标 x，y 的某种函数关系给出的，所以亦称为位移函数。

位移函数选择的好坏，直接影响计算的收敛性的精确度，因而它是有限单元位移分析中的关键。在有限单元法应用中，较普遍地选用多项式作为位移函数。因为一般光滑的位移曲线和曲面，都可用多项式逼近，多项式的微分、积分等数学运算都比较简便。在三结点三角形单元中，选用位移模式的最简便方法，是把单元中任一点（x，y）的位移分量 u、v 表示为坐标 x、y 的线性函数，即位移模式采用一次多项式的形式。依据所选定的位移模式，即得到单元内位移的分布形式，并由几何方程、物理方程求出单元中的应变和应力。

在单元分析中，每一个单元都被看作是一个均匀的、连续的、各向同性的弹性体。

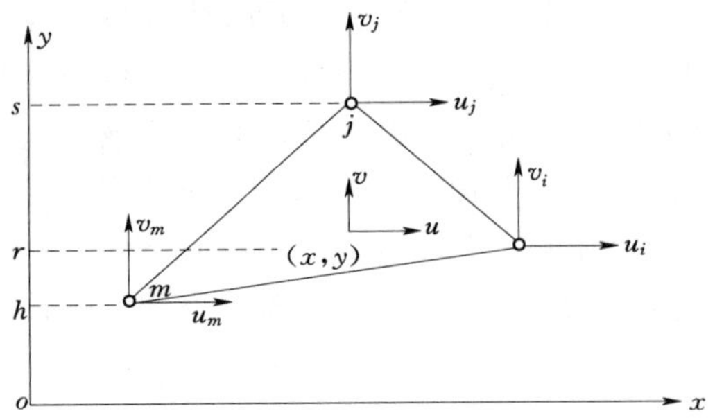

图 4－3

三角形三结点单元的每个结点有 u、v 两个位移分量，见图 4－3。设三个结点的位移分量分别为 u_i、v_i、u_j、v_j、u_m、v_m。要使单元内部的位移分布与结点位移相统一（协调），则在位移模式中必须包含六个参数 a_1、a_2、a_3、a_4、a_5、a_6，这样才能建立起任一点（x，y）的位移分量 u、v 与六个结点位移分量的函数关系，即由结点的六个位移分量，完全确定内部任一点的位移 u、v。

现在来建立三角形三结点单元的位移模式。假定单元中的位移分量是坐标 x，y 的线性函数，即

$$\left.\begin{aligned}u(x,y)&=a_1+a_2x+a_3y\\v(x,y)&=a_4+a_5+a_6y\end{aligned}\right\}\tag{4-1}$$

位移模式（4－1）可写成如下矩阵形式：

$$\{f(x,y)\}=\begin{Bmatrix}u(x,y)\\v(x,y)\end{Bmatrix}=\begin{bmatrix}1&x&y&0&0&0\\0&0&0&1&x&y\end{bmatrix}\begin{Bmatrix}a_1\\a_2\\a_3\\a_4\\a_5\\a_6\end{Bmatrix}\tag{4-2}$$

或简写为

$$\{f(x,y)\}=[m(x,y)]\{a\}\tag{4-3}$$

式（4－3）的物理意义为已知位移参数 $\{a\}$，就可求得单元内部任一点位移 $\{f(x,\ y)\}$，亦可称为单元位移参数 $\{a\}$ 与内部任一点位移向量 $\{f(x,\ y)\}$ 的转换式。

在弹性力学平面问题中，每个结点有两个位移分量。结点 i 的位移向量可写成

$$\{\delta\}_i=\begin{Bmatrix}u_i\\v_i\end{Bmatrix}$$

因此，三角形三结点单元的结点位移向量 $\{\delta\}^e$ 可写成

$$\{\delta\}^e=\begin{Bmatrix}\{\delta_i\}\\\{\delta_j\}\\\{\delta_m\}\end{Bmatrix}=\begin{Bmatrix}u_i\\v_i\\u_j\\v_j\\u_m\\v_m\end{Bmatrix}$$

为了求出内部任一点位移向量 $\{f(x,\ y)\}$ 与单元结点位移向量 $\{\delta\}^e$ 之间的转换式，需要先求出单元结点位移向量 $\{\delta\}^e$ 与位移参数向量 $\{a\}$ 之间的转换式。

2. 由单元结点位移 $\{\delta\}^e$ 求位移参数 $\{a\}$

单元的位移模式 $\{f(x, y)\}$ 亦应满足单元结点的位移条件。因此，在 i、j、m 三点（图 4-2），应当有

$$\left.\begin{aligned} u_i &= a_1 + a_2 x_i + a_3 y_i \\ u_j &= a_1 + a_2 x_j + a_3 y_j \\ u_m &= a_1 + a_2 x_m + a_3 y_m \end{aligned}\right\}; \quad \left.\begin{aligned} v_i &= a_4 + a_5 x_i + a_6 y_i \\ v_j &= a_4 + a_5 x_j + a_6 y_j \\ v_m &= a_4 + a_5 x_m + a_6 y_m \end{aligned}\right\} \tag{a}$$

式（a）是由位移参数 a 求结点参数 u、v 的转换式。下面，要求它的逆转换式。为此，由式（a）的左边三个方程解出 a_1、a_2、a_3。可用行列式表示为

$$\left.\begin{aligned} a_1 &= \frac{|A_1|}{|A|} = \frac{(x_j y_m - x_m y_j)u_i + (x_m y_i - x_i y_m)u_j + (x_i y_j - x_j y_i)u_m}{x_j y_m - x_m y_j + x_m y_i - x_i y_m + x_i y_j - x_j y_i} \\ a_2 &= \frac{|A_2|}{|A|} = \frac{(y_j - y_m)u_i + (y_m - y_i)u_j + (y_i - y_j)u_m}{x_j y_m - x_m y_j + x_m y_i - x_i y_m + x_i y_j - x_j y_i} \\ a_3 &= \frac{(x_m - x_j)u_i + (x_i - x_m)u_j + (x_j - x_i)u_m}{x_j y_m - x_m y_j + x_m y_i - x_i y_m + x_i y_j - x_j y_i} \end{aligned}\right\} \tag{b}$$

其中

$$\left.\begin{aligned} |A| &= \begin{vmatrix} 1 & x_i & y_i \\ 1 & x_j & y_j \\ 1 & x_m & y_m \end{vmatrix} \\ |A_1| &= \begin{vmatrix} u_i & x_i & y_i \\ u_j & x_j & y_j \\ u_m & x_m & y_m \end{vmatrix} \\ |A_2| &= \begin{vmatrix} 1 & u_i & y_i \\ 1 & u_j & y_j \\ 1 & u_m & y_m \end{vmatrix} \\ |A_3| &= \begin{vmatrix} 1 & x_i & u_i \\ 1 & x_j & u_j \\ 1 & x_m & u_m \end{vmatrix} \end{aligned}\right\} \tag{c}$$

由图 4-2 可以看出，三角形 ijm 的面积 Δ 等于梯形 $ijsr$ 的面积加上梯形 $mirh$ 的面积，并减去梯形 $mjsh$ 的面积。即

$$\begin{aligned} \Delta &= \frac{x_i + x_j}{2}(y_j - y_i) + \frac{x_m + x_i}{2}(y_i - y_m) - \frac{x_j + x_m}{2}(y_j - y_m) \\ &= \frac{1}{2}(x_i y_j - x_j y_i + x_m y_i - x_i y_m + x_j y_m - x_m y_j) \end{aligned} \tag{4-4}$$

可见式（b）中三个式子右边的分母就是单元三角形面积的两倍，即 2Δ。由此求得式（b）中各式的分母。且由计算可知，为了求出的面积不致成为负值，结点 i、j、m 的次序必须

是逆时针旋转，如图 4－2 所示。

为了书写的方便与规格化，引用记号

$$\left.\begin{aligned}a_i&=x_jy_m-x_my_j\\b_i&=y_j-y_m\\c_i&=x_m-x_j\end{aligned}\right\}\quad \overrightarrow{i,j,m} \tag{4-5}$$

公式后面附加的记号 i，j，m 表示每个公式实际上代表三个公式，其余的两个公式系由其中的下标 i、j、m 轮换得到。例如，$a_j=x_my_i-x_iy_m$。式（4－5）实际上代表了九个公式。以后为了节省篇幅，将经常采用这种表示方法。

由此，式（b）可写为

$$\left.\begin{aligned}a_1&=\frac{1}{2\Delta}(a_iu_i+a_iu_j+a_mu_m)\\a_2&=\frac{1}{2\Delta}(b_iu_i+b_iu_j+b_mu_m)\\a_3&=\frac{1}{2\Delta}(c_iu_i+c_iu_j+c_mu_m)\end{aligned}\right\} \tag{d}$$

式（d）就是由 u_i、u_j、u_m 求 a_1、a_2、a_3 的转换式。

用同样方法，可由式（a）右边的三个方程解得

$$\left.\begin{aligned}a_4&=\frac{1}{2\Delta}(a_iv_i+a_iv_j+a_mv_m)\\a_5&=\frac{1}{2\Delta}(b_iv_i+b_iv_j+b_mv_m)\\a_6&=\frac{1}{2\Delta}(c_iv_i+c_iv_j+c_mv_m)\end{aligned}\right\} \tag{e}$$

式（e）是由 v_i、v_j、v_m 求 a_4、a_5、a_6 的转换式。

将式（d）和式（e）综合起来写成矩阵形式，可得

$$\{a\}=[A]\{\delta\}^e \tag{4-6}$$

其中

$$[A]=\frac{1}{2\Delta}\begin{bmatrix}a_i&0&a_j&0&a_m&0\\b_i&0&b_j&0&b_m&0\\c_i&0&c_j&0&c_m&0\\0&a_i&0&a_j&0&a_m\\0&b_i&0&b_j&0&b_m\\0&c_i&0&c_j&0&c_m\end{bmatrix} \tag{4-7}$$

式（4－6）的物理意义为：已知结点位移，可通过矩阵［A］求得位移参数（a），矩阵［A］称为由单元结点位移 $\{\delta\}^e$ 求位移参数（d）的转换矩阵。

3. 由单元结点位移 $\{\delta\}^e$ 求单元内部任一点位移 $\{f(x,y)\}$

将式（4－6）代入式（4－3），得

$$\{f(x,y)\}=[m(x,y)][A][\delta]^e$$

式中，矩阵 $[m(x,y)]$ 及矩阵 $[A]$ 可见式（4－2）及式（4－7），经代入矩阵相乘后，得

$$\{f(x,y)\}=\begin{Bmatrix}u(x,y)\\v(x,y)\end{Bmatrix}=\left[\begin{array}{cc:cc:cc}N_i(x,y)&0&N_j(x,y)&0&N_m(x,y)&0\\0&N_i(x,y)&0&N_j(x,y)&0&N_m(x,y)\end{array}\right]\begin{Bmatrix}u_i\\v_i\\u_j\\v_j\\u_m\\v_m\end{Bmatrix}=[IN_i(x,y)\quad IN_j(x,y)\quad IN_m(x,y)]\begin{Bmatrix}\delta_i\\\delta_j\\\delta_m\end{Bmatrix}=[N(x,y)]\{\delta\}^e \tag{4-8}$$

式中，$I=[I]_2=\begin{bmatrix}1&0\\0&1\end{bmatrix}$是二阶单位矩阵，$N_i$、$N_j$、$N_m$ 可由下列轮换公式得出。

$$N_i(x,y)=\frac{1}{2\Delta}(a_i+b_ix+c_iy)\qquad \overrightarrow{i,j,m} \tag{4-9}$$

式（4－8）的物理意义为：已知单元结点位移 $\{\delta\}^e$，可通过转换矩阵 $[N(x,y)]$ 求得单元内部一点位移 $\{f(x,y)\}$。

以上是通过中间向量（a），求得单元任一点位移向量 $\{f(x,y)\}$ 与结点位移向量 $\{\delta\}^e$ 之间的转换关系。这三个列阵之间的转换关系及其转换矩阵可汇总如下：

$$\{f(x,y)\}\xleftarrow{[m(x,y)]}\{a\}\xleftarrow{[A]}\{\delta\}^e$$

$$[N(x,y)]=[m(x,y)][A]$$

由式（4－8）看出，当 $u_i=1$ 时，单元其他结点位移分量为零，则 $u(x,y)=N_i(x,y)$；同样，当 $v_i=1$ 时，单元其他结点位移分量为零，则 $v(x,y)=N_i(x,y)$。因此，函数 $N_i(x,y)$ 的物理意义是：当单元结点 i 发生单位位移时（$u_i=1$ 或 $v_i=1$），单元其他结点位移分量为零，在单元内部产生相应的位移的分布形状。函数 $N_j(x,y)$ 或 $N_m(x,y)$ 也有类似的性质。这里的 N_i、N_j 和 N_m 如式（4－9）所示是坐标的线性函数，它们反映单元内部位移的分布形状。因此，$N_i(x,y)$、$N_j(x,y)$ 和 $N_m(x,y)$ 可称为位移的形状函数，或简称为形函数。矩阵 $[N(x,y)]$ 则称为函数矩阵或称为形状矩阵。

4．形函数的性质

为了讨论函数的性质，现将形函数式（4－9）写在下面：

$$N_i(x,y)=\frac{1}{2\Delta}(a_i+b_ix+c_iy)\qquad \overrightarrow{i,j,m}$$

式中 2Δ 由式（c）可知

$$2\Delta=\begin{vmatrix}1&x_i&y_i\\1&x_j&y_j\\1&x_m&y_m\end{vmatrix}$$

式（4－5）可写成矩阵形式：

$$\left.\begin{aligned}a_i&=x_jy_m-x_my_i=\begin{vmatrix}x_j & y_j\\ x_m & x_m\end{vmatrix}\\ b_i&=y_j-y_m=-\begin{vmatrix}1 & y_i\\ 1 & y_m\end{vmatrix}\\ c_i&=x_m-x_j=\begin{vmatrix}1 & x_i\\ 1 & x_m\end{vmatrix}\end{aligned}\right\}\quad \overrightarrow{i,j,m}$$

显然可见，常数 a_i、b_i、c_i、a_j、b_j、c_j 和 a_m、b_m、c_m 依次是行列式 2Δ 的第一行、第二行和第三行各元素的代数余子式。根据行列式的性质：行列式的任一行（或列）中各元素与相应的代数余子式乘积之和，就等于该行列式的值；而行列式的任一行（或列）中各元素与其他行（或列）的元素的代数余子式乘积之和，则等于零。从行列式的这一性质可以推出形函数的许多重要性质。

（1）在单元任一点上三个形函数之和等于 1。可以推证如下：

$$\begin{aligned}&N_i(x,y)+N_j(x,y)+N_m(x,y)\\ =&\frac{1}{2\Delta}(a_i+b_ix+c_iy+a_j+b_jx+c_jy+a_m+b_mx+c_my)\\ =&\frac{1}{2\Delta}[(a_i+a_j+a_m)+(b_ib_j+b_m)x+(c_i+c_j+c_m)y]\end{aligned}$$

显然，上式三个半圆括号内各常数，依次是行列式 2Δ 的第一列、第二列和第三列各元素的代数余子式。根据前述行列式的性质，行列式 2Δ 的第一列各元素分别与上述三列各元素的代数余子式乘积之和，则第一半圆括号内等于 2Δ，而第二个、第三个半圆括号内都等于零。故有

$$N_i(x,y)+N_j(x,y)+N_m(x,y)=1 \tag{4-10a}$$

由此可见，三个形函数中只有两个是独立的。

当单元各结点的水平位移相同时，并等于 u^*，可求得单元任一点的水平位移为

$$u(x,y)=N_iu_i+N_ju_j+N_mu_m=u^*(N_i+N_j+N_m)=u^*$$

由上式可见，式（4-10a）的物理意义是反映单元的刚体位移。当物体作刚体位移时，单元的各结点及单元内任意点的位移都应等于物体的位移。

（2）形函数 N_i 在 i 点的函数值为 1，在 j 点及 m 点的函数值为零。

行列式 2Δ 的第一行中各元素，与相应的代数余子式乘积之和，就等于该行列式的值，于是得

$$N_i=(x_i,y_i)=\frac{1}{2\Delta}(a_i+b_ix_i+c_iy_i)=1$$

而行列式 2Δ 的第二行和第三行中各元素，分别与第一行的元素的代数余子式乘积之和，则等于零。于是得其余两结点 j、m 上的值为

$$N_i=(x_j,y_j)=\frac{1}{2\Delta}(a_i+b_ix_j+c_iy_j)=0$$

$$N_i=(x_m,y_m)=\frac{1}{2\Delta}(a_i+b_ix_m+c_iy_m)=0$$

类似地有

$$\left.\begin{aligned}N_j&=(x_i,y_i)=0\\N_j&=(x_j,y_j)=1\\N_j&=(x_m,y_m)=0\end{aligned}\right\}$$

$$\left.\begin{aligned}N_m&=(x_i,y_i)=0\\N_m&=(x_j,y_j)=0\\N_m&=(x_m,y_m)=1\end{aligned}\right\}\qquad(4-10b)$$

掌握了形函数的这个特点后，位移模式就可以直接用形函数写出其表达式，而不必再由多项式的位移分量方程推导出来。在第六章分析等参数单元时，我们将直接用形函数写出位移模式。所以，位移模式中的形函数，又称为位移插值函数。

由于形函数有以上的性质，又由于形函数是坐标的线性函数，因而极易将 N_i、N_j、N_m 用图形表示出来，如图 4－4 所示。

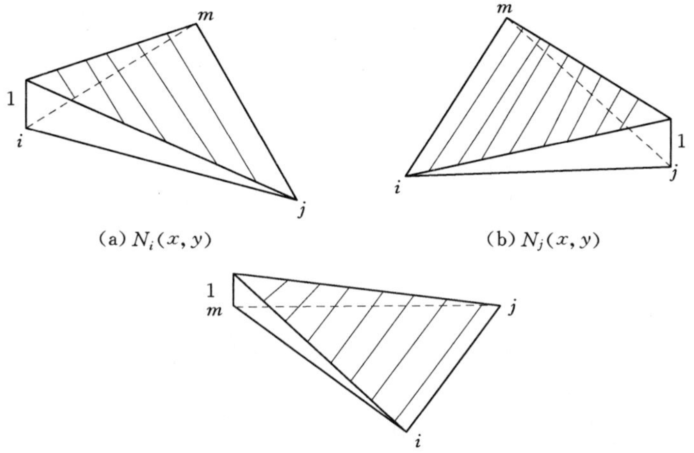

(a) $N_i(x,y)$　　(b) $N_j(x,y)$

(c) $N_m(x,y)$

图 4－4

由图 4－4 中清楚地看出：①单元位移场线性分布的特点；②单元位移场与结点位移是协调的；③结点位移将影响位移场的数值大小。由图 4－4（a）N_i 的几何关系，显然可见：

在三角形 ijm 的形心有　　$N_i=\dfrac{1}{3}$

在 ij 及 im 两边的中心点有　　$N_i=\dfrac{1}{2}$

形函数 N_i 的积分有

$$\left.\begin{aligned}\iint_A N_i\,\mathrm{d}x\mathrm{d}y&=\frac{A}{3}\\\int_{ij}N_i\,\mathrm{d}s&=\frac{1}{2}\,\overline{ij}\end{aligned}\right\}\qquad(4-10c)$$

式中　$\overline{ij}$——ij 边的长度；

A——单元的面积。

N_j 和 N_m 也有类似的性质。这些性质在计算等结点荷载时，将得到广泛的应用。

(3) 三角形单元 ijm 在 ij 边上的形函数与第三个顶点的坐标无关。

由图 4-3 可写出 ij 边的方程式为

$$y=-\frac{b_m}{c_m}(x-x_i)+y_i$$

代入式 (4-9) 的 $N_j(x,y)$ 和 $N_m(x,y)$，得

$$N_j(x,y)=\frac{1}{2\Delta}\left\{a_j+b_jx+c_j\left[\frac{b_m}{c_m}(x_i-x)+y_i\right]\right\}$$

$$=\frac{1}{2\Delta}\left[a_j+b_jx_i+c_jy_i+b_j(x-x_i)-\frac{b_mc_j}{c_m}(x-x_i)\right]$$

$$=\frac{1}{2\Delta}\left[\frac{b_jc_m-b_mc_j}{c_m}(x-x_i)\right]$$

其中　$b_jc_m-b_mc_j=-b_j(x_i-x_j)+b_m(x_m-x_i)=b_ix_i+b_jx_j+b_mx_m=2\Delta$

所以有

$$N_j(x,y)=\frac{x-x_i}{x_j-x_i} \tag{f}$$

$$N_m(x,y)=\frac{1}{2\Delta}\left\{a_m+b_mx+c_m\left[-\frac{b_m}{c_m}(x-x_i)+y_i\right]\right\}$$

$$=\frac{1}{2\Delta}(a_m+b_mx_i+c_my_i)=0 \tag{g}$$

于是由式 (4-10a)，可得

$$N_i(x,y)=1-N_j-N_m=1-\frac{x-x_i}{x_j-x_i} \tag{h}$$

由式 (f)、式 (g)、式 (h) 清楚地看出，在 ij 边上的三个形函数与第三个顶点的坐标无关。

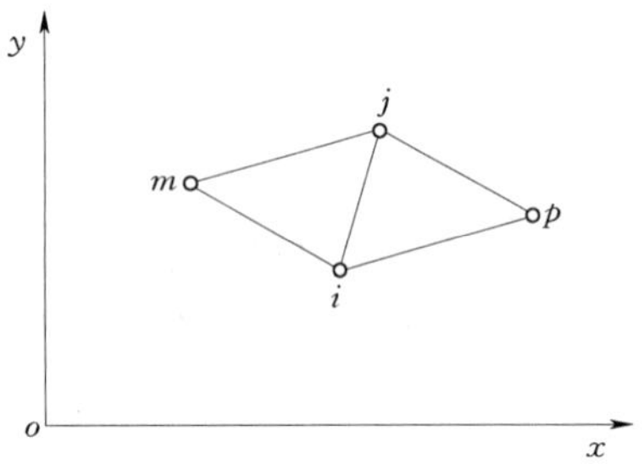

图 4-5

利用这一性质很容易证明：当三结点三角形位移模式是坐标的线性函数时，相邻单元的位移在公共边上是连续的。例如，图 4-5 所示两个单元 ijm 和 ipj 具有公共边界 ij。由式 (g) 在 ij 边上可知

$$N_m(x,y)=N_p(x,y)=0$$

因此，不论按照哪个单元来计算，根据式 (4-8)，公共边 ij 上的位移应为

$$\begin{cases}u(x,y)=N_i(x,y)u_i+N_j(x,y)u_j\\v(x,y)=N_i(x,y)v_i+N_j(x,y)v_j\end{cases}$$

其中，N_i、N_j 如式 (h) 和式 (f) 所示。显然可见，在公共边 ij 上的位移 u、v 完全由公共边的两个结点 i、j 的位移及坐标所确定，而相邻两个单元结点 i、j 位移及坐标是彼此相同的，所以相邻单元的位移是连续的。

【例题 4-1】 求图 4-1 (b) 单元Ⅰ、Ⅱ的形函数矩阵 [N]。

解： 单元Ⅰ如图 4-6 (a) 所示。

设 $a=1\text{m}$，$b=2\text{m}$，由式 (4-4)，得

$$\Delta=\frac{1}{2}ab$$

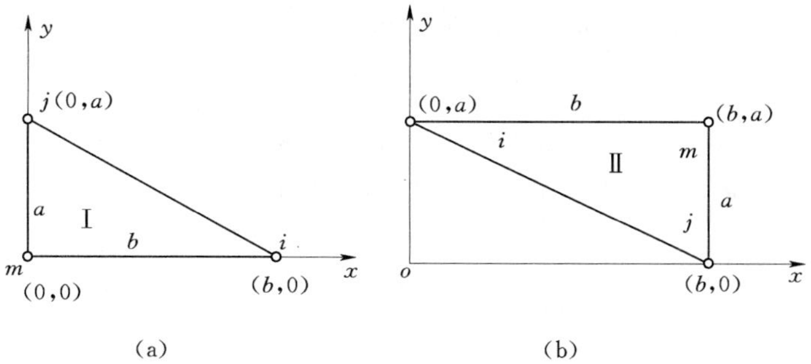

图 4－6

1. 求常数

由式（4－5），得

$$\begin{cases}a_i=x_jy_m-x_my_j=0\\a_j=x_my_i-x_iy_m=0\\a_m=x_iy_j-x_jy_i=ab\end{cases}$$

$$\begin{cases}b_i=y_j-y_m=a\\b_j=y_m-y_i=0\\b_m=y_i-y_j=-a\end{cases}$$

$$\begin{cases}c_i=x_m-x_j=0\\c_j=x_i-x_m=b\\c_m=x_j-x_i=-b\end{cases}$$

2. 求形函数矩阵

将常数代入式（4－9），得

$$N_i(x,y)=\frac{1}{2\Delta}(a_i+b_ix+c_iy)=\frac{x}{b}$$

$$N_j(x,y)=\frac{1}{2\Delta}(a_j+b_jx+c_jy)=\frac{y}{a}$$

$$N_m(x,y)=\frac{1}{2\Delta}(a_m+b_mx+c_my)=1-\frac{x}{b}-\frac{y}{a}$$

将形函数代入式（4－8），得

$$[N]=\begin{bmatrix}N_i & 0 & N_j & 0 & N_m & 0\\0 & N_i & 0 & N_j & 0 & N_m\end{bmatrix}=\left\{\begin{matrix}\frac{x}{b} & 0 & \frac{y}{a} & 0 & \left(1-\frac{x}{b}-\frac{y}{a}\right) & 0\\0 & \frac{x}{b} & 0 & \frac{y}{a} & 0 & \left(1-\frac{x}{b}-\frac{y}{a}\right)\end{matrix}\right\}$$

将 $a=1\text{m}$，$b=2\text{m}$ 代入，得

$$[N]^{\mathrm{I}}=\begin{bmatrix}\frac{x}{2} & 0 & y & 0 & \left(1-\frac{x}{2}-y\right) & 0\\0 & \frac{x}{2} & 0 & y & 0 & \left(1-\frac{x}{2}-y\right)\end{bmatrix}$$

单元Ⅱ，如图 4－5（b）所示。

$$a=1\text{m}，\ b=2\text{m}，\ \Delta=\frac{1}{2}ab$$

1. 求常数

$$\begin{cases} a_i=x_jy_m-x_my_j=ab \\ a_j=x_my_i-x_iy_m=ab \\ a_m=x_iy_j-x_jy_i=-ab \end{cases}$$

$$\begin{cases} b_i=y_j-y_m=-a \\ b_j=y_m-y_j=0 \\ b_m=y_i-y_i=a \end{cases}$$

$$\begin{cases} c_i=x_m-x_j=0 \\ c_j=x_i-x_m=-b \\ c_m=x_j-x_i=b \end{cases}$$

2. 求形函数矩阵

将常数代入式（4-9），得

$$\begin{cases} N_i(x,y)=\dfrac{1}{2\Delta}(a_i+b_ix+c_iy)=1-\dfrac{1}{b}x \\ N_j(x,y)=\dfrac{1}{2\Delta}(a_j+b_jx+c_jy)=1-\dfrac{1}{a}y \\ N_m(x,y)=\dfrac{1}{2\Delta}(a_m+b_mx+c_my)=1+\dfrac{x}{b}+\dfrac{y}{a} \end{cases}$$

将形函数代入式（4-8），得

$$[N]^{\text{II}}=\left[\begin{array}{cc:cc:cc} 1-\dfrac{x}{b} & 0 & 1-\dfrac{y}{a} & 0 & \left(-1+\dfrac{x}{b}+\dfrac{y}{a}\right) & 0 \\ 0 & 1-\dfrac{x}{b} & 0 & 1-\dfrac{y}{a} & 0 & \left(-1+\dfrac{x}{b}+\dfrac{y}{a}\right) \end{array}\right]$$

将 $a=1\text{m}$，$b=2\text{m}$ 代入上式，得

$$[N]^{\text{II}}=\left[\begin{array}{cc:cc:cc} 1-\dfrac{x}{2} & 0 & 1-y & 0 & \left(-1+\dfrac{x}{2}+y\right) & 0 \\ 0 & 1-\dfrac{x}{2} & 0 & 1-y & 0 & \left(-1+\dfrac{x}{2}+y\right) \end{array}\right]$$

综合上面的讨论，对推导建立位移模式的目的已有一个清晰的了解，概括起来为：保证单元位移场与结点位移的连续性；反映结点位移对位移场的影响；结点位移求单元内部任一点的位移及单元的应变与应力。

二、由结点位移求单元的应变

在实际工程应用中，常需要了解每个单元中的应变状况，因此需要结点位移求出单元的应变。求单元应变的想路是：根据选定的位移分布函数，由结点位移写出单元内部点的位移，再由几何方程求得单元中应变。

下面，先由结点位移写出单元内部点的位移，由式（4-8）得

$$\begin{cases} u(x,y)=N_i(x,y)u_i+N_j(x,y)u_j+N_m(x,y)u_m \\ v(x,y)=N_i(x,y)v_i+N_j(x,y)v_j+N_m(x,y)v_m \end{cases} \tag{a}$$

再由位移函数求应变。将式（a）代入几何方程式（2-7），即得用结点位移表示单元应变

的表达式

$$\left\{\begin{aligned}&\varepsilon_x=\frac{\partial u}{\partial x}=\frac{\partial N_i(x,y)}{\partial x}u_i+\frac{\partial N_j(x,y)}{\partial x}u_j+\frac{\partial N_m(x,y)}{\partial x}u_m\\&\varepsilon_y=\frac{\partial v}{\partial y}=\frac{\partial N_i(x,y)}{\partial y}v_i+\frac{\partial N_j(x,y)}{\partial y}v_j+\frac{\partial N_m(x,y)}{\partial y}v_m\\&\varepsilon_y=\frac{\partial u}{\partial y}+\frac{\partial v}{\partial x}=\frac{\partial N_i(x,y)}{\partial y}u_i+\frac{\partial N_j(x,y)}{\partial y}u_j+\frac{\partial N_m(x,y)}{\partial y}u_m+\frac{\partial N_i(x,y)}{\partial x}v_i\\&\qquad+\frac{\partial N_j(x,y)}{\partial x}v_j+\frac{\partial N_m(x,y)}{\partial x}v_m\end{aligned}\right. \tag{b}$$

其中，N_i、N_j、N_m 由轮换公式（4－9）给出，并可求出其偏导数如下

$$\frac{\partial N_i}{\partial x}=\frac{b_i}{2\Delta},\frac{\partial N_i}{\partial y}=\frac{c_i}{2\Delta}\quad \overrightarrow{i,j,m} \tag{c}$$

将式（b）用矩阵形式表示，并考虑到式（c），即得

$$\begin{Bmatrix}\varepsilon_x\\\varepsilon_y\\\gamma_{xy}\end{Bmatrix}=\frac{1}{2\Delta}\begin{bmatrix}b_i&0&b_j&0&b_m&0\\0&c_i&0&c_j&0&c_m\\c_i&b_i&c_j&b_j&c_m&b_m\end{bmatrix}\begin{Bmatrix}u_i\\v_i\\u_j\\v_j\\u_m\\v_m\end{Bmatrix}$$

或者简写为

$$\{\varepsilon\}=[B]\{\delta\}^e \tag{4-11}$$

其中的矩阵［B］可写成分块形式

$$[B]=[B_i\quad B_j\quad B_m] \tag{4-12}$$

而其子矩阵为

$$[B_i]=\frac{1}{2\Delta}\begin{bmatrix}b_i&0\\0&c_i\\c_i&b_i\end{bmatrix}\quad \overrightarrow{i,j,m} \tag{d}$$

由式（4－12）可看出，由于单元的面积 Δ 以及 b_i 和 c_i（$\overrightarrow{i,j,m}$）都是与三角形单元的几何尺寸有关的常量，因而矩阵［B］的元素都是常量。这就是说，采用线性位移模式，在每一个单元中应变分量 ε_x、ε_y、γ_{xy} 都是常量。因此，这种三结点三角形单元通常称为常应变三角形单元。

式（4－11）就是由结点位移 $\{\delta\}^e$ 求应变 $\{\varepsilon\}$ 的转换式，其转换矩阵［B］称为应变转换矩阵，或称为几何矩阵。

三、由结点位移求单元的应力

在有限元分析中，最重要的目的是求出单元中的应力，考察结构应力分布状况是否满足强度的要求。推导思路是由单元应变表达式，通过物理方程求出单元应力表达式。

下面，将求应变的表达式（4－11）代入物理方程式（2－14），得

$$\{\sigma\}=[D]\{\varepsilon\}=[D][B]\{\delta\}^e \tag{4-13}$$

将式（4-13）中矩阵相乘简写为

$$[S]=[D][B] \tag{4-14}$$

对于平面应力问题，将弹性矩阵表达式（2-15）及几何矩阵（4-12）代入式（4-14），得下列分块形式的矩阵

$$[S]=[S_i\ S_j\ S_m] \tag{4-15}$$

其中的子矩阵为

$$[S_i]=\frac{E}{2(1-\mu^2)\Delta}\begin{bmatrix} b_i & \mu c_i \\ \mu b_i & c_i \\ \frac{1-\mu}{2}c_i & \frac{1-\mu}{2}b_i \end{bmatrix} \quad \overrightarrow{i,j,m} \tag{4-16}$$

对于平面应变问题，将弹性矩阵表达式（2-14）及几何矩阵（4-12）代入式（4-14），得式（4-15）。其中的子矩阵为

$$[S_i]=\frac{E(1-\mu)}{2(1+\mu)(1-2\mu)\Delta}\begin{bmatrix} b_i & \frac{\mu}{1-\mu}c_i \\ \frac{\mu}{1-\mu}b_i & c_i \\ \frac{1-2\mu}{2(1-\mu)}c_i & \frac{1-2\mu}{2(1-\mu)}b_i \end{bmatrix} \quad \overrightarrow{i,j,m} \tag{4-17}$$

上式矩阵 $[S_i]$ 亦可把平面应力问题的式（4-16）中 E 换为 $\frac{E}{1-u^2}$，u 换为 $\frac{u}{1-u}$ 得到。

式（4-13）就是由结点位移 $\{\delta\}^e$ 求单元应力 $\{\sigma\}$ 的转换式。矩阵 $[S]$ 称为应力转换矩阵。式（4-14）中，矩阵 $[D]$、$[B]$ 的元素均为常量，可知应力转换矩阵 $[S]$ 也为常量矩阵。可见，对于线性位移模式，在每一个单元中，应力分量也是常量。然而，相邻单元一般将具有不同的应力，因而在它们的公共边界上，虽然位移是连续的，而应力会有突变。可是，随着单元的逐步缩小，这种突变将明显减小。

四、由结点位移求单元结点力

前面已经由结点位移求出单元中应变及单元中应力，如若由单元中应力再求出单元结点力，则可以得到单元结点位移与结点力的关系。本小节是讨论如何由单元应力求单元结点力。单元结点力是指单元和结点相连接的内力。若取隔离体，考虑结点平衡，则单元结点力为外力，将与结点外荷载相平衡。若考虑单元平衡，则单元结点力是作用在单元上的外力［图4-7（a）］，它将与单元边界上应力相平衡。在有限单元法中，由于应用上的方便，通常用虚功方程代替平衡方程。

根据虚功原理，结点力在结点的虚位移上所做的虚功应等于单元内部应力乘虚变形功。图4-7（a）表示三角形单元的实际力关系，图4-7（b）表示三角形的虚设位移。

设单元的结点力列阵及单元内应力列阵分别为

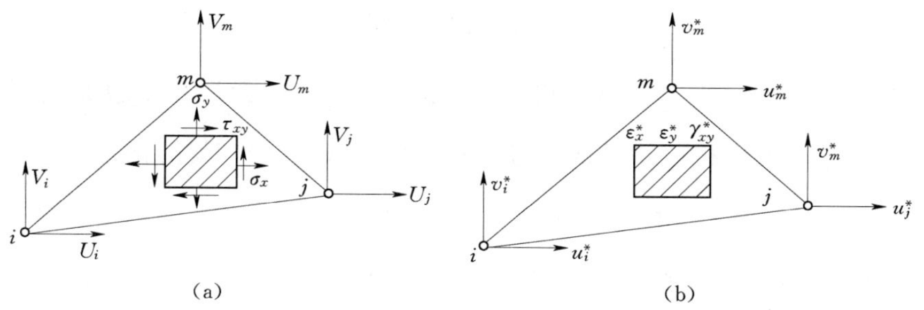

图 4-7

$$\{F\}^e=\begin{bmatrix}U_i\\V_i\\U_j\\V_j\\U_m\\V_m\end{bmatrix},\quad \{\sigma\}=\begin{Bmatrix}\sigma_x\\\sigma_y\\\tau_{xy}\end{Bmatrix}$$

设单元的结点虚位移列阵及其相应的单元内虚应变分别为

$$\{\delta^*\}^e=\begin{Bmatrix}u_i^*\\v_i^*\\u_j^*\\v_j^*\\u_m^*\\v_m^*\end{Bmatrix},\quad \{\varepsilon^*\}=\begin{Bmatrix}\varepsilon_x^*\\\varepsilon_y^*\\\gamma_{xy}^*\end{Bmatrix}$$

其中，“*”号表示假想的位移状态。

令实际受力状态在虚设状态上做虚功，由虚功方程可得

$$(\{\delta^*\}^e)^T\{F\}^e=\iint\{\varepsilon^*\}^T\{\sigma\}t\mathrm{d}x\mathrm{d}y \tag{4-18}$$

由式（4-11）可知

$$\{\varepsilon^*\}=[B]\{\delta^*\}^e$$

则

$$\{\varepsilon^*\}^T=(\{\delta^*\}^e)^T[B]^T$$

代入式（4-18），得

$$(\{\delta^*\}^e)^T\{F\}^e=\iint(\{\delta^*\}^e)^T[B]^T\{\sigma\}t\mathrm{d}x\mathrm{d}y$$

由于结点虚位移列阵 $\{\delta^*\}^e$ 中的元素是常量，上式等号右边的 $(\{\delta^*\}^e)^T$ 可以提到积分号的前面。又由于虚位移 $\{\delta^*\}^e$ 是任意的，所以等式两边与它相乘的矩阵应当相等，故得

$$\{F\}^e = \iint [B]^{\mathrm{T}} \{\sigma\} t \mathrm{d}x\mathrm{d}y \tag{4-19}$$

在常应变三角形单元中，$[B]$ 和 $\{\sigma\}$ 都是常量，单元厚度 t 也是常量，注意到 $\iint \mathrm{d}x\mathrm{d}y$ 是三角形单元的面积，并用 Δ 记号表示，故式（4-19）就简化为

$$\{F\}^e = [B]^{\mathrm{T}} \{\sigma\} t\Delta \tag{4-20}$$

这就是由单元应力 $\{\sigma\}$ 推算单元结点力 $[F]^e$ 的转换式，其转换矩阵为 $[B]^{\mathrm{T}} t\Delta$。

综合单元分析过程可用图表示为

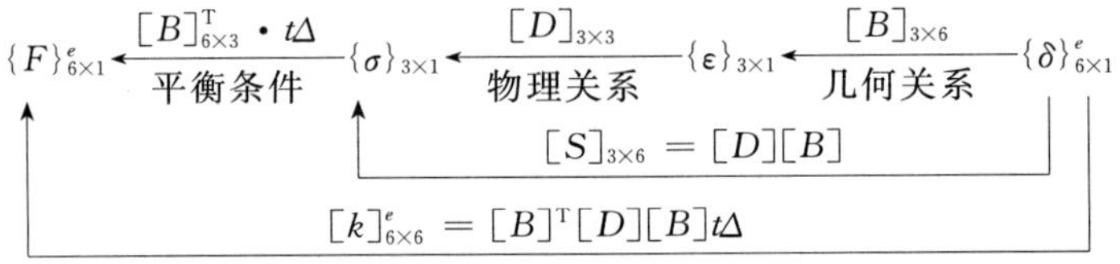

其中，矩阵下标注明了三结点三角形单元各矩阵的阶数。

由此图可清晰地看出：在单元结点力列阵 $\{F\}^e$、单元应力列阵 $\{\sigma\}$、单元应变列阵 $\{\varepsilon\}$ 和单元结点位移列阵 $\{\delta\}^e$ 的四个列阵之间，共存在五个转换关系，可得出五个转换矩阵。从结点位移到结点力的一系列的转换关系中，经历了弹性力学的平衡条件、物理关系、几何关系，这说明单元本身已满足了弹性力学的基本方程。由结点位移 $\{\delta\}^e$ 求结点力 $\{F\}^e$ 的公式可综合为

$$\{F\}^e = [B]^{\mathrm{T}}\{\sigma\}t\Delta = [B]^{\mathrm{T}}[D]\{\varepsilon\}t\Delta = [B]^{\mathrm{T}}[D][B]\{\delta\}^e t\Delta$$

上式可简写为

$$\{F\}^e = [k]^e \{\delta\}^e \tag{4-21}$$

其中

$$[k]^e = [B]^{\mathrm{T}}[D][B]t\Delta \tag{4-22}$$

或

$$[k]^e = \iint [B]^{\mathrm{T}}[D][B] t \mathrm{d}x\mathrm{d}y \tag{4-23}$$

式中　$[k]^e$——单元刚度矩阵，或简称为单刚。

到此为止，得到了单元刚度矩阵，就完成了单元分析。

对于平面应力问题，将式（4-12）中矩阵 $[B]$ 及式（2-15）中矩阵 $[D]$ 代入式（4-22），得常应变三角形单元分块形式的单元刚度矩阵，即

$$(k)^e = \begin{bmatrix} k_{ii} & k_{ij} & k_{im} \\ k_{ji} & k_{jj} & k_{jm} \\ k_{mi} & k_{mj} & k_{mm} \end{bmatrix} \tag{4-24}$$

其中

$$[k_{rs}] = [B_r]^{\mathrm{T}}[D][B_s]t\Delta = \frac{Et}{4(1-\mu^2)\Delta}\begin{bmatrix} b_r b_s + \frac{1-\mu}{2}c_r c_s & \mu b_r c_s + \frac{1-\mu}{2}c_r b_s \\ u c_r b_s + \frac{1-\mu}{2}b_r c_s & c_r c_s + \frac{1-\mu}{2}b_r b_s \end{bmatrix} \tag{4-25}$$

$$(r = i, j, m; s = i, j, m)$$

对于平面应变问题，将上式中的 E 换为 $\frac{E}{1-\mu^2}$，μ 换为 $\frac{\mu}{1-\mu}$，即得

$$[k_{rs}]=\frac{E(1-\mu)t}{4(1+\mu)(1-2\mu)\Delta}\times\begin{bmatrix} b_rb_s+\frac{1-2\mu}{2(1-\mu)}c_rc_s & \frac{\mu}{1-\mu}c_rb_s+\frac{1-2\mu}{2(1-\mu)}c_rb_s \\ \frac{\mu}{1-\mu}c_rb_s+\frac{1-2\mu}{2(1-\mu)}b_rc_s & c_rc_s+\frac{1-2\mu}{2(1-\mu)}b_rb_s \end{bmatrix} \tag{4-26}$$

$$(r=i,j,m;s=i,j,m)$$

【例题 4-2】 求例题 4-1 中单元Ⅰ的单元刚度矩阵 $[k]^{\mathrm{I}}$。

解：

1. 求矩阵 $[B]$

将例题 4-1 中的有关计算结果代入式（4-12），得

$$[B]=\frac{1}{2\Delta}\begin{bmatrix} b_i & 0 & b_j & 0 & b_m & 0 \\ 0 & c_i & 0 & c_j & 0 & c_m \\ c_i & b_i & c_j & b_j & c_m & b_m \end{bmatrix}=\begin{bmatrix} \frac{1}{b} & 0 & 0 & 0 & -\frac{1}{b} & 0 \\ 0 & 0 & 0 & \frac{1}{a} & 0 & -\frac{1}{a} \\ 0 & \frac{1}{b} & \frac{1}{a} & 0 & -\frac{1}{a} & -\frac{1}{b} \end{bmatrix}$$

2. 求矩阵 $[S]$

$$[D]=\frac{E}{1-\mu^2}\begin{bmatrix} 1 & \mu & 0 \\ \mu & 1 & 0 \\ 0 & 0 & \frac{1-\mu}{2} \end{bmatrix}$$

由式（4-14），得

$$[S]=[D][B]=\frac{E}{1-\mu^2}\begin{bmatrix} \frac{1}{b} & 0 & 0 & \frac{\mu}{a} & -\frac{1}{b} & -\frac{\mu}{a} \\ \frac{\mu}{b} & 0 & 0 & \frac{1}{a} & -\frac{\mu}{b} & -\frac{1}{a} \\ 0 & \frac{1-\mu}{2b} & \frac{1-\mu}{2a} & 0 & -\frac{1-\mu}{2a} & -\frac{1-\mu}{2b} \end{bmatrix}$$

3. 求矩阵 $[k]^e$

由式（4-22），得

$$[k]^e=[B]^{\mathrm{T}}[D][B]t\Delta=[B]^{\mathrm{T}}[S]t\Delta$$

$$[k]^e=\frac{abt}{2}\frac{E}{1-\mu^2}\begin{bmatrix} \frac{1}{b} & 0 & 0 \\ 0 & 0 & \frac{1}{b} \\ 0 & 0 & \frac{1}{a} \\ 0 & \frac{1}{a} & 0 \\ -\frac{1}{b} & 0 & -\frac{1}{a} \\ 0 & -\frac{1}{a} & -\frac{1}{b} \end{bmatrix}\times\begin{bmatrix} \frac{1}{b} & 0 & 0 & \frac{\mu}{a} & -\frac{1}{b} & -\frac{\mu}{a} \\ \frac{\mu}{b} & 0 & 0 & \frac{1}{a} & -\frac{\mu}{b} & -\frac{1}{a} \\ 0 & \frac{1-\mu}{2b} & \frac{1-\mu}{2a} & 0 & -\frac{1-\mu}{2a} & -\frac{1-\mu}{2b} \end{bmatrix}$$

$$=\frac{ab\quad tE}{2(1-\mu^2)}\begin{bmatrix} \frac{1}{b_2} & 0 & 0 & \frac{\mu}{ab} & -\frac{1}{b_2} & -\frac{\mu}{ab} \\ 0 & -\frac{1-\mu}{2b^2} & \frac{1-\mu}{2ab} & 0 & -\frac{1-\mu}{2ab} & -\frac{1-\mu}{2ab} \\ 0 & \frac{1-\mu}{2ab} & \frac{1-\mu}{2a^2} & 0 & -\frac{1-\mu}{2a^2} & -\frac{1-\mu}{2b^2} \\ \frac{\mu}{ab} & 0 & 0 & \frac{1}{a_2} & -\frac{\mu}{ab} & -\frac{1}{a_2} \\ -\frac{1}{b_2} & -\frac{1-\mu}{2ab} & -\frac{1-\mu}{2a^2} & -\frac{\mu}{ab} & \left(\frac{1}{b_2}+\frac{1-\mu}{2a^2}\right) & \left(\frac{\mu}{ab}+\frac{1-\mu}{2ab}\right) \\ -\frac{\mu}{ab} & -\frac{1-\mu}{2b^2} & -\frac{1-\mu}{2ab} & -\frac{1}{a_2} & \left(\frac{\mu}{ab}+\frac{1-\mu}{2ab}\right) & \left(\frac{1}{a_2}+\frac{1-\mu}{2b^2}\right) \end{bmatrix} \tag{4-27}$$

将 $a=1\text{m}$，$b=2\text{m}$ 代入式（4－27），得

$$[k]^{\text{I}}=\frac{tE}{1-u^2}\times\begin{bmatrix} \frac{1}{4} & & & & & \\ 0 & \frac{1-\mu}{8} & \text{对} & & & \\ 0 & \frac{1-\mu}{4} & \frac{1-\mu}{2} & \text{称} & & \\ \frac{\mu}{2} & 0 & 0 & 1 & & \\ -\frac{1}{4} & -\frac{1-\mu}{4} & -\frac{1-\mu}{2}-\frac{\mu}{2} & \left(\frac{1}{4}+\frac{1-\mu}{2}\right) & & \\ -\frac{\mu}{2} & -\frac{1-\mu}{8} & -\frac{1-\mu}{4}-1 & \left(\frac{\mu}{2}+\frac{1-\mu}{4}\right) & \left(1+\frac{1-\mu}{8}\right) & \end{bmatrix} \tag{4-28}$$

讨论：

（1）已知 μ，$a=b$，由式（4－27）得

$$[k]^e=\frac{Et}{2(1-\mu^2)}\left[\begin{array}{cc|cc|cc} 1 & & & & & \\ 0 & \frac{1-\mu}{2} & & \text{对} & & \\ \hline 0 & \frac{1-\mu}{2} & \frac{1-\mu}{2} & & & \text{称} \\ \mu & 0 & 0 & 1 & & \\ \hline -1 & -\frac{1-\mu}{2} & -\frac{1-\mu}{2} & \mu & \frac{3-\mu}{2} & \\ -\mu & -\frac{1-\mu}{2} & -\frac{1-\mu}{2} & -1 & \frac{1+\mu}{2} & \frac{3-\mu}{2} \end{array}\right]$$

由上述讨论中看出，在此例中 $a=b$ 时，单元刚度矩阵 $[k]^e$ 与 a、b 尺寸无关。

（2）已知 $\mu=0$，$a=b$，得

$$[k]^e=\frac{Et}{4}\left[\begin{array}{cc:cc:cc} 2 & & & \text{对} & & \\ 0 & 1 & & & & \\ \hdashline 0 & 1 & 1 & & & \text{称} \\ 0 & 0 & 0 & 2 & & \\ \hdashline -2 & -1 & -1 & 0 & 3 & \\ 0 & -1 & -1 & -2 & 1 & 3 \end{array}\right]$$

五、单元刚度矩阵的特性

1. 物理意义

三结点三角形单元的 $[k]^e$ 是 6×6 阶矩阵，式（4-21）的完整形式是

$$\begin{Bmatrix} U_i \\ V_i \\ U_j \\ V_j \\ U_m \\ V_m \end{Bmatrix}=\begin{bmatrix} k_{11} & k_{12} & k_{13} & k_{14} & k_{15} & k_{16} \\ k_{21} & k_{22} & k_{23} & k_{24} & k_{25} & k_{26} \\ k_{31} & k_{32} & k_{33} & k_{34} & k_{35} & k_{36} \\ k_{41} & k_{42} & k_{43} & k_{44} & k_{45} & k_{46} \\ k_{51} & k_{52} & k_{53} & k_{54} & k_{55} & k_{56} \\ k_{61} & k_{62} & k_{63} & k_{64} & k_{65} & k_{66} \end{bmatrix}\begin{Bmatrix} u_i \\ v_i \\ u_j \\ v_j \\ u_m \\ u_m \end{Bmatrix} \tag{4-29}$$

式（4-29）表示单元度方程，它的物理意义是单元结点位移与单元结点力之间的转换方程。在以后建立有限元法基本方程时，需要引用单元刚度方程把平衡方程中的单元结点力转换为结点位移。再由基本方程解出基本示知量（结点位移）之后，又需要引用单元刚度方程由结点位移计算单元的结点力，以求得支承反力。因此，形成单元刚度矩阵 $[k]^e$ 是有限元分析中的重要一环。

单元刚度矩阵 $[k]^e$ 中每一个元素是一个刚度系数，它的物理意义是单位结点位移分量所引起的结点力分量。例如，k_{23} 是 j 结点有单位水平位移，而其他结点位移分量均为零时，在 i 结点上所引起的垂直结点力为 V_i。再如 k_{32} 是只在 i 结点上有单位垂直位移，而其他结点位移分量均为零时，在 j 结点上所引起的水平结点力为 U_j。

由于单刚中每一个元素具有上列性质，所以单元刚度矩阵只决定于单元的形状、大小、方向和弹性系数，而与单元的位置无关，即不随单元坐标的平行移动而改变。下面，我们用例题来验证。

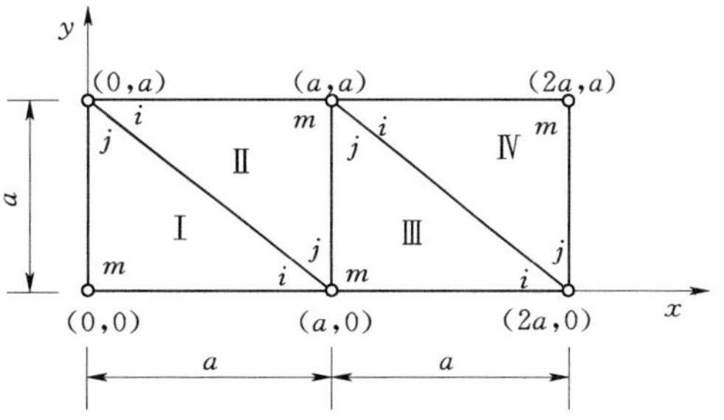

图 4-8

【例题 4-3】 试证明图 4-8 中单元刚度矩阵 $[k]^{\mathrm{I}}$ $[k]^{\mathrm{II}}$。

解： 由式（4-22）得单元刚度矩阵

$$[k]^e=[B]^{\mathrm{T}}[D][B]t\Delta$$

由上式看出：当两个三角形单元几何尺寸相同时，t 值和单元面积 Δ 值均相同，两单元的材料性质相同时，弹性 $[D]$ 矩阵也是相同的。因此，看两个矩阵 $[k]^e$ 是否相同，只要看矩

阵 $[B]$ 是否相同即可。由式（4－12）得几何矩阵

$$[B]=\frac{1}{2\Delta}\begin{bmatrix} b_i & 0 & b_j & 0 & b_m & 0 \\ 0 & c_i & 0 & c_j & 0 & c_m \\ c_i & b_i & c_j & b_j & c_m & b_m \end{bmatrix}$$

为了便于对比，下面用表 4－1 列出两个单元 b_r、c_r 值（$r=i，j，m$）。

表 4－1

Ⅰ 单 元	Ⅱ 单 元
$b_i=y_j-y_m=a-0=a$ $b_j=y_m-y_i=0-0=0$ $b_m=y_i-y_j=0-a=-a$	$b_i=y_j-y_m=a-0=a$ $b_j=y_m-y_i=0-0=0$ $b_m=y_i-y_j=0-a=-a$
$c_i=x_m-x_j=0-0=0$ $c_j=x_i-x_m=a-0=a$ $c_m=x_j-x_i=0-a=-a$	$c_i=x_m-x_j=a-a=0$ $c_j=x_i-x_m=2a-a=a$ $c_m=x_j-x_i=a-2a=-a$

由表 4－1 清楚地得出，对于几何矩阵中元素，Ⅰ单元和Ⅲ单元都对应相等。因此

$$[B]_{\mathrm{I}}=[B]_{\mathrm{III}}$$
$$[B]_{\mathrm{I}}^{\mathrm{T}}=[B]_{\mathrm{III}}^{\mathrm{T}}$$

所以可证得　$[k]^{\mathrm{I}}=[k]^{\mathrm{III}}$

此例题简单而有力地验证了两个单元刚度矩阵 $[k]^e$ 相等的条件为：两单元的形状、大小、方向和单元弹性常数均相同，并且编码的方式也相同。例如，按反时针方向编码 i、j、m，直角的顶点都编为 m，则两个单元的单元刚度矩阵 $[k]^e$ 是相等的。

此外，单元刚度矩阵 $[k]^e$ 与单元坐标的位置改变，即与坐标轴的平移原理。根据这一原理，为了简化 $[k]^e$ 的计算，我们可以重新选定一个新的合适的坐标体系来进行 $[k]^e$ 的计算。

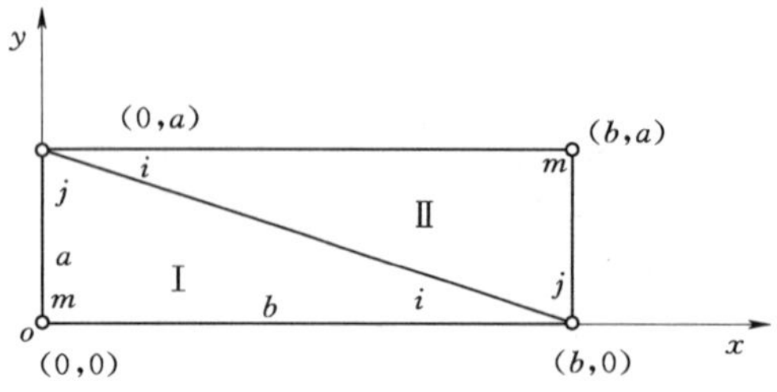

图 4－9

【例题 4－4】 试证明图 4－1（b）中的单元刚度矩阵$[k]^{\mathrm{I}}=[k]^{\mathrm{II}}$。单元结点坐标如图4－9 所示。

解法 1：

与例题 4－3 同理，当两个三角形单元几何尺寸相同时，单元厚度 t 值和单元面积 Δ 值均相同，当两单元 u、E 相同时，弹性矩阵 $[D]$ 也相同。因此，看两个矩阵 $[k]^e$ 是否相同，只要看矩阵 $[B]^{\mathrm{T}}[B]$ 的乘积是否相同即可，计算常数 b_r，c_r（$r=i，j，m$）的值见表 4－2。

表 4-2

Ⅰ 单 元	Ⅱ 单 元
$b_i=y_j-y_m=a-0=a$ $b_j=y_m-y_i=0-0=0$ $b_m=y_i-y_j=0-a=-a$	$b_i=y_j-y_m=0-a=-a$ $b_j=y_m-y_i=a-a=0$ $b_m=y_i-y_j=a-0=a$
$c_i=x_m-x_j=0-0=0$ $c_j=x_i-x_m=b-0=a$ $c_m=x_j-x_i=0-b=-b$	$c_i=x_m-x_j=b-b=0$ $c_j=x_i-x_m=0-b=-b$ $c_m=x_j-x_i=b-0=b$

由式（4-12）列出 $[B]^T[B]$ 乘积的通式为

$$[B]^T[B]=\frac{1}{4\Delta^2}\begin{bmatrix} b_i & 0 & c_i \\ 0 & c_i & b_i \\ b_j & 0 & c_j \\ 0 & c_j & b_j \\ b_m & 0 & c_m \\ 0 & c_m & b_m \end{bmatrix}\begin{bmatrix} b_i & 0 & b_j & 0 & b_m & 0 \\ 0 & c_i & 0 & c_j & 0 & c_m \\ c_i & b_i & c_j & b_j & c_m & b_m \end{bmatrix}$$

$$=\frac{1}{4\Delta^2}\begin{bmatrix} b_i^2+c_i^2 & c_ib_i & b_ib_j+c_ic_j & b_jc_i & b_ib_m+c_ic_m & c_ib_m \\ b_ic_i & c_i^2+b_i^2 & b_ic_j & c_ic_j+b_ib_j & b_ic_m & c_ic_m+b_ib_m \\ b_ib_j+c_ic_j & b_ic_i & b_j^2+c_j^2 & b_ic_j & b_jb_m+c_jc_m & c_jb_m \\ c_ib_j & c_ic_j+b_ib_j & b_jc_i & c_j^2+b_j^2 & c_mb_j & c_jc_m+b_jb_m \\ b_ib_m+c_ic_m & b_ic_m & b_jb_m+c_jc_m & b_jc_m & b_m^2+c_m^2 & b_mc_m \\ c_ib_m & c_ic_m+b_ib_m & c_jb_m & c_jc_m+b_jb_m & c_mb_m & c_m^2+b_m^2 \end{bmatrix}$$

$$\begin{matrix} b_ic_i & b_ib_m+c_ic_m & c_ic_m+b_ib_m \\ c_ic_j & b_ic_m & c_ic_m+b_ib_m \\ b_ic_j & b_jb_m & c_jc_m \\ c_j^2+b_j^2 & c_mb_j & c_jc_m+b_jb_m \\ b_jc_m & b_m^2+c_m^2 & b_mc_m \\ c_jc_m+b_ib_m & c_mb_m & b_m^2+c_m^2 \end{matrix}\Bigg]$$

从前列表中 b_r、c_r 值可以看出，两个单元对应的 b_r、c_r 的绝对值均相等，只是正负号不同。将单元Ⅰ、Ⅱ的 b_r、c_r 值分别代入上列矩阵，可见矩阵中各元素的符号并无变化，因此可证得

$$[k]^{\mathrm{I}}=[k]^{\mathrm{II}}$$

解法 2：

与解法 1 相同，两个单元的 t、Δ 及单元弹性矩阵 $[D]$ 均相等，影响单元刚度矩阵 $[k]^e$ 相等的主要是矩阵 $[B]^T[B]$ 的乘积。由解法 1 的计算 b_r、c_r 常数表中，可以看出几何矩阵

$$[B]_{\mathrm{I}}=-[B]_{\mathrm{II}}$$
$$[B]_{\mathrm{I}}^T=-[B]_{\mathrm{II}}^T$$

将上列关系代入单元刚度矩阵的方程

$$
\begin{aligned}
[k]^{\mathrm{I}} &= [B]_{\mathrm{I}}^{\mathrm{T}}[D][B]_{\mathrm{I}}\Delta t \\
&= -[B]_{\mathrm{II}}^{\mathrm{T}}[D](-[B]_{\mathrm{II}}\Delta t) \\
&= [B]_{\mathrm{II}}^{\mathrm{T}}[D][B]_{\mathrm{II}}\Delta t \\
&= [k]^{\mathrm{II}}
\end{aligned}
$$

证毕。

由此命题的证明可见，两个单元刚度矩阵 $[k]^e$ 相等的条件，除三角形Ⅰ、Ⅱ两单元的形状、大小、弹性常数和编码的方式相同外，在方向上可以相差 180°，即一个单元转 180°之后和另一个单元相重合，这两个单元的单元刚度矩阵也是相等的。了解了这一特性之后，满足这一条件的单元，单刚可不必再计算。

2. 具有分块形式

若式（4－29）按结点进行分块，则分块形式或写为

$$
\begin{Bmatrix} \{F_i\} \\ \{F_j\} \\ \{F_m\} \end{Bmatrix} = \begin{bmatrix} [k_{ii}] & [k_{ij}] & [k_{im}] \\ [k_{ji}] & [k_{jj}] & [k_{jm}] \\ [k_{mi}] & [k_{mj}] & [k_{mm}] \end{bmatrix} \begin{Bmatrix} \{\delta_i\} \\ \{\delta_j\} \\ \{\delta_m\} \end{Bmatrix} \tag{4-30}
$$

式中　$\{F_i\}$——i 结点力分量组成的结点力子向量；

$\{\delta_i\}$——i 结点上各位移分量组成的结点位移子向量；

$\{k_{ij}\}$——j 结点产生单位位移时，在 i 结点上引起的结点力，称为刚度子矩阵。

用分块矩阵的形式表示单元刚度方程和单元刚度矩阵，可以使运算更为方便，使向量的层次关系更加分明。

3. 具有对称性

单元刚度矩阵 $[k]^e$ 是个对称矩阵，其元素之间应有如下关系

$$
k_{nm} = k_{mn} \quad (n=1\sim6; m=1\sim6) \tag{4-31}
$$

上述对称关系，如 $k_{14}=k_{41}$。它表示：j 结点有单位垂直位移时，在 i 结点上所引起的水平结点力＝第 i 结点有单位水平位移时，在 j 结点上所引起的垂直结点力。

这个特性可由弹性结构的反力互等定理证明。

若单刚 $[k]^e$ 用分块形式表示时，对称性表现为

$$
[k_{rs}] = [k_{sr}]^{\mathrm{T}} \quad (r=i,j,m; s=i,j,m) \tag{4-32}
$$

下面给出证明：

若式（4－32）用分块形式表示时，刚度子矩阵为

$$
[k_{sr}]^{\mathrm{T}} = [B_r]^{\mathrm{T}}[D][B_s]t\Delta
$$

$$
[k_{rs}]^{\mathrm{T}} = [B_s]^{\mathrm{T}}[D][B_r]t\Delta
$$

从而得到

$$
[k_{sr}]^{\mathrm{T}} = ([B_s]^{\mathrm{T}}[D][B_r])t\Delta = [B_r]^{\mathrm{T}}[D]^{\mathrm{T}}[B_s]t\Delta
$$

由于 $[D]$ 是对称矩阵，所示 $[D]^{T}=[D]$

由此得

$$[k_{sr}]^{T}=([B_r]^{T}[D][B_s])t\Delta=[k_{rs}]$$

式（4-32）得到证明。

$[k_{rs}]^{T}=[k_{sr}]$ 亦可由式（4-25）直接看出。

利用 $[k]^e$ 的对称性，可以减少程序设计中的内存贮。在实际计算时，只需存贮对角线上及在其一边的元素。

4. 是奇异矩阵

单元刚度矩阵是奇异矩阵。奇异矩阵在数学上的含义是矩阵的行列式等于零，即

$$|[k]^e|=0$$

这个性质可以从式（4-27）中 $[k]^e$ 的展开式直接得到验证。

由矩阵求逆法则可知，$|[k]^e|=0$，不存在逆矩阵，所以奇异矩阵的另一说法是 $[k]^e$ 不存在逆矩阵。由式（4-21）

$$\{F\}^e=[k]^e\{\delta\}^e$$

可看出，如果给定了结点位移 $\{\delta\}^e$，则可以得出单元结点力 $\{F\}^e$，由于 $[k]^e$ 不存在矩阵，则不能得出结点位移 $\{\delta\}^e$ 的唯一解。

这种特性的物理意义是十分明显的。从图 4-2 来看，如果单元结点位移 $\{\delta\}^e$ 已经给定，则结点力 $\{F\}^e$ 也随着确定了，但反过来，如果只给定单元结点力，则结点位移并不能唯一确定。因为这时单元的结点分配没有支承，因此单元除产生变形外，还要产生任意的刚体位移。这部分刚体位移仅仅根据给定的结点力是无法唯一确定的。

根据上述性质可知，在结点力为零时，单元仍可作刚体移动。以式（4-29）的第一行为例，可得

$$U_i=0=k_{11}u_i+k_{12}v_i+k_{13}u_j+k_{14}v_j+k_{15}u_m+k_{16}v_m$$

单元可作刚体移动，此时

$$u_i=u_j=u_m$$

$$v_i=v_j=v_m$$

则

$$(k_{11}+k_{13}+k_{15})u_i+(k_{12}+k_{14}+k_{16})v_i=0$$

由于 u_i 及 v_i 为任意数，故得

$$\begin{cases}k_{11}+k_{13}+k_{15}=0\\k_{12}+k_{14}+k_{16}=0\end{cases}$$

从而可得到

$$k_{11}+k_{12}+k_{13}+k_{14}+k_{15}+k_{16}=0 \tag{4-33}$$

式（4-33）可以从式（4-27）直接得到验证。

式（4－33）表明三角形三结点单元，其单元刚度矩阵的每行元素之和均为零。这一结论推广到弹性力学其他平面单元中也是正确的。应用这一结论，可以校核单刚计算的正确性。

六、非结点荷载向结点的移置

在上述第四小节中，曾提及每个单元所受的荷载都作用在结点上，并用单元结点荷载向量 $\{R\}^e$ 表示。如果单元受有不直接作用在结点上的集中力、表面力和体积力，为了简化每个单元的受力情况，便于做有限元分析，则应将非结点荷载向结点移置。这种移置须按照虚功等效的原则来进行。对于变形体（其中包括弹性体），虚功等效是指原荷载与结点荷载在任何虚位移上两者相等。当位移模式确定之后，这样的荷载移置（或分解），结果是唯一的。虚功等效包含了刚体体系的静力等效，当虚位移为刚体位移时，虚功等效即为静力等效，所以静力等效为虚功等效的特例。

在线性位移模式的情况下，对于常见的一些荷载，可以直接通过虚设位移，原荷载与结点荷载在虚位移上虚功相等的原则，得出所需的结点荷载。

下面举例说明。设有一均质等厚度的三角形单元 ijm（图 4－10），其形心 c 上作用有垂直方向的重力荷载 W。根据几何关系，形心的位置有 $mb=bj$，$bc=\dfrac{1}{3}bi$。现在求荷载 W 移置到各结点的结点荷载。

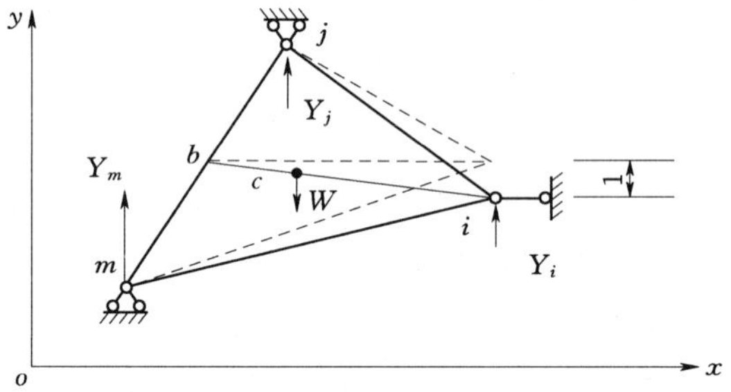

图 4－10

首先，应当移置到结点 i 的铅直荷载 Y_i。为了计算虚功时简便，假想结点 i 沿 Y_i 方向移动单位虚位移，而其余两个结点不动。这种位移状态，相当于在 i 结点设有水平链杆支座，容许 i 点在铅直方向上产生单位位移，并在 j 点和 m 点上安置有铰支座，如图 4－10 所示。由于采用线性位移模式，所以 m、j 两结点的位移为零时，b 点的位移也必然为零，又由于 bi 线上各点的铅直位移也按线性变化，所以当 i 结点的竖向位移为 1、b 点位移为零时，c 点的铅直位移将为 $\dfrac{bc}{bi}=\dfrac{1}{3}$。按照虚功等效原则，原荷载 W 在其相应的虚位移上所做的虚功，应当等于 Y_i 所做的虚功，而其余的结点反力都没有沿其作用方向的虚位移，因而不产生虚功。从而得到

$$Y_i\times 1=-W\times\frac{1}{3}$$

于是有

$$Y_i=-\frac{W}{3}$$

用同样的方法可得出 $Y_j=-\dfrac{W}{3}$，$Y_m=-\dfrac{W}{3}$。

其次，求移置到结点 i 的水平荷载 X_i。如图 4－11 所示。假想结点 i 只沿 X_i 方向移动单位虚位移，而其余两个结点不移动。这时三角形形心 c 点只产生水平位移，而不产生垂直位移，所以荷载 W 在相应的虚位移上，所做的虚功应当等于零，于是有 $X_i=0$。用同样的方法只可以得出 $X_j=0$ 或 $X_m=0$。

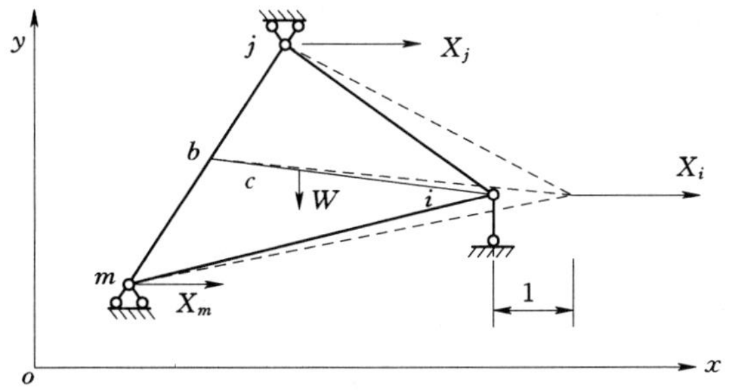

图 4－11

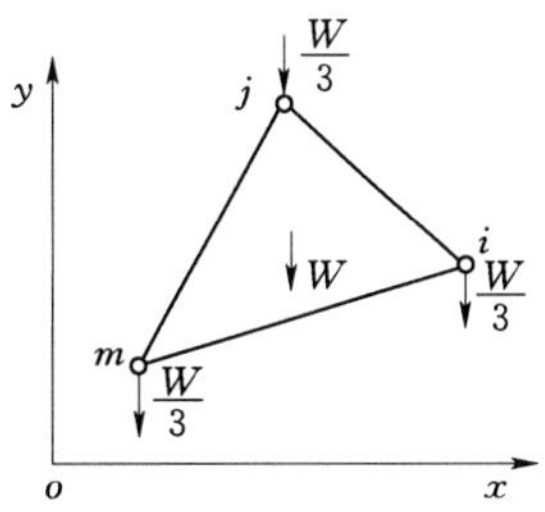

图 4－12

经过上述虚功等效的计算，就可把未作用在结点上的重力荷载，移置到了三个结点上。最后结果可汇总为：匀质等厚度的三结点三角形单元作用有重力荷载 W，则移置到每一个结点的竖向荷载各为$\dfrac{W}{3}$（图 4－12）。结点荷载可用单元荷载列阵表示为

$$\{R\}^e=[X_i \quad Y_i \quad X_j \quad Y_j \quad X_m \quad Y_m]^{\mathrm{T}}$$
$$=-\frac{W}{3}[0 \quad 1 \quad 0 \quad 1 \quad 0 \quad 1]^{\mathrm{T}}$$

又例如，单元 ijm 在 ij 边上作用有水平方向的均布荷载 q（图 4－13），ij 边长为 l，通过与上述相同的分析，可将面荷载移置到 i、j 结点上去，得

$$X_i=X_j=\frac{t}{2}ql$$

单元荷载列阵为

$$\{R\}^e=\frac{t}{2}ql[0 \quad 1 \quad 0 \quad 1 \quad 0 \quad 1]^{\mathrm{T}}$$

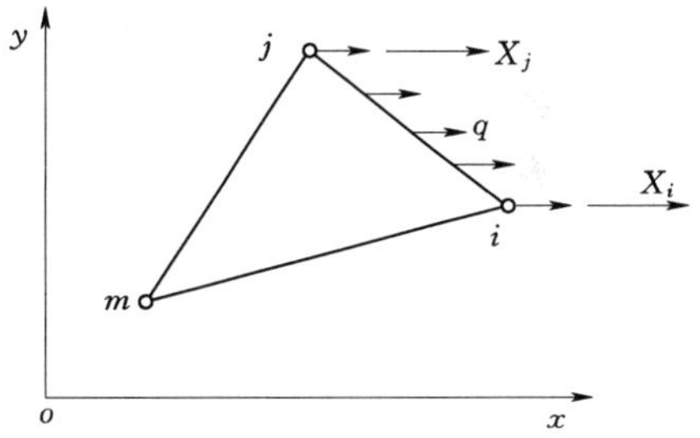

图 4－13

当荷载是分布的体力或面力时，就不易用前述简单的求结点荷载的方法。下面，我们来讨论荷载向结点移置的一般性公式。

设单元 ijm 上作用有集中力、体积力和表面力（图 4－14），它们分别为：在任意一点 $c(x, y)$ 作用有集中荷载 P，其坐标方向的分量为 P_x 及 P_y［图 4－14（a)］，可用向量表示为$\{p\}=[P_x \quad P_y]^{\mathrm{T}}$；在单元上作用有分布的体力，其坐标方向的分量为 X 及 Y，则体力列阵为 $\{G\}=[X\ Y]^{\mathrm{T}}$，可将微分体积 $t\mathrm{d}x\mathrm{d}y$ 上的体力 $\{G\}t\mathrm{d}x\mathrm{d}y$ 看作集中荷载 $G(x, y)$［图 4－14（b)］；在单元的边界 ij 上，作用有分布的面力$\overline{P}$，其分量为$\overline{X}$及$\overline{Y}$，则面力列阵为 $\{\overline{P}\}=[\overline{X}\ \overline{Y}]^{\mathrm{T}}$，可将微分面积 $t\mathrm{d}s$ 上面力 $\{\overline{P}\}t\mathrm{d}s$ 当作集中荷载 P［图 4－14（c)］。

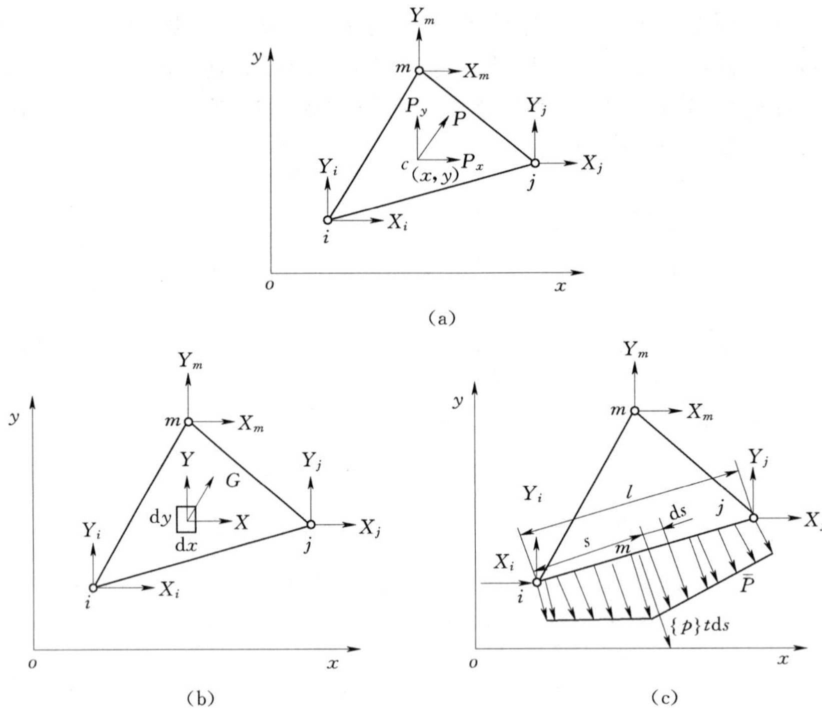

图 4－14

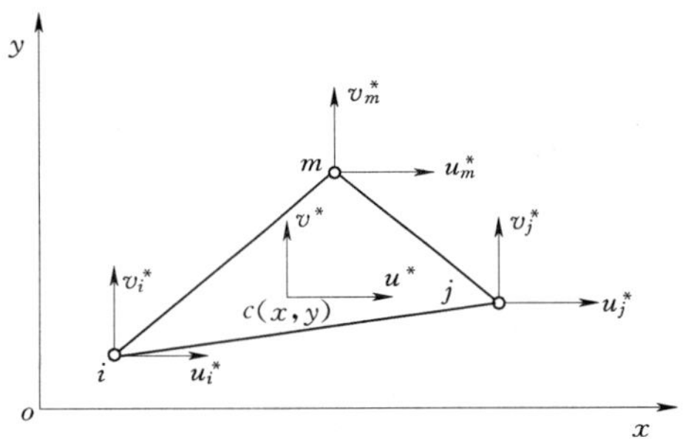

图 4－15

由上述荷载移置到该单元上各结点处的结点荷载，可用荷载列阵表示。

现在，设单元发生了虚位移（图 4－15）。单元上各结点的虚位移为

$$\{\delta^*\}^e=[u_i{}^* \quad v_i{}^* \quad u_j{}^* \quad v_j{}^* \quad u_m{}^* \quad v_m{}^*]^T$$

单元内在任一点 $c(x,y)$ 的虚位移为

$$\{f^*\}=\{u^* \ v^*\}^T$$

应用虚功等效原则，上述三种力在虚位移上所做的虚功，应等于单元结点力在相应的虚位移上所做的虚功，因此有

$$(\{\delta^*\}^e)^T\{R\}^e=\{f^*\}^T\{P\}+\iint\{f^*\}^T\{G\}t\mathrm{d}x\mathrm{d}y+\int\{f^*\}^T\{\overline{P}\}t\mathrm{d}s \tag{a}$$

其中 t 为单元的厚度，假定为常量。

上式等号左边表示单元等效结点力 $\{R\}^e$ 所做的虚功，等号右边第一项是集中力 $\{P\}$ 所做的虚功；第二项的积分应在整个单元上进行，它表示体积力 $\{G\}$ 所做的虚功；第三项的积分沿着单元的边界进行，它表示面力 $\{\overline{P}\}$ 所做的虚功。

将式（4－8）$\{f^*\}=[N]\{\delta^*\}^e$ 代入式（a），并根据矩阵乘积的逆序法则，得

$$(\{\delta^*\}^e)^T\{R\}^e=(\{\delta^*\}^e)^T[N]^T\{P\}+\iint(\{\delta^*\}^e)^T[N]^T\{G\}t\mathrm{d}x\mathrm{d}y$$
$$+\int(\{\delta^*\}^e)^T[N]^T\{\overline{P}\}t\mathrm{d}s \tag{b}$$

注意到结点虚位移列阵 $(\{\delta\}^e)^T$ 移到积分号前面，于是式 (b) 化成

$$(\{\delta^*\}^e)^T\{R\}^e = (\{\delta^*\}^e)^T[N]^T\{P\} + \iint[N]^T\{G\}t\mathrm{d}x\mathrm{d}y + \int[N]^T\{\overline{P}\}t\mathrm{d}s \tag{c}$$

由于虚位移可以是任意的，从而矩阵 $(\{\delta\}^e)^T$ 也是任意的，所以式 (c) 两边与它相乘的矩阵应当相等，故有

$$\{R\}^e = [N]^T\{P\} + \iint[N]^T\{G\}t\mathrm{d}x\mathrm{d}y + \int[N]^T\{\overline{P}\}t\mathrm{d}s \tag{4-34}$$

式 (4-34) 的等号右边的第一项表示单元的集中力移置到结点上得到的等效结点荷载，它是 6×1 阶的列阵。同样，等号右边的第二项表示单元的体积力移置到结点上得到的等效结点荷载；第三项是单元的表面力移置到结点上得到的等效结点荷载。

仅有集中力作用时，利用式 (4-8) 中矩阵 $[N(x, y)]$。可将式 (4-34) 改写为

$$\begin{aligned}\{R\}^e &= [X_i \quad Y_i \quad X_j \quad Y_j \quad X_m \quad Y_m]^T \\ &= [N_iP_x \quad N_iP_y \quad N_jP_x \quad N_jP_y \quad N_mP_x \quad N_mP_y]^T\end{aligned} \tag{d}$$

式中　N_i、N_j、N_m——函数在集中力作用点处的值。

【例题 4-5】 设三角形单元 ijm 的 ij 边作用有线性分布的法向荷载，i 和 j 两点的压力集度分别为 q_i 和 q_j，试用公式 $\{R\}^e = \int[N]^T\{\overline{P}\}t\mathrm{d}s$ 求其等效结点荷载。单元厚度为 t，结点坐标见图 4-16。

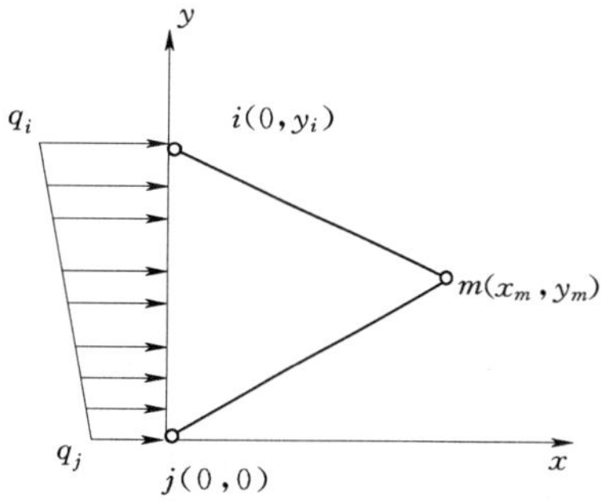

图 4-16

解：

1. 计算常数

$$\begin{cases} a_i = x_jy_m - x_my_j = 0 \\ b_i = y_j - y_m = -y_m \\ c_i = x_m - x_j = x_m \end{cases}$$

$$\begin{cases} a_j = x_my_i - x_iy_m = 0 \\ b_j = y_m - y_i = y_m - y_i \\ c_j = x_i - x_m = -x_m \end{cases}$$

$$\begin{cases} a_m = x_iy_j - x_jy_i = 0 \\ b_m = y_i - y_j = y_i \\ c_m = x_j - x_i = 0 \end{cases}$$

2. 计算形函数

$$\begin{cases} N_i = \dfrac{1}{2\Delta}(a_i + b_ix + c_iy) = \dfrac{1}{2\Delta}(-y_mx + x_my) \\ N_j = \dfrac{1}{2\Delta}(a_j + b_jx + c_jy) = \dfrac{1}{2\Delta}[x_my_i + (y_m - y_i)x - x_my] \\ N_m = \dfrac{1}{2\Delta}(a_m + b_mx + c_my) = \dfrac{1}{2\Delta}y_ix \end{cases}$$

3. 计算等效结点荷载

因为
$$\{R\}^e = \int[N]^T\{\overline{P}\}t\mathrm{d}s$$

所以
$$\{R\}^e = \int L_{ij}[N]^T\{\overline{P}\}t\mathrm{d}s + \int L_{jm}[N]^T\{\overline{P}\}t\mathrm{d}s + \int L_{mi}[N]^T\{\overline{P}\}t\mathrm{d}s$$

在边界 jm 和 mi 上的面力为零，所以上式后两项积分应等于零。

在边界 ij 上的面力分量可用列阵表示为

$$\{\overline{P}\} = \begin{Bmatrix} \overline{f}_x \\ \overline{f}_y \end{Bmatrix} = \begin{Bmatrix} \dfrac{y}{y_i}(q_i - q_j) + q_j \\ 0 \end{Bmatrix}$$

代入等效结点荷载计算公式

$$\{R\}^e = \int L_{ij} \begin{Bmatrix} N_i I \\ N_j I \\ N_m I \end{Bmatrix} \begin{Bmatrix} \dfrac{y}{y_i}(q_i - q_j) + q_j \\ 0 \end{Bmatrix} t\mathrm{d}s$$

因为积分沿逆时针方向，这里 $\mathrm{d}s = -\mathrm{d}y$，所以

$$[R]^e = \int_{y_i}^{0} \begin{Bmatrix} N_i\overline{f}_x \\ 0 \\ N_j\overline{f}_x \\ 0 \\ N_m\overline{f}_x \\ 0 \end{Bmatrix} t(-\mathrm{d}y) = t\begin{Bmatrix} \int_0^{y_i} N_i\overline{f}_s\mathrm{d}y \\ 0 \\ \int_0^{y_i} N_j\overline{f}_x\mathrm{d}y \\ 0 \\ \int_0^{y_i} N_m\overline{f}_x\mathrm{d}y \\ 0 \end{Bmatrix}$$

在 ij 边上 $x=0$，将 N_i、N_j、N_m、$\overline{f}_x$ 代入列积分，其中

$$\int_0^{y_i} N_i\,\overline{f}_x\mathrm{d}y = \frac{x_m}{2\Delta}\int_0^{y_i} \frac{y^2}{y_i}[(q_i - q_j) + q_j y]\mathrm{d}y = \frac{x_m}{6(2\Delta)}(2q_i + q_j)y_i^2$$

$$\int_0^{y_i} N_j\,\overline{f}_x\mathrm{d}y = \frac{x_m}{2\Delta}\int_0^{y_i}(y_i - y)\left[\frac{y}{y_i}(q_i - q_j) + q_j\right]\mathrm{d}y = \frac{x_m}{6(2\Delta)}(q_i + 2q_j)y_i^2$$

$$\int_0^{y_i} N_m\,\overline{f}_x\mathrm{d}y = \frac{y_i}{2\Delta}\int_0^{y_i} 0\cdot\left[\frac{y}{y_i}(q_i - q_j) + q_j\right]\mathrm{d}y = 0$$

上式中 Δ 为三角形单元的面积

$$\Delta = \frac{1}{2}y_i x_m$$

将上面各式代入等效结点荷载 $\{R\}^e$，得

$$\{R\}^e = t\begin{Bmatrix} \dfrac{y_i}{6}(2q_i + q_j) \\ 0 \\ \dfrac{y_i}{6}(q_i + 2q_j) \\ 0 \\ 0 \\ 0 \end{Bmatrix}$$

$$=\frac{y_i t}{6}[(2q_i+q_j)\ 0\ (q_i+2q_j)\ 0\ 0\ 0]^{\mathrm{T}}$$

如 ijm 单元，在 ij 边上受有沿 x 方向的均布压力 q，试求单元的等效结点荷载。这时只需将 $q_i=q_j=q$ 代入上式，即得

$$\{R\}^{6}=\frac{y_i tq}{2}[1\quad 0\quad 1\quad 0\quad 0\quad 0]^{\mathrm{T}}$$

由例题计算可见，计算等效结点荷载，用一般性的积分公式，能够应用于复杂的荷载分布，但计算是比较繁琐的。

第三节　整　体　分　析

整体分析是将各个单元再拼合成离散的结构物，以代替原来的连续弹性体。整体分析包括下列四个主要步骤，如图 4－17 所示。

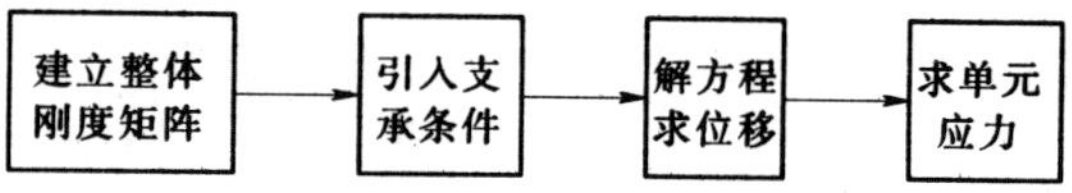

图 4－17

一、建立整体刚度矩阵

前面进行了单元分析，由单元的结构位移，可求的单元内部各点的位移、单元应变、单元应力，单元结点力，讨论了如何建立单元荷载列阵及单元刚度矩阵 $[k]^e$ 等。现在剩下的问题，是如何求得作为基本未知量的整体结点位移列阵 $\{\delta\}$。与结构力学中的位移法一样，用来求解基本未知量的方程，是结点的平衡方程。现仍以图 4－1（b）为例，为了使得建立的整体刚度方程规格化，可暂不考虑图 4－18 中结点的支承，则每个结点应有水平及垂直方向的两个位移分量，整个结构共有 8 个结点位移分量，所以需要建立 8 个结点平衡方程。

在建立结点的平衡方程之前，先分析结点上有哪些力。现以结点 2 为例（图 4－19），它受有单元Ⅰ所施加的结点力 U_2^{I} 、V_2^{I} ，这些结点力与单元Ⅰ上作用的结点力大小相等而方向相反。同样，环绕结点 2 的Ⅱ单元也对结点 2 施加有类似的力。所以，考虑结点平衡的结点上的结点力，应是围绕结点的全部单元在此结点的结点力之和。此外，结点 2 一般还受有由环绕该结点的那些单元上移植而来的结点荷载 X_2^{I} 、Y_2^{I} 、X_2^{II} 、…以及直接作

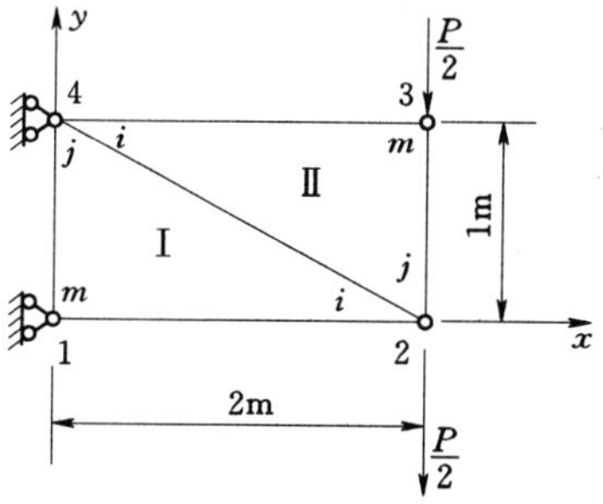

图 4－18

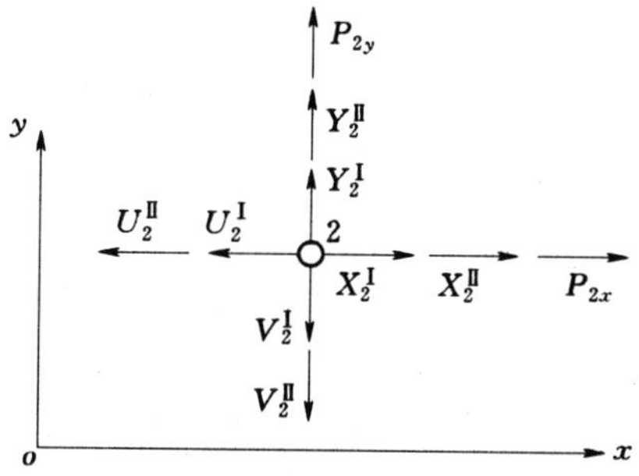

图 4－19

用在该结点上的集中荷载 P_{2x}、P_{2y}、根据结点 2 的平衡条件，有平衡方程

$$\sum F_x=0 \quad \sum_e U_2^e=\sum_e X_2^e+P_{2x}=X_2$$

$$\sum F_y=0 \quad \sum_e V_2^e=\sum Y_2^e+P_{2y}=Y_2$$

其中，$\sum\limits_e$ 表示对那些环绕结点 2 的所有单元求和。

上列平衡方程也可以用矩阵表示为

$$\sum_e \{F_2\}=\{R_2\} \tag{4-35}$$

其中，$\{F_2\}=\{U_2^e \quad V_2^e\}$是单元 e 作用在 2 结点上结点力；$\{R_2\}=[X_2 \quad Y_2]^{\mathrm{T}}$ 是围绕 2 结点各单元作用在 2 结点上的等效结点荷载之和，及直接作用在该结点的集中荷载。

在每一个单元上，都可以用结点位移 $\{\delta\}^e$ 来表示结点力 $\{F\}^e$，若用分块形式，由式（4－21）及式（4－24）可得表达式

$$\begin{Bmatrix} F_i \\ F_j \\ F_m \end{Bmatrix}=\begin{bmatrix} k_{ii} & k_{ij} & k_{im} \\ k_{ji} & k_{jj} & k_{jm} \\ k_{mi} & k_{mj} & k_{mm} \end{bmatrix}\begin{Bmatrix} \delta_i \\ \delta_j \\ \delta_m \end{Bmatrix} \tag{a}$$

式中：$\{F_i\}$、$\{\delta_i\}$ 等均是 2×1 的列阵；子矩阵 $[k_{ij}]$ 等是 2×2 的矩阵。

这样，结点力 $\{F_i\}$ 就能用结点位移 $\{\delta_i\}$、$\{\delta_j\}$、$\{\delta_m\}$ 来表示。但单元刚度方程中的结点力 $\{F_i\}$ 是单元的结点用局部编码时的结点力，然而，在建立结点的平衡方程时，是按照结构的整体结点编码的次序逐点建立的，并且在结点平衡方程式（4－35）中，需要的也是各个单元的结点整体编码下的结点力。为此，需要对每个单元的结点局部编码与对应的整体编码之间进行换码。对于每个具体的单元，式（a）中的 i、j、m 应为结点整体编码中的某个具体点号，下面，我们就这样来理解式（a）中的局部编码 i、j、m。考虑结点 2，Ⅰ单元对应的局部编码是 i，由式（a）得Ⅰ单元 i 结点的结点力为

$$\begin{aligned}\{F_i\}&=[k_{ii}]\{\delta_i\}+[k_{ij}]\{\delta_j\}+[k_{im}]\{\delta_m\}\\&=\sum_{n=i,j,m}[k_{in}]\{\delta_n\}\end{aligned} \tag{b}$$

将式（b）代入结点平衡方程式（4－35），得到用结点位移表示的结点平衡方程

$$\sum_e \sum_{n=i,j,m}[k_{2n}]\{\delta_n\}=\{R_2\} \tag{4-36}$$

式（4－36）是以 2 结点为例，对于每个结点都可以写出这样的平衡方程。实际上它代表两个线性代数方程，每个结点有两个未知量（结点位移），每个结点可以写出两个平衡方程，所以方程的总数与未知量的总数是相等的。有了式（4－36）的结点平衡方程，再将其按照结点的序号依次排列起来，并用矩阵形式表示该方程组，得

$$[K]\{\delta\}=\{R\} \tag{4-37}$$

式（4－37）称为结构整体刚度方程。

式中　$[K]$——结构的整体刚度矩阵，可简称为总刚；

$\{\delta\}$——结构的结点位移列阵，以结点总码次序排列；

$\{R\}$——结构的结点荷载列阵，以结点总码次序排列。

结构的结点荷载列阵为

$$\{R\}=[X_1 \quad Y_1 \quad X_2 \quad Y_2 \quad \cdots]^T$$

下面结合图 4－16，用分块形式写出式（4－37）的展开式。

$$\begin{Bmatrix} \{R_1\} \\ \{R_2\} \\ \{R_3\} \\ \{R_4\} \end{Bmatrix}=\begin{bmatrix} [K_{11}][K_{12}][K_{13}][K_{14}] \\ [K_{21}][K_{22}][K_{23}][K_{24}] \\ [K_{31}][K_{32}][K_{33}][K_{34}] \\ [K_{41}][K_{42}][K_{43}][K_{44}] \end{bmatrix}\begin{Bmatrix} \{\delta_1\} \\ \{\delta_2\} \\ \{\delta_3\} \\ \{\delta_4\} \end{Bmatrix} \tag{4-38}$$

其中

$$\{R_i\}=\begin{Bmatrix} X_i \\ Y_i \end{Bmatrix} \quad (i=1\sim4)$$

$$\{\delta_i\}=\begin{Bmatrix} u_i \\ v_i \end{Bmatrix}$$

$$[K_{ij}]=\begin{bmatrix} K_{2i-1,2j-1} & K_{2i-1,2j} \\ K_{2,2j-1} & K_{2i,2j} \end{bmatrix}_{j=1\sim4}^{i=1\sim4}$$

以上说明了整体刚度方程式（4－37）的形成原理及其物理意义，但整体刚度矩阵的实际形成是用刚度集成法求得的。

整体刚度矩阵的集成规则可简述如下：

（1）先对每个单元求出单元刚度矩阵 $[k]^e$；

（2）将 $[k]^e$ 中的每个子块 $[k_{ji}]$ 进行换码，换成对应的整体码；

（3）将换码以后的子块送到整体刚度矩阵中的对应位置上；

（4）在同一位置上若有几个单元的相应子块送到，则进行叠加。

经过上述计算步骤，就可以得到整体刚度矩阵中的每个子块，从而形成整体刚度矩阵 $[K]$。

现在按上述方法，集成图 4－16 的整体刚度矩阵。图中两个单元的局部编码及对应的整体编码，以及单元刚度矩阵按整体编码的分块形式列于表 4－3。

表 4－3

单 元 号	Ⅰ			Ⅱ		
局部码	i，j，m			i，j，m		
整体码	2，4，1			4，2，3		
单元刚度	k_{22}	k_{24}	k_{14}	k_{44}	k_{42}	k_{43}
$[k]^e$	k_{42}	k_{44}	k_{24}	k_{24}	k_{22}	k_{23}
换码	k_{12}	k_{14}	k_{34}	k_{34}	k_{32}	k_{33}

有了换码以后的单元刚度矩阵子块，只要按照“对号入座”的方式，很容易将子块分别送到整体刚度矩阵的对应位置中去，形成整体刚度矩阵如式（4－29）：

$$[K]=\begin{array}{c} \\ 1 \\ 2 \\ 3 \\ 4 \end{array}\begin{array}{c} \begin{array}{cccc} \quad 1 \quad & \quad 2 \quad & \quad 3 \quad & \quad 4 \quad \end{array} \\ \left[\begin{array}{c|c|c|c} [K_{11}]^{\mathrm{I}} & [K_{12}]^{\mathrm{I}} & 0 & [K_{14}]^{\mathrm{I}} \\ [K_{21}]^{\mathrm{I}} & [K_{22}]^{\mathrm{I+II}} & [K_{23}]^{\mathrm{II}} & [K_{24}]^{\mathrm{I+II}} \\ 0 & [K_{32}]^{\mathrm{II}} & [K_{33}]^{\mathrm{II}} & [K_{34}]^{\mathrm{II}} \\ [K_{41}]^{\mathrm{I}} & [K_{42}]^{\mathrm{I+II}} & [K_{43}]^{\mathrm{II}} & [K_{44}]^{\mathrm{I+II}} \end{array}\right] \end{array} \tag{4-39}$$

例如，单元Ⅰ的子块 $[K_{24}]^{\mathrm{I}}$ 及单元Ⅱ的子块 $[K_{24}]^{\mathrm{II}}$ 都应送到式（4－39）的第二行第四列，相叠加得到 $[K_{24}]$。为书写简洁起见，相叠加的子块写成 $[K_{24}]^{\mathrm{I+II}}$，以代替 $[K_{24}]^{\mathrm{I}}+[K_{24}]^{\mathrm{II}}$，以此类推，就可形成整体刚度矩阵 $[K]$。$[K]$ 中每个子块是 2×2 阶矩阵，如果整体结构具有 n 个结点，则整体刚度矩阵的阶数是 $2n\times2n$。

【例题 4－6】 用刚度集成法，求图 4－17 所示结构的整体刚度矩阵 $[K]$，梁的厚度为 t。

解：

1. 求个单元刚度矩阵 $[k]^e$

由例题 4－2 得Ⅰ单元的单元刚度矩阵

$$[k]^{\mathrm{I}}=\frac{tE}{1-\mu^2}\left[\begin{array}{cc:cc:cc} \frac{1}{4} & & & \text{对} & & \\ 0 & \frac{1-\mu}{8} & & & & \\ \hdashline 0 & \frac{1-\mu}{4} & \frac{1-\mu}{2} & & & \\ \frac{\mu}{2} & 0 & 0 & 1 & & \text{称} \\ \hdashline -\frac{1}{4} & -\frac{1-\mu}{4} & -\frac{1-\mu}{2} & -\frac{\mu}{2} & \frac{3-2\mu}{4} & \\ -\frac{\mu}{2} & -\frac{1-\mu}{8} & -\frac{1-\mu}{4} & -1 & \frac{1+\mu}{4} & \frac{9-\mu}{8} \end{array}\right]$$

由例题 4－4 已经证明单元Ⅰ和单元刚度矩阵相等，即 $[k]^{\mathrm{I}}=[k]^{\mathrm{II}}$。

2. 求整体刚度矩阵 $[K]$

按表 4－3 可求得换码以后的单元刚度矩阵 $[k]^e$。

$$[k]^{\mathrm{I}}=\begin{bmatrix} k_{22} & k_{24} & k_{21} \\ k_{42} & k_{44} & k_{41} \\ k_{12} & k_{14} & k_{11} \end{bmatrix}=\frac{tE}{1-\mu^2}\left[\begin{array}{cc:cc:cc} \frac{1}{4} & 0 & 0 & \frac{\mu}{2} & -\frac{1}{4} & -\frac{\mu}{2} \\ 0 & \frac{1-\mu}{8} & \frac{1-\mu}{4} & 0 & -\frac{1-\mu}{4} & -\frac{1-\mu}{8} \\ \hdashline 0 & \frac{1-\mu}{4} & \frac{1-\mu}{2} & 0 & -\frac{1-\mu}{2} & -\frac{1-\mu}{4} \\ \frac{\mu}{2} & 0 & 0 & 1 & -\frac{\mu}{2} & -1 \\ \hdashline -\frac{1}{4} & -\frac{1-\mu}{4} & -\frac{1-\mu}{2} & -\frac{\mu}{2} & \frac{3-2\mu}{4} & 4 \\ -\frac{\mu}{2} & -\frac{1-\mu}{8} & -\frac{1-\mu}{4} & -1 & \frac{1+\mu}{4} & \frac{9-\mu}{8} \end{array}\right]$$

$$[k]^{\mathrm{II}}=\begin{bmatrix} k_{44} & k_{42} & k_{43} \\ k_{24} & k_{22} & k_{23} \\ k_{34} & k_{32} & k_{33} \end{bmatrix}=\frac{tE}{1-\mu^2}\left[\begin{array}{cc:cc:cc} \frac{1}{4} & 0 & 0 & \frac{\mu}{2} & -\frac{1}{4} & -\frac{\mu}{2} \\ 0 & \frac{1-\mu}{8} & \frac{1-\mu}{4} & 0 & -\frac{1-\mu}{4} & -\frac{1-\mu}{8} \\ \hdashline 0 & \frac{1-\mu}{4} & \frac{1-\mu}{2} & 0 & -\frac{1-\mu}{2} & -\frac{1-\mu}{4} \\ \frac{\mu}{2} & 0 & 0 & 1 & -\frac{\mu}{2} & -1 \\ \hdashline -\frac{1}{4} & -\frac{1-\mu}{4} & -\frac{1-\mu}{2} & -\frac{\mu}{2} & \frac{3-2\mu}{4} & 4 \\ -\frac{\mu}{2} & -\frac{1-\mu}{8} & -\frac{1-\mu}{4} & -1 & \frac{1+\mu}{4} & \frac{9-\mu}{8} \end{array}\right]$$

将换码以后的单元刚度矩阵中各子块代入式（4-39），可得集成之后结构的总体刚度矩阵［K］。

$$[K]=\frac{tE}{1-\mu^2}\left[\begin{array}{cc:cc:cc:cc} \frac{3-2\mu}{4} & \frac{1+\mu}{4} & -\frac{1}{4} & -\frac{1-\mu}{4} & 0 & 0 & -\frac{1-\mu}{2} & -\frac{\mu}{2} \\ \frac{1+\mu}{4} & \frac{9-\mu}{8} & -\frac{\mu}{2} & -\frac{1-\mu}{8} & 0 & 0 & -\frac{1-\mu}{4} & -1 \\ \hdashline -\frac{1}{4} & -\frac{\mu}{2} & \frac{3-2\mu}{4} & 0 & -\frac{1-\mu}{2} & -\frac{1-\mu}{4} & 0 & \frac{1+\mu}{4} \\ -\frac{1-\mu}{4} & -\frac{1-\mu}{8} & 0 & \frac{9-\mu}{8} & -\frac{\mu}{2} & -1 & \frac{1+\mu}{4} & 0 \\ \hdashline 0 & 0 & -\frac{1-\mu}{2} & -\frac{\mu}{2} & \frac{3-2\mu}{4} & \frac{1+\mu}{4} & -\frac{1}{4} & -\frac{1-\mu}{4} \\ 0 & 0 & -\frac{1-\mu}{4} & -1 & \frac{1+\mu}{4} & \frac{9-\mu}{8} & -\frac{\mu}{2} & -\frac{1-\mu}{8} \\ \hdashline -\frac{1-\mu}{2} & -\frac{1-\mu}{4} & 0 & \frac{1+\mu}{4} & -\frac{1}{4} & -\frac{\mu}{2} & \frac{3-2\mu}{4} & 0 \\ -\frac{\mu}{2} & -1 & \frac{1+\mu}{4} & 0 & -\frac{1-\mu}{4} & -\frac{1-\mu}{8} & 0 & \frac{9-\mu}{8} \end{array}\right] \tag{4-40}$$

二、整体刚度矩阵的特点

1. 对称性

和单元刚度矩阵一样，整体刚度矩阵也是对称矩阵，见式（4-40）。利用其对称性，可以在电子计算机中，只存贮矩阵的上三角部分（或下三角部分），从而可以节省近一半的存贮量。

2. 稀疏性

以图 4-20（a）所示网格为例，在其整体矩阵中，非零子块（每个子块为 2×2 矩阵）的分布情况如图 4-20（b）所示。

我们从图 4-20（b）中取出第二行进行考察，看该行中哪些子块应是非零子块。先看图 4-20（a）中 125 单元，单元结点码用总码表示，由单元刚度方程式（4-21）可得

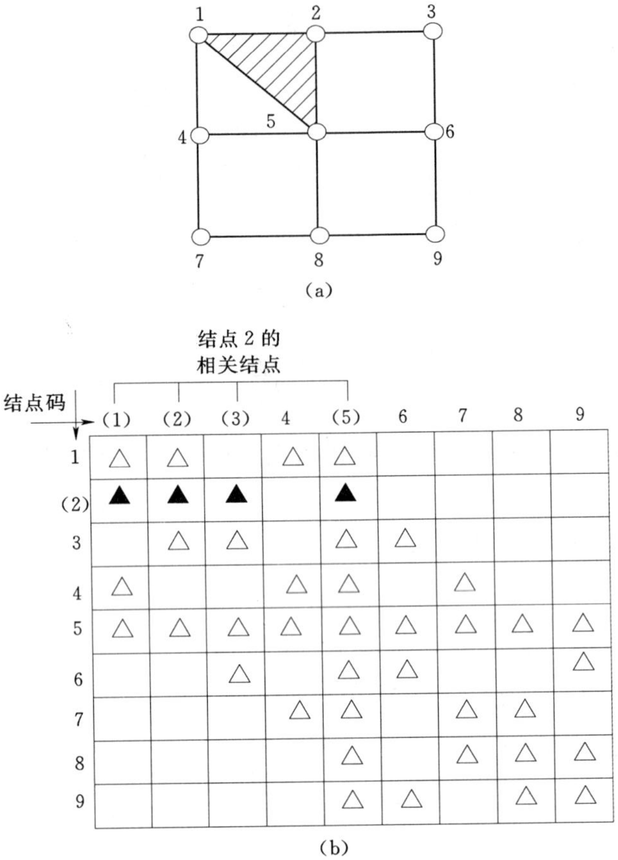

图 4-20

单元中 2 结点的结点力为

$$\{F_2\}=[k_{21}]\{\delta_1\}+[k_{22}]\{\delta_2\}+[k_{25}]\{\delta_5\} \tag{4-41}$$

式（4-41）说明：在 125 单元中，第 2 个结点上的结点力等于该单元三个结点 1、2、5 的结点位移，在结点 2 上引起的结点力之叠加，即单元中每个结点力与单元中全部结点位移有关。这是一个单元对它的一个结点的结点力，而在整体结构中，一个结点往往为几个单元所共有，则这个结点上的结点力应该是共有这结点的几个单元的所有结点位移，在该结点力上引起的结点力之叠加。为了叙述方便，以下称某个结点所联结的单元为该结点的相关单元，相关单元的全部结点为该结点的相关结点。如结点 2 的相关单元为 125 及 235 两个单元，结点 2 的相关结点为 1、3、5 及结点 2 本身，只有这四个相关结点产生位移时，才使 2 结点产生结点力，而其余结点不是 2 结点的相关结点，它们发生位移时，在 2 结点并不引起结点力。由此可知，第 2 行的非零子块只有四个，即与相关结点对应的四个子块，见图 4-20（b）。

在弹性力学平面问题中，和某一个结点相关的结点数，一般不会超过 9 个，而整个结构若有 100 个结点，则矩阵［K］中一行的非零子块数和该行的子块总数相比不大于 9/100。整体网格分得越细，则［K］的稀疏性就越突出。由此可知，整体刚度矩阵是一个稀疏矩阵，它的大多数元素都是零，非零元素的个数只占元素总数的很少一部分。利用这一特点，可设法只存贮非零元素，从而可节省大量的存贮容量。

3. 带形分布规律

在图 4-20（b）中，整体刚度矩阵［K］的非零元素分布在图中用粗线标明的以主对角线为中心的带形区域中，这种矩阵称为带形矩阵。在包括对角线元素在内的半个带形区域中，每行具有的元素个数叫做半带宽，用 d 表示。此例由图 4-20（b）看出现，在半带中，每行有 5 个子块，即 10 个元素，因此半带宽 $d=10$。计算半带宽 d 的一般公式为

$$D=(\text{相邻结点码的最大差值}+1)\times 2 \tag{4-42}$$

按式（4-42）计算，在图 4-18（a）中，相邻结点码的最大差值是 4，故

$$d=(4+1)\times 2=10$$

在同一结构中，相同结点数，由不同的结点编码方法及不同的网格划分，会得到不同的半带宽 d。例如图 4-21 中，图（a）和图（c）具有相同的网格，但图（a）中相邻结点最大差值为 3，按式（4-42）计算，$d=8$，而图（c）中相邻结点最大差值却为 10，$d=22$，两者相差一倍多。为了减小 d 值，结点编码应尽量顺着整体网格的短边排列。又如图 4-21 中，图（a）和图（b）具有相同的结点编码，但网格划分的斜此致方向略有差别，图（a）中的 $d=8$，而图（b）相邻结点最大差值为 4，$d=10$，两者也不相同。同样，为了减小 d 值，斜线应放在结点码差值较小的方向。

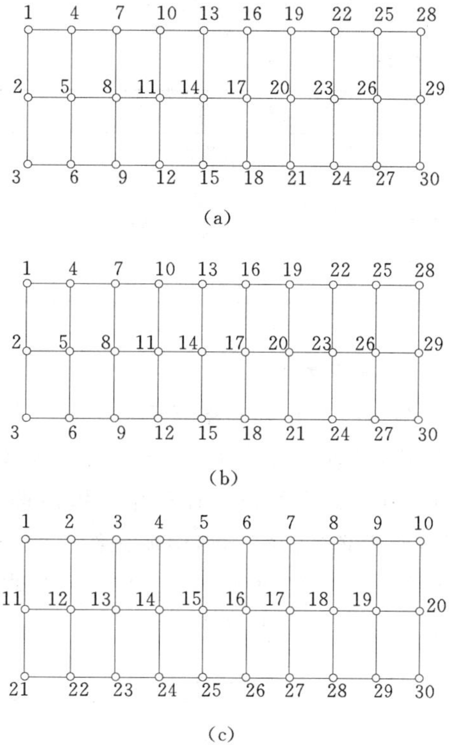

图 4-21

在有限元分析中，常因工程需要，结构划分的单元数和结点数都很多，因此，整体刚度矩阵［K］很大。如果利用带形矩阵的特点，并利用矩阵的对称性，则可在计算机中只存贮上半带的元素，大量节省了计算机的内存容量，这种存贮方式叫做半带存贮。例如，图 4-22（a）的矩阵［K］为 n 行 n 列矩阵，半带宽为 d。半带存贮时，将斜带改成竖带，称为矩阵 $[K]^*$，如图4-22（b）所示。矩阵 $[K]^*$ 为 n 行 d 列，因此，实际存贮量可由 $n\times n$ 减少到 $d\times n$ 个，$[K]^*$ 与［K］中元素总数之比为 d/n。由此可见，d 值愈小则存贮量愈小。

半斜带改成半竖带存贮后，矩阵［K］与矩阵 $[K]^*$ 的元素之间有如下页表的对应关系。

由［K］改成 $[K]^*$ 时，元素的行码不变，新的列码等于原先的列码减行码加 1，如图 4-20（b）所示，列表 4-4 如下。

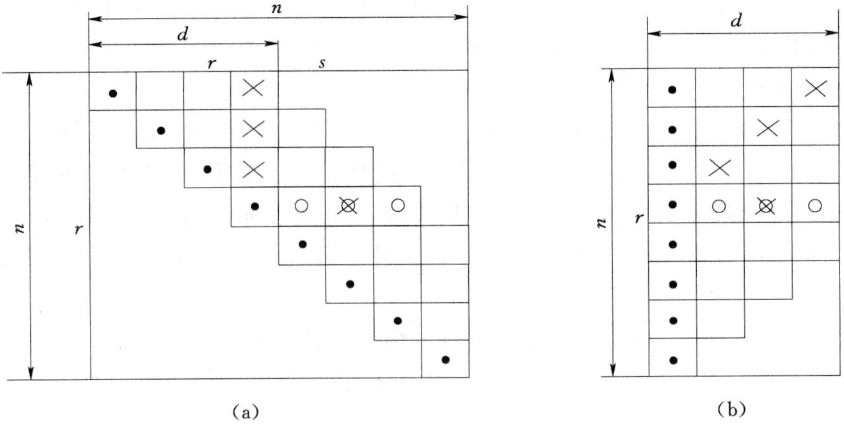

图 4 - 22

表 4 - 4

矩　　阵 [K]	矩　　阵 [K]*
对角线	第一列
r 行	r 行
r 列	r 行开始的 45°斜线
r 行 s 列元素	r 行 $s-r+1$ 列元素

注　新列码＝原列码－行码＋1。

4. 奇异矩阵

整体刚度矩阵和单元刚度矩阵一样是奇异矩阵，其证明方法相同，这里从略。根据以上性质，矩阵 [K] 中每行元素之和均为零（其中奇数元素之和及偶数量元素之和均为零）。利用这个特点，在程序中可检查整体刚度矩阵的正确性。整体刚度矩阵为奇异矩阵的物理意义是：整体结构在无约束的条件下存在有刚体位移。因此，必须根据结构的支承条件，对整体刚度矩阵 [K] 进行修改，才能解得到结构确定的位移。关于支承条件的引入，将在第四节中讨论。

三、结点荷载列阵

结构的基本方程组$[K]\{\delta\}=\{R\}$，其等号右式 $\{R\}$ 是结构的整体结点荷载列阵。由式（4 - 34）求出了每个单元的等效结点荷载之后，按求整体刚度矩阵一样的集成法，求出整体结构的结点荷载列阵。具体作法可简述为：

（1）求出每个单元的等效结点荷载。

（2）将每个单元的等效结点荷载子向量 $\{R_i\}^e$（i 代表 i，j，m）进行换码，换成对应的整体码。

（3）将换码以后的等效结点荷载子向量送到整体结点荷载列阵的对应位置上。

（4）在同一位置上若送有几个单元的相应的等效结点荷载子向量，则进行叠加。

（5）如果结点上还有直接作用的结点荷载，也按结点码将结点荷载送到整体结点荷载列阵的对应位置上，进行相应的叠加。

(6) 若结点 i 具有水平和垂直支承，其支承反力为未知量，可暂设 $\{R_i\}=[Q_{Xi}\quad Q_{Yi}]^T$。

以图 4-2 (b) 所示结构为例，可写出结点荷载列阵

$$\{R\}=[Q_{X1}\quad Q_{Y1}\quad X_2\quad Y_2\quad X_3\quad Y_3\quad Q_{X4}\quad Q_{Y4}]^T$$
$$=\left[Q_{X1}\quad Q_{Y1}\quad 0\quad -\frac{P}{2}\quad 0\quad -\frac{P}{2}\quad Q_{X4}\quad Q_{Y4}\right]^T \tag{4-43}$$

四、引入支承条件

前面已述，在应用整体刚度方程求位移之前，必须先引入适当的支承条件，才能得到整体结构位移的确定解。

结构的支承条件可分为两类：

(1) 结点上的支承，使结点在一定方向上的位移为零。

(2) 结点位移为给定的非零值。

这两种支承条件都应满足使整个结构不能有刚体位移。下面先讨论第一类情况。

为了说明引入支承条件的原理，我们先举一个简单的例子。设图 4-23 为平面结构，此结构只设为一个单元，在结点 2 上作用有垂直荷载 Y_2，在结点 1、3 上有铰支承，求结点 2 位移。

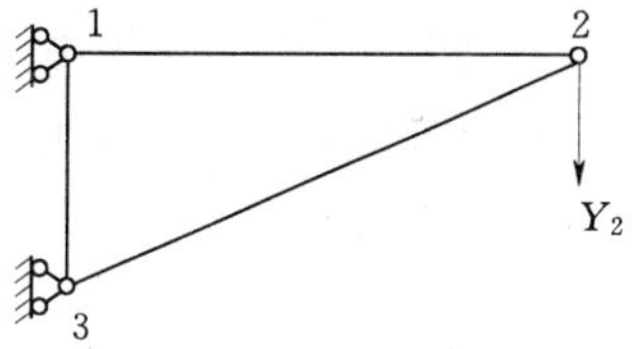

图 4-23

此结构只有一个单元，整体结构的基本方程式 (4-37) 就是单元的刚度方程式 (4-29)，考虑到荷载状况及支承条件，式 (4-29) 变成

$$\begin{bmatrix} k_{11} & k_{12} & k_{13} & k_{14} & k_{15} & k_{16} \\ k_{21} & k_{22} & k_{23} & k_{24} & k_{25} & k_{26} \\ k_{31} & k_{32} & k_{33} & k_{34} & k_{35} & k_{36} \\ k_{41} & k_{42} & k_{43} & k_{44} & k_{45} & k_{46} \\ k_{51} & k_{52} & k_{53} & k_{54} & k_{55} & k_{56} \\ k_{61} & k_{62} & k_{63} & k_{64} & k_{65} & k_{66} \end{bmatrix} \begin{Bmatrix} 0 \\ 0 \\ u_2 \\ v_2 \\ 0 \\ 0 \end{Bmatrix} = \begin{Bmatrix} Q_{X1} \\ Q_{Y1} \\ 0 \\ Y_2 \\ Q_{X3} \\ Q_{Y3} \end{Bmatrix} \tag{4-44}$$

其中，Q_{X1}、Q_{Y1}、Q_{X3}、Q_{Y3} 为结点 1、3 的支座反力。

现在需要求的基本未知量是 u_2、v_2。为此，只需在方程式 (4-44) 中抽出第三、第四两行，得 $\begin{cases} k_{33}u_2+k_{34}v_2=0 \\ k_{43}u_2+k_{44}v_2=Y_2 \end{cases}$ 写成矩阵形式

$$\begin{bmatrix} k_{33} & k_{34} \\ k_{43} & k_{44} \end{bmatrix} \begin{Bmatrix} u_2 \\ v_2 \end{Bmatrix} = \begin{Bmatrix} 0 \\ Y_2 \end{Bmatrix} \tag{4-45}$$

由式 (4-45) 可解出 u_2、v_2。

将式 (4-45) 和式 (4-44) 相对比，由式 (4-44) 看出，如果将刚度矩阵中和零位移相对应的各行及同行号的各列都列支，同时将右边荷载向量中的相应元素，即未知的支座反力也都划去，就可以得到式 (4-45)。为了便于编写计算机语言程序，希望修改后

的矩阵仍然保持原矩阵［K］的阶数、排列次序及矩阵的对称性。为此，将式（4－45）扩大成如下形式：

$$\begin{bmatrix} 1 & 0 & 0 & 0 & 0 & 0 \\ 0 & 1 & 0 & 0 & 0 & 0 \\ 0 & 0 & k_{33} & k_{34} & 0 & 0 \\ 0 & 0 & k_{33} & k_{34} & 0 & 0 \\ 0 & 0 & 0 & 0 & 1 & 0 \\ 0 & 0 & 0 & 0 & 0 & 1 \end{bmatrix} \begin{Bmatrix} u_1 \\ v_1 \\ u_2 \\ v_2 \\ u_3 \\ v_3 \end{Bmatrix} \begin{Bmatrix} 0 \\ 0 \\ 0 \\ Y_2 \\ 0 \\ 0 \end{Bmatrix} \tag{4-46}$$

显然，式（4－46）完全等效于基本方程式（4－45）及支承条件 $u_1=v_1=u_3=v_3=0$。

以上讨论的是一个单元引入支承条件以后，如何对刚度方程进行修改。对于多单元的结构也是类似的。以下写出具体的修改办法。

如设结点 n 的水平位移 $u_n=0$，则将式（4－37）［K］｛δ｝＝｛R｝改写为

在矩阵[K]的第 $2n-1$ 行与列中，将主对角线元素改为 1，其他元素改为零；
在荷载向量{R}中，将第 $2n-1$ 个元素改为零　　（4－47）

仍以图 4－1（b）中结构为例，支承条件共有 4 个，即 $u_1=v_1=u_4=v_4=0$。

因此，应修改［K］中的 1、2、7、8 各行和各列，并修改｛R｝中的相应元素，修改后的刚度方程如下：

$$\begin{bmatrix} 1 & 0 & 0 & 0 & 0 & 0 & 0 & 0 \\ 0 & 1 & 0 & 0 & 0 & 0 & 0 & 0 \\ 0 & 0 & K_{33} & K_{34} & K_{35} & K_{36} & 0 & 0 \\ 0 & 0 & K_{43} & K_{44} & K_{45} & K_{46} & 0 & 0 \\ 0 & 0 & K_{53} & K_{54} & K_{55} & K_{56} & 0 & 0 \\ 0 & 0 & K_{63} & K_{64} & K_{65} & K_{66} & 0 & 0 \\ 0 & 0 & 0 & 0 & 0 & 0 & 1 & 0 \\ 0 & 0 & 0 & 0 & 0 & 0 & 0 & 1 \end{bmatrix} \begin{Bmatrix} u_1 \\ v_1 \\ u_2 \\ v_2 \\ u_3 \\ v_3 \\ u_4 \\ v_4 \end{Bmatrix} = \begin{Bmatrix} 0 \\ 0 \\ 0 \\ -\dfrac{P}{2} \\ 0 \\ -\dfrac{P}{2} \\ 0 \\ 0 \end{Bmatrix} \tag{4-48}$$

经过上述的修改，由式（4－48）就可以解出位移 u_2、v_2、u_3、v_3，并在支承处有 $u_1=v_1=u_4=v_4=0$。

以上讨论了具有第一类支承条件时如何对方程式（4－37）进行修改的问题。

现在讨论第二类支承条件。

设结点 n 的水平位移 u_n 为已知非零值 u_n^*，为了满足 $u_n=u_n^*$ 的条件，这时应对式（4－37）中的第 $2n-1$ 个方程作如下修改：

将主对角线元素 $K_{2n-1,2n-1}$ 乘以一个大数 A（例如 $A=10^9$）；
将右边项换成 $AK_{2n-1,2n-1}u_n^*$；
其余各项保持不变　　（4－49）

经过上述修改之后，式（4－37）中的第 $2n-1$ 个方程改为

$$K_{2n-1,1}u_1+K_{2n-1,2}v_1+\cdots+AK_{2n-1;2n-1}u_n+K_{2n-1,2n}v_n+\cdots=AK_{2n-1;2n-1}u_n^*$$

实际上，上述中除包含大数 A 的两项外，其余各项相对地都比较小，可以忽略不计。于是上述对刚度方程的修改，较好地满足了 $u_n=u_n^*$ 的支承条件。

由上述讨论可知，引入支承条件，就是对整体结构的基本方程进行修改，除去已知位移的方程，但形式上还要保留这些方程，修改后，将奇异矩阵［K］变为非奇异矩阵，从而可解出位移。

五、解方程组，求结点位移

图 4-2（b）结构中引入支承条件后的整体刚度方程为式（4-48），当未知量较多时，一般可用高斯消去法计算求解线性方程组，得结点位移。此例未知量较少，可直接手算，将式（4-40）的总刚度方程［K］带入式（4-48）。得

$$\frac{tE}{1-\mu^2}\begin{bmatrix}\frac{3-2\mu}{4} & & \text{对} & \\ 0 & \frac{9-\mu}{8} & \text{称} & \\ -\frac{1-\mu}{2} & -\frac{\mu}{2} & \frac{3-2\mu}{4} & \\ -\frac{1-\mu}{4} & -1 & \frac{1+\mu}{4} & \frac{9-\mu}{8}\end{bmatrix}\begin{Bmatrix}u_2\\ v_2\\ u_3\\ v_3\end{Bmatrix}=\begin{Bmatrix}0\\ -\frac{P}{2}\\ 0\\ -\frac{P}{2}\end{Bmatrix}$$

设 $\mu=\frac{1}{3}$，得

$$\frac{3Et}{32}\begin{bmatrix}7 & \text{对} & & \\ 0 & 13 & \text{称} & \\ -4 & -2 & 7 & \\ -2 & -12 & 4 & 13\end{bmatrix}\begin{Bmatrix}u_2\\ v_2\\ u_3\\ v_3\end{Bmatrix}=\begin{Bmatrix}0\\ -\frac{P}{2}\\ 0\\ -\frac{P}{2}\end{Bmatrix}$$

解得

$$\begin{Bmatrix}u_2\\ v_2\\ u_3\\ v_3\end{Bmatrix}=\frac{P}{Et}\begin{Bmatrix}-1.50\\ -8.42\\ 1.88\\ -8.99\end{Bmatrix}$$

得结构的结点位移向量

$$\begin{aligned}\{\delta\}&=[u_1\quad v_1\quad u_2\quad v_2\quad u_3\quad v_3\quad u_4\quad v_4]^{\mathrm{T}}\\ &=\frac{P}{Et}[0\quad 0\quad -1.50\quad -8.42\quad 1.88\quad -8.99\quad 0\quad 0]^{\mathrm{T}}\end{aligned}\tag{4-50}$$

结构离散化之后，如结点较多时，整个刚度矩阵是一个稀疏矩阵，并呈带形分布，可按半带存贮，解方程时将采用带消去法。

六、求单元应力

结点位移求出后，即可利用单元分析中的式（4-13），求出应力。

【例题 4-7】 求图 4-2（b）结构的单元应力。

解： 由结点位移求单元应力的公式 $\{\sigma\}^e=[S]^e\{\delta\}^e$

由例题 4-2，得

$$[S]^{\mathrm{I}}=\frac{E}{1-\mu^2}\left[\begin{array}{cc:cc:cc}\frac{1}{b} & 0 & 0 & \frac{\mu}{a} & -\frac{1}{b} & -\frac{\mu}{a}\\ \frac{\mu}{b} & 0 & 0 & \frac{1}{a} & -\frac{\mu}{b} & -\frac{1}{a}\\ 0 & \frac{1-\mu}{2b} & \frac{1-\mu}{2a} & 0 & -\frac{1-\mu}{2a} & -\frac{1-\mu}{2b}\end{array}\right]$$

当 $a=1\mathrm{m}$，$b=2\mathrm{m}$，$\mu=\frac{1}{3}$时

$$[S]^{\mathrm{I}}=\frac{9E}{8}\left[\begin{array}{cc:cc:cc}\frac{1}{2} & 0 & 0 & \frac{1}{3} & -\frac{1}{2} & -\frac{1}{3}\\ \frac{1}{3} & 0 & 0 & 1 & -\frac{1}{6} & -1\\ 0 & \frac{1}{6} & \frac{1}{3} & 0 & -\frac{1}{3} & -\frac{1}{6}\end{array}\right]$$

单元Ⅰ

$$\{\sigma\}^{\mathrm{I}}=\frac{P}{Et}\frac{9E}{8}\left[\begin{array}{cc:cc:cc}\frac{1}{2} & 0 & 0 & \frac{1}{3} & -\frac{1}{2} & -\frac{1}{3}\\ \frac{1}{6} & 0 & 0 & 1 & -\frac{1}{6} & -1\\ 0 & \frac{1}{6} & \frac{1}{3} & 0 & -\frac{1}{3} & -\frac{1}{6}\end{array}\right]\begin{Bmatrix}-1.50\\-8.24\\0\\0\\0\\0\end{Bmatrix}$$

$$=\frac{3P}{16t}\begin{Bmatrix}-4.50\\-1.50\\-8.42\end{Bmatrix}=\frac{P}{t}\begin{Bmatrix}-0.844\\-0.281\\-1.58\end{Bmatrix}$$

求出的单元应力，可设为单元重心处应力。单元Ⅰ中的应力如图 4-24（a）所示。

求矩阵 $[S]^{\mathrm{II}}$

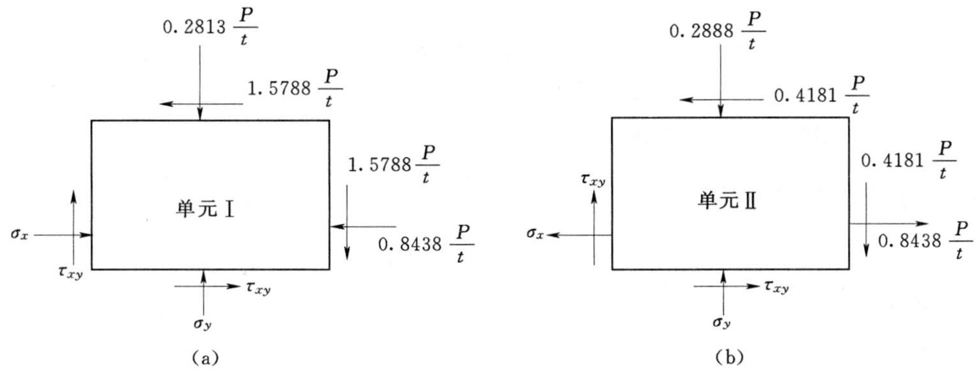

图 4-24

由例题 4-1，得单元Ⅱ的常数

$$\begin{cases} b_i=-a \\ b_j=0 \\ b_m=a \end{cases} \quad \begin{cases} c_i=0 \\ c_j=-b \\ c_m=b \end{cases}$$

由式（4-15），得

$$[S]^{Ⅱ}=\frac{E}{2(1-\mu^2)\Delta}\left[\begin{array}{cc:cc:cc} b_i & \mu c_i & b_j & \mu c_i & b_m & \mu c_m \\ \mu b_i & c_i & \mu b_j & c_j & \mu b_m & c_m \\ \frac{1-\mu}{2}c_i & \frac{1-\mu}{2}b_i & \frac{1-\mu}{2}c_j & \frac{1-\mu}{2}b_j & \frac{1-\mu}{2}c_m & \frac{1-\mu}{2}b_m \end{array}\right]$$

$$=\frac{E}{2(1-\mu^2)\Delta}\left[\begin{array}{cc:cc:cc} -a & 0 & 0 & -\mu b & a & \mu b \\ -\mu a & 0 & 0 & -b & \mu a & b \\ 0 & -\frac{1-\mu b}{2} & -\frac{1-\mu}{2}b & 0 & \frac{1-\mu}{2}b & \frac{1-\mu}{2}a \end{array}\right]$$

令 $\mu=\frac{1}{3}$，$a=1\text{m}$，$b=2\text{m}$，得 $\Delta=\frac{1}{2}ab=1\text{m}^2$

$$[S]^{Ⅱ}=\frac{9E}{16}\begin{bmatrix} -1 & 0 & 0 & -\frac{2}{3} & 1 & \frac{2}{3} \\ -\frac{1}{3} & 0 & 0 & -2 & \frac{1}{3} & 2 \\ 0 & -\frac{1}{3} & -\frac{2}{3} & 0 & \frac{2}{3} & \frac{1}{3} \end{bmatrix}$$

由计算看出，尽管单元Ⅰ、Ⅱ的单元刚度矩阵相同，但由于单元的方向不同，它们的形函数矩阵 $[N]$、几何矩阵 $[B]$ 和应力矩阵 $[S]$ 并不相同。

$$\{\sigma\}^{Ⅱ}=\frac{P}{Et}\frac{3E}{16}\left[\begin{array}{cc:cc:cc} -3 & 0 & 0 & -2 & 3 & 2 \\ -1 & 0 & 0 & -6 & 1 & 6 \\ 0 & -1 & -2 & 0 & 2 & 1 \end{array}\right]\begin{Bmatrix} 0 \\ 0 \\ -1.50 \\ -8.42 \\ 1.88 \\ -8.99 \end{Bmatrix}$$

$$=\frac{3P}{16t}\begin{bmatrix}4.5\\-1.54\\-2.23\end{bmatrix}=\frac{P}{t}\begin{Bmatrix}0.84\\-0.289\\-0.418\end{Bmatrix}$$

单元Ⅱ中的应力如图 4－24（b）所示。

七、计算成果的整理

经过以上各节的讨论，最后计算成果包括两个方面：

（1）各结点的结点位移 $\{\delta\}$。

（2）各单元的应力分量 $\{\sigma\}$。

在位移方面，成果整理比较简单，可直接用结点位移分量画出结构物的位移图线。

在应力方面，成果整理要复杂一些，下面作详细说明。

为了较好地表示出结构中的应力分布，人们规定，计算出来的应力分量 $\{\sigma\}^e$ 作用在单元的形心处。用式（4－13）求出的应力分量 σ_x、σ_y、τ_{xy}，是指沿 x、y 轴方向上的应力。为了求出单元的主应力，由“材料力学”可知

$$\left.\begin{aligned}\sigma_{\max}&=\frac{\sigma_x+\sigma_y}{2}+\sqrt{\left(\frac{\sigma_x-\sigma_y}{2}\right)^2+\tau_{xy}^2}\\\sigma_{\min}&=\frac{\sigma_x+\sigma_y}{2}-\sqrt{\left(\frac{\sigma_x-\sigma_y}{2}\right)^2+\tau_{xy}^2}\end{aligned}\right\}\qquad(4-51)$$

式中　$\sigma_{\max}$、$\sigma_{\min}$——单元的最大及最小主应力和。

$\sigma_{\max}$和 x 轴之间的夹角 θ（图 4－25）为

$$\theta=\frac{130}{\pi}\mathrm{arcctg}\left(\frac{\tau_{xy}}{\sigma_y-\sigma_{\min}}\right)\qquad(4-52)$$

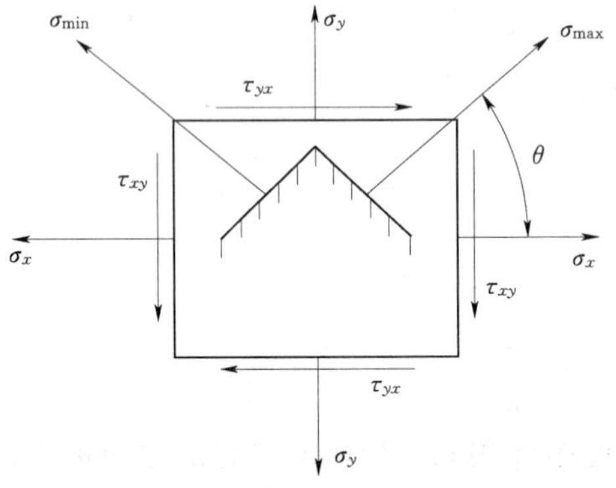

图 4－25

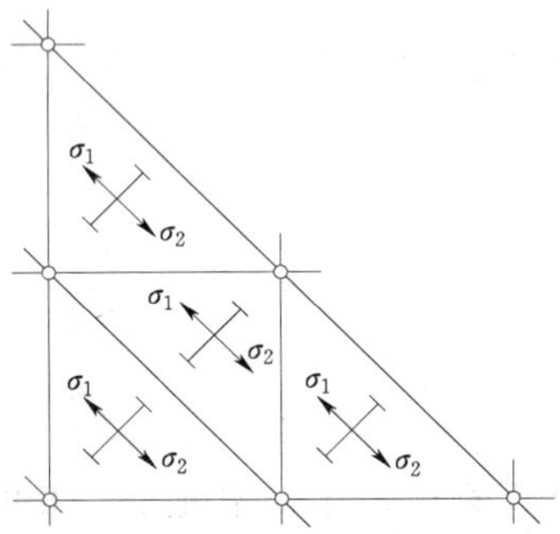

图 4－26

按照式（4－51）计算出来的两个主应力，同样可以假定作用在该三角形单元的形心处，其方向则由式（4－52）算出的 θ 角所确定。如果在每个单元的形心，沿主应力方向，以一定的比例尺标出主应力的大小（拉应力用箭头表示，压应力用平头表示），就可以得到整体结构的主应力分布图，如图 4－26 所示。由一点的应力状态可知，对于不直接承受外荷载的边界单元，假如单元划分得足够小，则其一个主应力方向应是基本上平行于边

界，而另一个主应力方向则应是基本上垂直于边界，其数值应接近于零。这个特点，可作为判断计算是否正确的一个依据。

需要指出，由常应变三角形单元计算出来的单元的常量应力，并不是单元内的平均应力，即使单元很小，它也常常会大于或小于单元内所有各点的实际应力，只是单元应力收敛于实际应力。由于单元内应力不是平均应力，所以常常采取某种平均的计算方法，使结构物内某一点的应力更接近于实际应力。弹性体的边界内应力及边界上应力，在成果整理的方法上略有区别，现分别介绍如下。

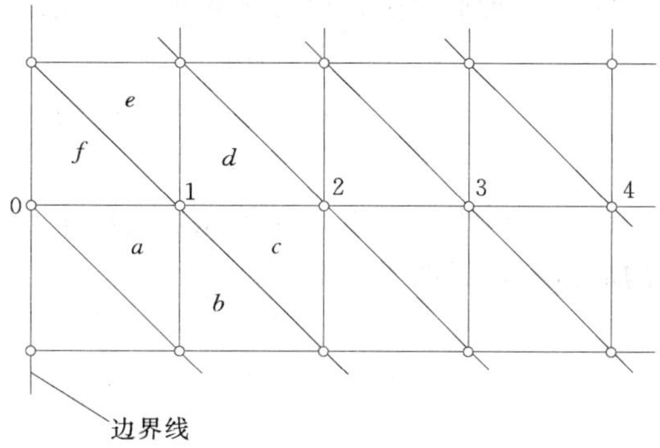

图 4－27

1. 边界内的应力

目前，常采用的整理方法，有绕结点平均法和二单元平均法。

（1）绕结点平均法。把环绕某一结点的单元中的常量应力加以平均，用来表达该结点处的应力，这种方法称为绕结点平均法。例如，欲求图 4－27 中结点 1 的应力，可先求出共有结点的各单元的应力，然后按下式计算出应力分量 $(\sigma_x)_1$。

$$(\sigma_x)=\frac{1}{6}[(\sigma_x)_a+(\sigma_x)_b+(\sigma_x)_c+(\sigma_x)_d+(\sigma_x)_e+(\sigma_x)_f]$$

同样方法可求出 $(\sigma_y)_1$、$(\tau_{xy})_1$，再由式（4－51）、式（4－52）求出该结点的主应力及其主方向，其他结点的应力都可类似求出。经验证明，若按照单元的面积进行加权平均，或按照单元的面积进行加权平均，或按照单元在结点所张角度的正弦进行加权平均，或按照单元在结点所张角度的正弦进行加权平均，在绝大多数情况下，这种加权平均值并不更接近该结点处的实际应力，有时反而更差。因此，这些方法都是不可取的，其原因就是单元应力不是单元的平均应力。

（2）二单元平均法。把两个相邻单元中的常量应力加以平均，用来表述公共边中点处的应力，这种方法称为二单元平均法。以图 4－28 所示情况为例，取

$$(\sigma_x)_1=\frac{1}{2}[(\sigma_x)_a+(\sigma_x)_b]$$

$$(\sigma_x)_2=\frac{1}{2}[(\sigma_x)_c+(\sigma_x)_d]$$

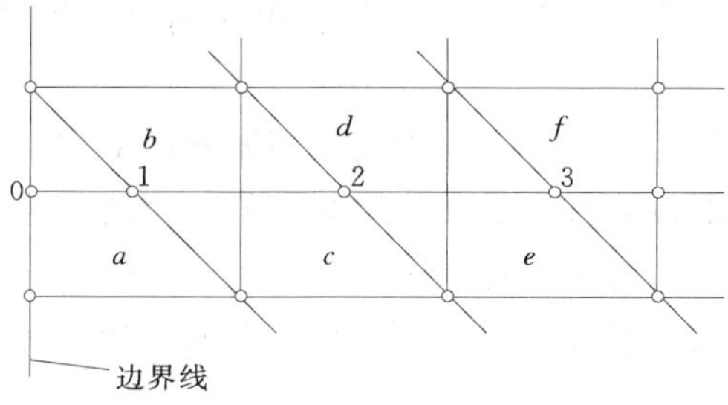

图 4－28

其他各点也可用类似方法求得。

经验证明，在两个相邻单元的面积相差较大时，若把应力按照单元的面积进行加权平均，将表示两单元的面积进行加权平均以表示两单元公共边中点处的应力，这样做不仅花费了较多的计算时间，也不一定能收到好的效果，因此，此法也是不可取的。

【例题 4－8】 用二单元平均法求图 4－2（b）所示结构中点的应力。

由例题 4-7，已求出图 4-2（b）两个单元的应力

$$\{\sigma\}^{\mathrm{I}}=\frac{P}{t}\begin{Bmatrix}-0.844\\-0.281\\-0.158\end{Bmatrix}\quad\{\sigma\}^{\mathrm{II}}=\frac{P}{t}\begin{Bmatrix}0.844\\-0.289\\-0.418\end{Bmatrix}$$

用二单元平均法，得二个单元的平均应力

$$\{\sigma\}=\begin{Bmatrix}\sigma_x\\\sigma_y\\\sigma_{xy}\end{Bmatrix}=\frac{1}{2}[\{\sigma\}^{\mathrm{I}}+\{\sigma\}^{\mathrm{II}}]=\frac{P}{t}\begin{Bmatrix}0\\-0.285\\-1.00\end{Bmatrix}$$

此平均应力用于Ⅰ、Ⅱ单元边线的中点 A，也即为结构的中点，见图 4-29（a）。A 点的应力图，见图 4-29（b）。

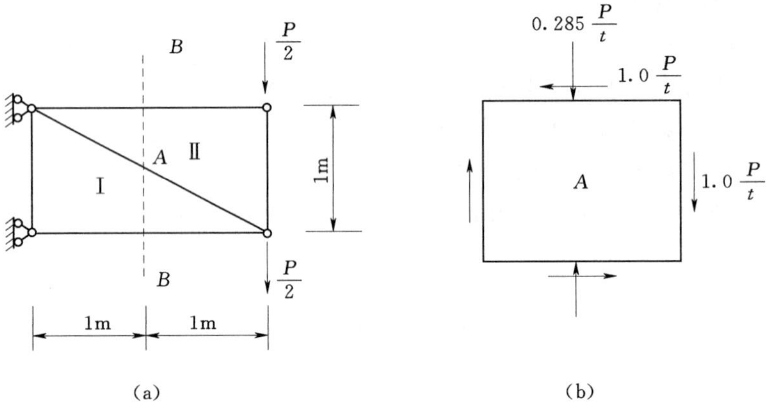

图 4-29

若取图 4-29（a）的 $B-B$ 截面右面部分的隔离体平衡，由于 A 点应力是Ⅰ、Ⅱ单元的平均应力，因此可设 A 点应力代表 $B-B$ 截面上的平均应力。

由 $\sum F_y=0$，得

$$1.0\frac{p}{t}\cdot t\cdot 1-\frac{p}{2}-\frac{p}{2}=0$$

$\sum F_x$，得
$$0\cdot t\cdot 1=0$$

此法只因单元取的太少，不能求出力距平衡。但由计算可知，尽管单元划分很粗糙，仍能满足水平和竖向的隔离体平衡条件。

将绕结点平均法和二单元平均法两者整理结果相比较，在应力变化不剧烈的部位，两者的精确度不相上下，但在应力变化比较剧烈的部位，特别是在应力集中处，绕结点平均法的精确度较差。但是，绕结点平均法也有其优点，为了求得某一截面上的应力图线，只需在划分单元时，布置 5 个以上结点在这一截面上，就可求得，而采用二单元平均法时就没有这样方便。

应当指出，若相邻的单元具有不同的厚度或不同的弹性常数时，则在理论上单元之间应力应当有突变。因此，只能对厚度及弹性常数都相同的单元进行平均计算，以免失去这种应当有的突变。

2. 边界上的应力

用绕结点平均法计算出来的结点应力，在内结点处表述较好，但在边界结点处常常效果较差。用二单元平均法，不易求得边界上应力。因此，边界结点处及边界处的应力，不宜求得边界上应力。因此，边界结点处及边界处的应力，不宜直接由单元的应力平均求得，而要由内结点处的应力推算出来。推算的方法是采用拉格朗日插值公式。

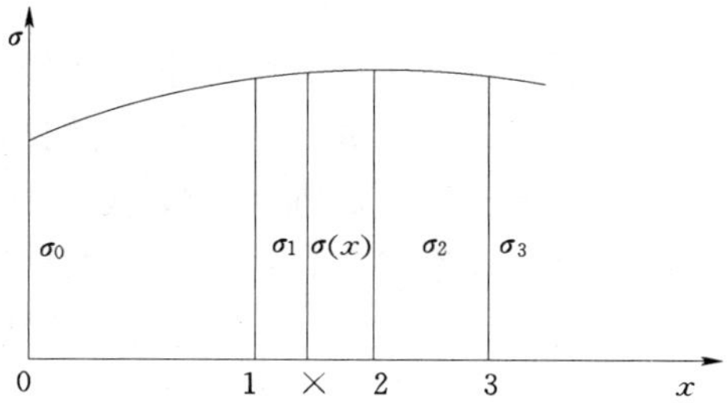

图 4－30

以图 4－27 中边界结点 0 处的应力为例，先将 0、1、2、3 等结点之间的距离表示在图 4－30 的横坐标上，再以应力 σ 为纵坐标，求出内结点 1、2、3 处的应力 σ_1、σ_2、σ_3，然后用曲线连接 σ_1、σ_2、σ_3 三点可得到一条近似抛物线，此时，任一点 $\sigma(x)$ 的函数值可由如下抛物线插值公式得出

$$\sigma(x)=\frac{(x-x_2)(x-x_3)}{(x_1-x_2)(x_1-x_3)}\sigma_1+\frac{(x-x_1)(x-x_3)}{(x_2-x_1)(x_2-x_3)}\sigma_2+\frac{(x-x_1)(x-x_2)}{(x_3-x_1)(x_3-x_2)}\sigma_3 \tag{4-53}$$

其中，$\sigma(x)$ 称为抛物线插值函数，式（4－53）称为拉格朗日插值公式。

在 $x=0$ 处，插值函数值 σ_0 可由式（4－53）得出

$$\sigma(x)=\frac{x_2x_3}{(x_1-x_2)(x_1-x_3)}\sigma_1+\frac{x_1x_3}{(x_2-x_1)(x_2-x_3)}\sigma_2+\frac{x_1x_2}{(x_3-x_1)(x_3-x_2)}\sigma_3 \tag{4-54}$$

利用这一公式，可直接由 x_1、x_2、x_3 及 σ_1、σ_2、σ_3 求得边界应力 σ_0。

对于应力高度集中处，插值点可以取为四点，插值公式改成三次多项式

$$\begin{aligned}\sigma_0=&\frac{-x_2x_3x_4}{(x_1-x_2)(x_1-x_3)(x_1-x_4)}\sigma_1\\&+\frac{-x_1x_3x_4}{(x_2-x_1)(x_2-x_3)(x_2-x_4)}\sigma_2\\&+\frac{x_1x_2x_4}{(x_3-x_1)(x_3-x_2)(x_3-x_4)}\sigma_3\\&+\frac{x_1x_2x_3}{(x_4-x_1)(x_4-x_2)(x_4-x_3)}\sigma_3\end{aligned} \tag{4-55}$$

经验证明，用三点插值公式在一般情况下已足够精确了。

在推算边界点或边界结点处应力时，可以先推算应力分量再求主应力，也可以先求各点主应力，再对主应力进行推算。在一般情况下，前者的精度略高一些，但差异也并不显著。

用有限元法计算弹性力学问题时，特别是采用常应变三角形单元，应当在计算之前精心划分网格，在计算之后精心整理成果。这样做不增大机器容量，往往比简单地加密网格更有成效地提高所得应力的精度。

八、计算步骤

用有限元位移法计算弹力学平面问题的步骤如下：

(1) 整理原始数据。将结构离散化，对单元和结点编码。

(2) 求单元刚度矩阵 $[k]^e$，见式 (4-24)、式 (4-25)。

(3) 用刚度集成法，形成整体刚度矩阵 $[K]$。

(4) 用求式 (4-34) 等效结点荷载，并形成荷载列阵 $\{R\}$。

(5) 引入支承条件，参看式 (4-47) 或式 (4-49)。

(6) 解 $[K]\{\delta\}=\{R\}$ 方程，求出结点位移 $\{\delta\}$。

(7) 求单元应力，见式 (4-13)。

(8) 求单元结点力，见式 (4-21)。再由节点平衡求得结点支承反力。

(9) 将计算成果进行整理，作出结点位移图及截面应力图。

下面，用例题具体说明上述计算步骤。

【例题 4-9】 求图 4-2 (b) 结构的结点支承反力。

解： 按上述计算步骤进行。

(1) 原始数据及编码。参看第一节图 4-2 (b)。

(2) 求单元刚度矩阵 $[k]^e$。参看例题 4-2，见式 (4-28)。

(3) 求整体刚度矩阵 $[K]$。参看例题 4-6，见式 (4-40)。

(4) 求荷载列阵。参看式 (4-43)。

(5) 引入支承条件。参看式 (4-48)。

(6) 解方程，求结点位移 $\{\delta\}$。参看式 (4-50)。

(7) 求单元应力。参见例题 4-7。

(8) 求结点力及支承反力。计算过程如下：

1) 由式 (4-21)，得单元结点力公式

$$\{F\}^e=[K]^e\{\delta\}^e$$

当 $a=1\text{m}$，$b=2\text{m}$ 时，由例题 4-2 得

$$[k]^{\mathrm{I}}=\frac{tE}{1-u^2}\left[\begin{array}{cc:cc:cc}
\frac{1}{4} & & & & & \\
0 & \frac{1-u}{8} & \text{对} & & & \\
\hdashline
0 & \frac{1-u}{4} & \frac{1-u}{2} & & \text{称} & \\
\frac{u}{2} & 0 & 0 & 1 & & \\
\hdashline
-\frac{1}{4} & -\frac{1-u}{4} & -\frac{1-u}{2} & -\frac{u}{2} & \frac{3-2u}{4} & \\
-\frac{u}{2} & -\frac{1-u}{8} & -\frac{1-u}{4} & -1 & \frac{1+u}{4} & \frac{9-u}{8}
\end{array}\right]$$

当 $u=\frac{1}{3}$时

$$[k]^{\mathrm{I}}=\frac{9tE}{8}\begin{bmatrix} \frac{1}{4} & & & & & \\ 0 & \frac{1}{12} & 对 & & & \\ 0 & \frac{1}{6} & \frac{1}{3} & & 称 & \\ \frac{1}{6} & 0 & 0 & 1 & & \\ -\frac{1}{4} & -\frac{1}{6} & -\frac{1}{3} & -\frac{1}{6} & \frac{7}{12} & \\ -\frac{1}{6} & -\frac{1}{12} & -\frac{1}{6} & -1 & \frac{1}{3} & \frac{13}{12} \end{bmatrix}$$

求单元Ⅰ结点力

$$[F]^{\mathrm{I}}=\frac{3tE}{32}\frac{P}{Et}=\begin{bmatrix} 3 & 0 & 0 & 2 & -3 & -2 \\ 0 & 1 & 2 & 0 & -2 & -1 \\ 0 & 2 & 4 & 0 & -4 & -2 \\ 2 & 0 & 0 & 12 & -2 & -12 \\ -3 & -2 & -4 & -2 & 7 & 4 \\ -2 & -1 & -12 & -12 & 4 & 13 \end{bmatrix}\begin{bmatrix} -1.50 \\ -8.42 \\ 0 \\ 0 \\ 0 \\ 0 \end{bmatrix}=\frac{3P}{32}\begin{bmatrix} -4.50 \\ -8.42 \\ -16.80 \\ -3.00 \\ 21.30 \\ 11.40 \end{bmatrix}$$

$$=\begin{bmatrix} -0.422P \\ -0.789P \\ -1.58P \\ -0.281P \\ 2.00P \\ 1.07P \end{bmatrix}$$

单元Ⅰ结点如图 4-31（a）所示。

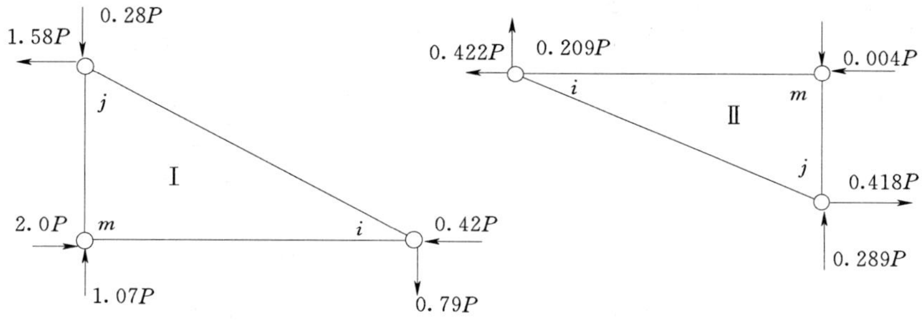

（a）　　（b）

图 4-31

验算单元结点力的平衡：

$$\sum F_x=0 \quad 2.00P-0.422P-1.58P\approx 0$$

$$\sum F_y=0 \quad 1.07P-0.281P-0.789P=0$$

满足单元平衡条件，计算正确。

2）求单元Ⅱ结点力。

$$[k]^{\mathrm{I}}=[k]^{\mathrm{II}}$$

$$[F]^{\mathrm{II}}=\frac{3P}{32}\begin{bmatrix}3&0&0&2&-3&-2\\0&1&2&0&-2&-1\\0&2&4&0&-4&-2\\2&0&0&12&-2&-12\\-3&-2&-4&-2&7&4\\-2&-1&-2&-12&4&13\end{bmatrix}\begin{bmatrix}0\\0\\-1.50\\-8.42\\1.88\\-8.99\end{bmatrix}=\frac{3P}{32}\begin{bmatrix}-4.50\\2.33\\4.46\\3.08\\0.04\\-5.31\end{bmatrix}$$

$$=\begin{bmatrix}-0.422P\\0.209P\\0.418P\\0.289P\\0.0038P\\-0.498P\end{bmatrix}$$

单元Ⅱ结点力如图 4 - 31（b）所示。

验算单元结点力的平衡

$$\sum F_x=0 \quad -0.422P+0.418P+0.0038P=0$$

$$\sum F_y=0 \quad 0.209P+0.289P-0.498P=0$$

满足单元平衡条件，计算正确。

3）校核结点平衡（图 4 - 32），求支承反力。

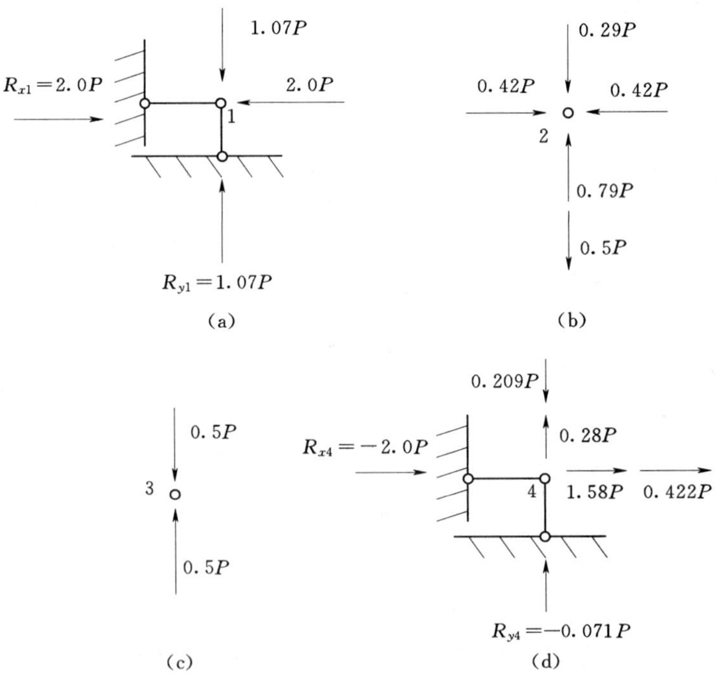

图 4 - 32

由图 4－32（b）、（c）可直接看出结点 2、结点 3 都是平衡的。

由图 4－32（a）得支承反力

$$\begin{cases} R_{x1}=2.00P \\ R_{y1}=1.07P \end{cases}$$

由图 4－32（d）得支承反力

$$\begin{cases} R_{x4}=-2.00P \\ R_{y4}=-0.071P \end{cases}$$

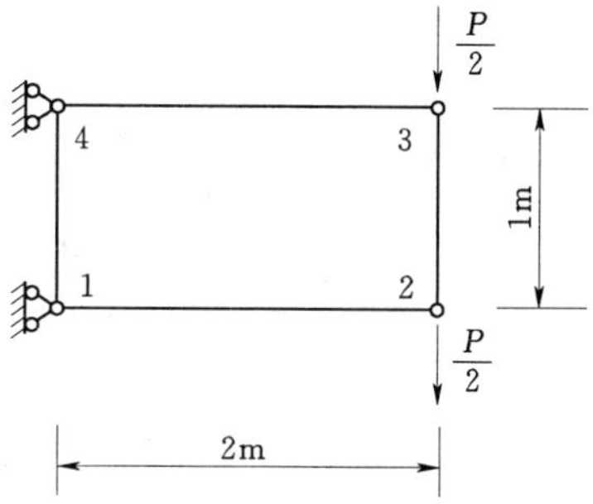

图 4－33

由图 4－33 验算结构整体平衡

$$\sum F_x=0 \quad 2.0P-2.0P=0$$

$$\sum F_y=0 \quad 1.07P-0.07P-P=0$$

$$\sum M_1=0 \quad \left(\frac{P}{2}+\frac{P}{2}\right)\times 2-2.0P\times 1=0$$

满足整体平衡，计算正确。

第四节　几个问题的讨论

一、解答的收敛性

在有限单元法中，建立应力、应变转换矩阵，建立单元刚度矩阵，荷载向结点的移置等，都依赖于位移模式。因此，选择位移模式时，应当保证有限元法解答的收敛性。从理论上讲，弹性体划分为无穷多单元，便回到原结构，即当网格逐渐加密时，有限元法的解答应当收敛于问题的正确解答。

一般，为了保证解答的收敛性，选用的位移模式应当满足下列两方面条件：

（1）位移模式应包含有单元的刚体位移状态和常量应变状态（或称均匀应变状态）。满足这个条件的单元，称为完备单元。

（2）位移模式应当保持相邻单元在公共边界片位移是连续的。这种连续性亦可称为协调性或相容性。

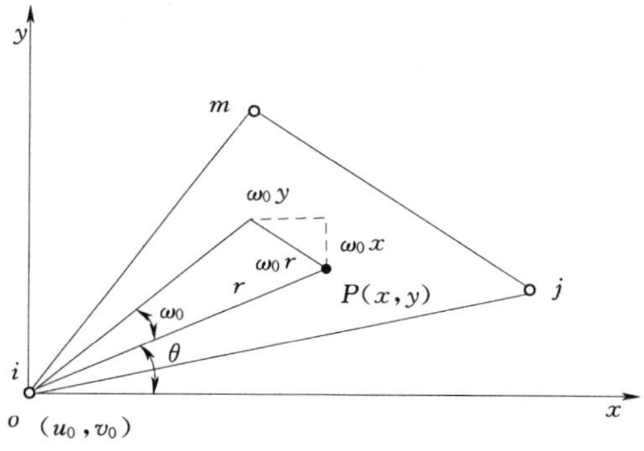

图 4－34

理论和实际计算都已证明：上述条件（1）是收敛的必要条件，条件（1）＋（2）是收敛的充分条件。

在三结点三角形单元中，所采用的线性位移模式，是满足上述条件。下面分别加以说明。

（1）设单元存有刚体位移（图 4－34），其中，原点的水平位移 u_0，竖向位移为 v_0，绕 z 轴的转角为 ω_0（转角 ω_0 以反时针方向为

正向)，则单元任一点 $P(x, y)$ 的位移应为

$$\left.\begin{aligned}u(x,y)&=u_0-\omega_0 y\\v(x,y)&=v_0-\omega_0 x\end{aligned}\right\}\tag{4-56}$$

为了对比，把式 (4-1) 改写成

$$\left.\begin{aligned}u(x,y)&=a_1+a_2x-\frac{a_5-a_3}{2}y+\frac{a_5+a_3}{2}y\\v(x,y)&=a_4+a_6y+\frac{a_5-a_3}{2}x+\frac{a_5+a_3}{2}x\end{aligned}\right\}\tag{a}$$

将式 (a) 与式 (4-56) 对比，可见

$$u_0=a_1,v_0=a_4,\omega=\frac{a_5-a_3}{2}\tag{b}$$

显然线性位移模式式 (4-1) 包含了式 (4-56) 的全部刚体位移状态。

其次，将位移模式式 (a) 代入几何方程式 (2-7)，得

$$\begin{cases}\varepsilon_x=a_2\\\varepsilon_y=a_6\\\gamma_{xy}=a_3+a_5\end{cases}\tag{c}$$

从式 (c) 看出，由线性位移模式式 (4-1) 得出的应变分量，全部是常量，即包含了全部的均匀应变状态。

由以上分析可以看出，位移模式式 (4-1) 已经满足了收敛条件 (1)。

(2) 位移模式应当保证相邻单元在公共边界处位移是连续的。在第二节行函数的性质这一部分中，对此已做了证明，由此可得出结论：线性位移模式式 (4-1) 能够保证相邻单元之间位移的连续性，收敛条件 (2) 也得到了满足。

综上所述，式 (4-1) 的线性位移模式，能够满足收敛条件 (1)、(2)。因此，能保证收敛于正确的解答。

二、单元的划分

在用有限单元法求解弹性力学问题时，一般都是用事先编好的程序，在数字电子计算机上进行计算。但是，由于单元的划分，即结构离散化的网格，常是由人工来做，所以单元划分的好坏，与计算结果的精确度及计算的机时多少有很大关系。因此，这项工作也有很重要的要求：

(1) 工程要求的计算精度。

(2) 计算机的速度及容量。

(3) 要符合所使用的程序功能。

(4) 节省上机费用。

下面，就单元如何划分，再作进一步说明。

1. 关于单元的大小

由有限元误差分析可知，在收敛的前提下，应力的误差与单元的尺寸成正比，位移的

误差与单元的尺寸的平方成正比，单元划分愈大，位移的误差愈显著［例如图 4－2（b）中 3 点竖向位移，有限元解为 8.99 $\frac{P}{Et}$，见式（4－50），理论解为$\frac{32P}{Et}$］。从理论上说，单元分得越小，计算结果越精确，但在实际工作中，要根据工程上对精度的要求，计算机容量及合理的计算时间，来确定单元的大小。过分加密网格，将使计算量激增，从而导致计算误差的增大。加密网格超过了一定的限度，不但不能提高精度，有时反而使精度降低。

对于不同部位，可以采用大小不同的单元。例如，对于应力和位移状态需要了解得比较详细的重要部位，如图 4－35（a）的齿轮的轮齿受有集中力处；对于应力和位移变化的比较剧烈的部位，如图 4－35（b）的具有凹槽或裂缝的结构。在这些重要的部位，易发生应力集中，应力、位移变化剧烈，因此，这些部位单元必须得小一些。而对于次要的部位，以及应力和位移变化得比较平缓的部位，单元可以划得大一些。

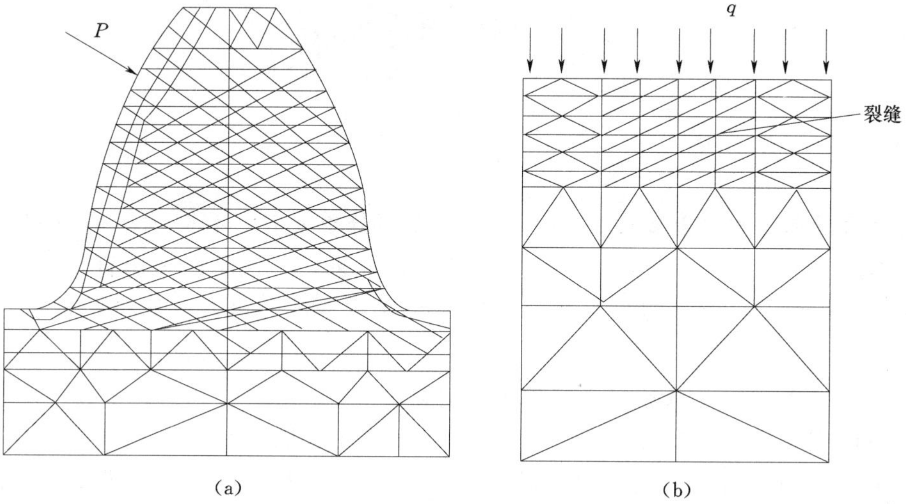

图 4－35

有时由于网格加密，结点增多，超出了机器的容量，又由于单元的尺寸相差悬殊，可能会引起较大的计算误差。这时也可把计算分两次进行。第一次计算时，可把凹槽附近的网格，划分得比别处略为密一些，以便大致反映裂缝对应力分布的影响，其目的还是算出次要部位（*ABCD* 区以外的部分）的应力及位移，如图 4－36（a）所示。在前一次计算的基础上，将所得的 *ABCD* 一线上各结点的位移作为已知量输入，进行第二次计算。这时，以 *ABCD* 区域为计算对象，如图 4－36（b）所示，可以把凹槽附近的网格划分得充分细密，这样便可将凹槽附近的局部应力算的充分精确。

在结构受力复杂，应力和位移的状态不易预估时，可先用比较均匀的单元网格，进行一次预算，然后根据预算结果，对需要详细了解的重要部位，再重新划分单元，进行第二次有目标的计算。

2. 关于单元的性状

由有限元的误差分析可知，应力及位移的误差与单元的最小内角正弦成反比。在采用等边三角形单元及采用等腰直角三角形单元时，误差之比为 sin45°/sin60°＝1/1.23，显

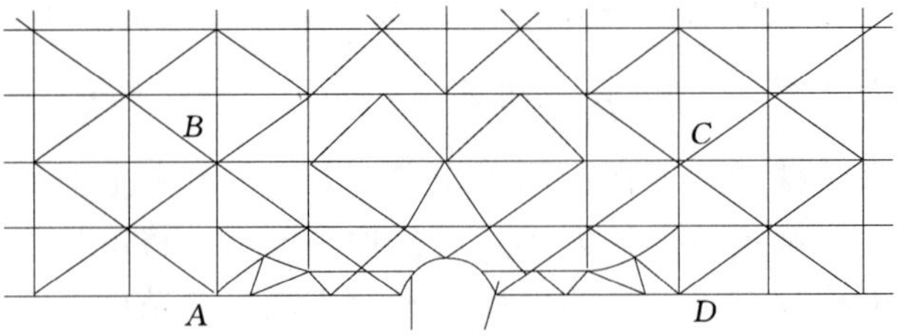

(a)

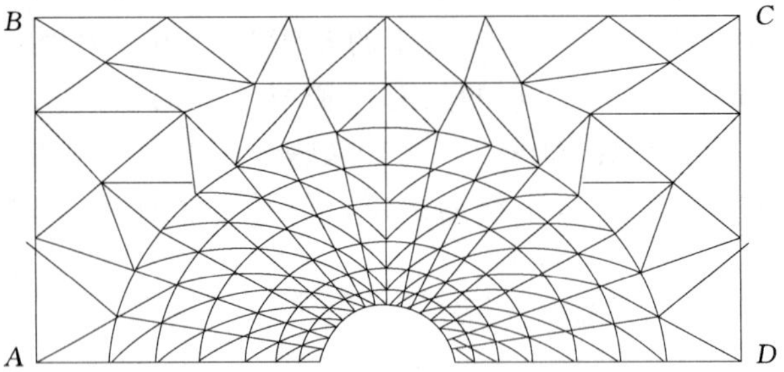

(b)

图 4－36

然，等边三角形单元的精度要好一些。可是，在划分单元时，有时为了适应弹性体的边界，适应单元由小到大的过渡，为了便于整理计算成果，往往宁愿采用直角三角形单元，而不采用等边三角形单元。但是，在划分单元时要注意，内角太小的单元要引起较大的误差。

3. 结构厚度和弹性常数有突变时的单元划分

如果结构中厚度有突变［图 4－37（a)］，或弹性常数有突变［图 4－37（b)］时，必然伴随着结构的应力有突变。但我们在三结点三角形单元的单元分析及程序编制中，通常都是假定单元的厚度 t 是常量，单元的弹性常数 E 和 μ 也是常量，由此得出的单元中应力也是常量，而应力的突变，只有在不同单元中才能得到反映。因此，在单元划分时，应满足程序设计中的这些规定。在单元划分时，应当把厚度、弹性常数的突变线作为单元的分界线，而不能使突变线穿过单元。否则，不能正确反映这些实际存在的应力突变。另外，还应当把有突变部位附近的单元取得较小一些，使得较好地反映这些应力的突变。

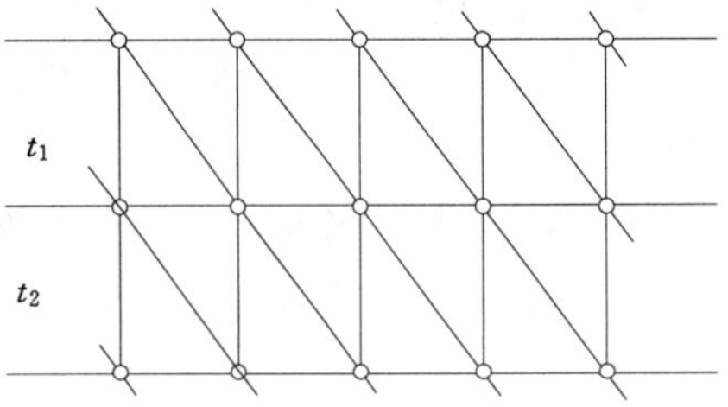

(a)

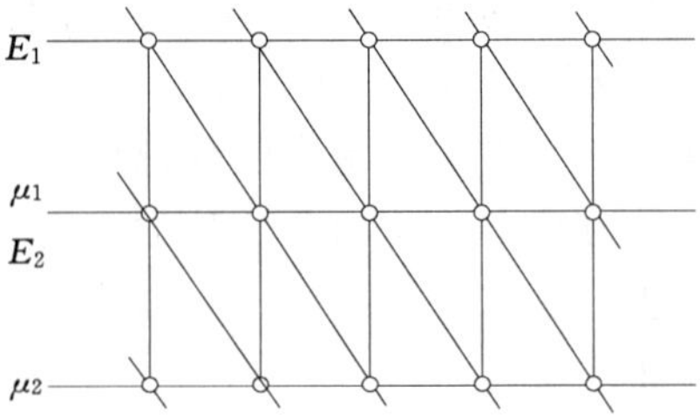

(b)

图 4－37

三、结构对称性的利用

当结构具有对称性时，可以利用这个特性来减少计算工作量。所谓结构的对称性，是指结构的几何性状、支承条件和材料性质都对某轴对称。也就是说，当结构绕对称轴对折时，左右两部分完全重合。这种结构称为对称结构。结构的对称，是对称性利用的前提。利用对称性时，有时还要用到荷载的对称和反对称概念。所谓正对称荷载，是指将结构绕对称轴对折后，左右两部分的荷载作用点相重合，方向相反，荷载数值相等。为了利用结构的对称性，在单元的划分上也应是对称的。根据荷载情况的不同，下面分两种情况进行讨论。

1．正对称性荷载的对称性利用

图 4－38（a）是一方形薄板，两端作用有集中力 p，结构和荷载对 x 轴和 y 轴都是对称的，具有两个对称轴。根据对称性，可取结构的 1/4 进行分析，网格划分如图 4－38（b）所示。由于对称，结构的位移应是对称的，所以，在 x 轴上的结点在 y 方向上的位移也应为零；同样，y 轴上的结点在 x 方向上的位移也应为零。因此，在结点位移为零的方向上可设为支承，如图 4－38（b）所示。利用上述对称性的简化，几乎可节省 3/4 的计算工作量。

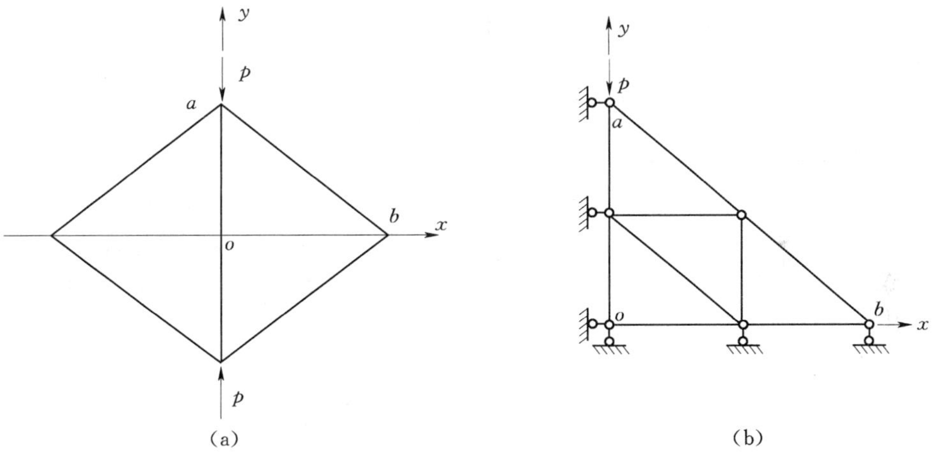

图 4－38

2．反对称性的荷载的对称性利用

图 4－39（a）是一个对 y 轴对称的薄板结构，荷载 p 对 y 轴反对称。可取结构的一半进行计算，网格划分如图 4－39（b）所示。经过这样的简化，可节省近一半的计算工作量。

对于对称结构，即使荷载是任意的，通常还是先把荷载分解成对称的和反对称的两组，分别进行计算，然后将两组计算结果进行叠加，获得原荷载的结果。经验证明，尽管这样计算要进行两次，带来一些麻烦，但对单元划分得较多的结构，仍可节省不少时间。

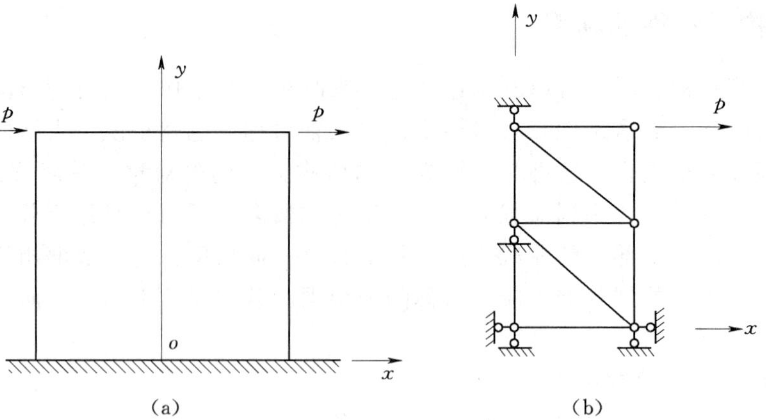

图 4-39

习　题　四

4-1　图 4-40 所示悬臂梁在右端部受集中力 P 的作用，设 $\mu=1/3$，E，t 为常量，试求结点位移及支座反力（按平面应力问题计算）。

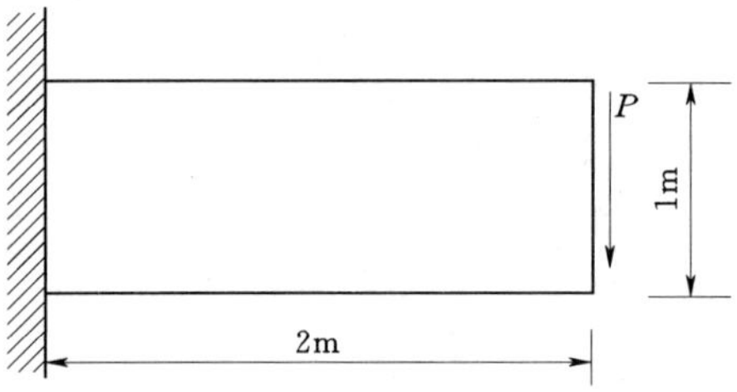

图 4-40

4-2　试证：在三结点三角形单元内的任意一点，有

$$\begin{cases} N_i+N_j+N_m=1 \\ N_ix_i+N_jx_j+N_mx_m=x \\ N_iy_i+N_jy_j+N_my_m=y \end{cases}$$

4-3　如图 4-41 所示，试由结点位移的解答求出各个连杆反力。

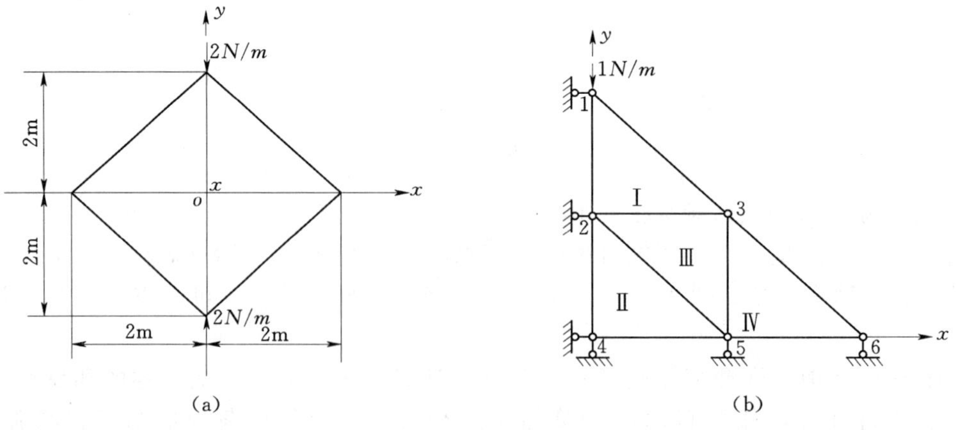

图 4-41

4-4　如图 4-42 所示，试求整体劲度矩阵［K］中的子矩阵 K_{41}，K_{42}，K_{44}，K_{46}。

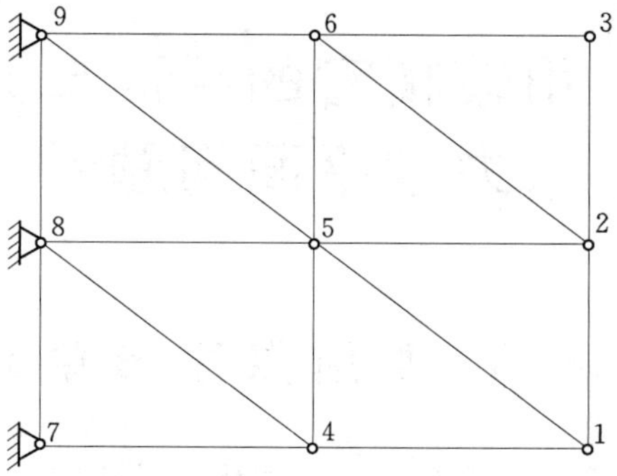

图 4-42

第五章　用较精密的平面单元解弹性力学平面问题

第一节　四结点矩形单元

在第四章中讨论了常应变三角形单元，它的优点是适应性强，应用范围广，计算公式简单，概念清晰，易于接受。但由于假设内部位移是最简单的线性分布，导致单元内是常应变、常应力，它不能反映单元内的应力和应变的变化，从而精度较低，单元之间虽然能保证位移连续，但应力并不连续，不能反映弹性体内应力连续分布的状况。

为了提高有限单元法的计算精度，更好地反映弹性体中的位移状态和应力状态，需要采用一些新的较精密的单元，其中常用的有四结点矩形单元和具有六结点的三角形单元。

一、四结点矩形单元的位移模式

设图 5-1 所示矩形单元，其边长分别为 $2a$ 及 $2b$，取 xoy 轴为整体坐标，矩形的两对边分别与 x、y 轴平行，我们取四个角点作为结点，并用 1、2、3、4 来表示。为了便于应用，同时引入一个无量纲的局部坐标系 $\xi o\eta$，局部坐标系的原点取在矩形的形心，ξ 和 η 轴分别与整体坐标轴 x 和 y 平行，x 方向长度 a 长除为 ξ 坐标，y 方向长度被 b 长除后取为 η 坐标。因此，结点 i 的坐标（ξ_i，η_i）值应分别取为 ±1，例如结点 2，$\xi_2=1$，$\eta_2=-1$。局部坐标的原点设在整体坐标的（x_0，y_0）点，则整体坐标与局部坐标的坐标变换式为

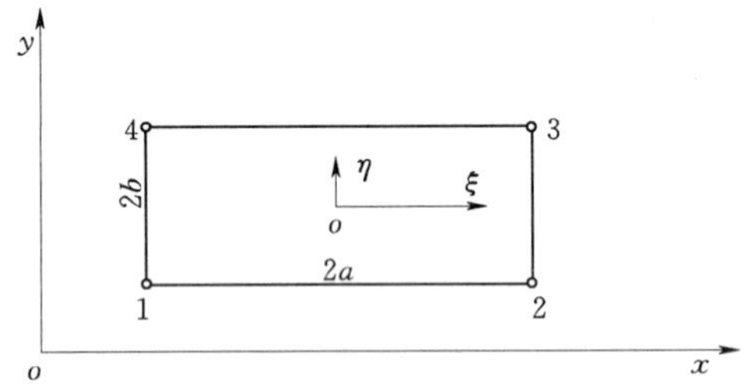

图 5-1

$$x=x_0+a\xi;\quad y=y_0+b\eta$$

其中

$$\left.\begin{aligned}x_0&=(x_1+x_2)/2=(x_3+x_4)/2\\ y_0&=(y_2+y_3)/2=(y_1+y_4)/2\\ a&=(x_2-x_1)/2=(x_3-x_4)/2\\ b&=(y_3-y_2)/2=(y_4-y_1)/2\end{aligned}\right\}\qquad\text{(a)}$$

x_i，y_i 是结点 $i(i=1,2,3,4)$ 的整体坐标。

每个结点有两个位移分量，四结点矩形单元共有八个位移分量，为了使得单元内部位移分布与结点八个位移分量相统一，位移模式中需包含有八个待定参数。因此，可取位移模式如下：

$$\left.\begin{aligned}u&=a_1+a_2\xi+a_3\eta+a_4\xi\eta\\v&=a_5+a_6\xi+a_7\eta+a_8\xi\eta\end{aligned}\right\}\tag{b}$$

其中二次项，本有 ξ^2、$\xi\eta$、η^2 三个可供选择，由于每边只要有两个结点，u 和 v 沿着单元边缘需要线性变化，才能保证边界位移的连续性。但是 ξ^2、η^2 项在边缘上呈二次变化，不能满足要求，而 $\xi\eta$ 项在边缘上不是退化为 ξ，就是退化为 η，因此选择 $\xi\eta$ 二次项是适宜的。此外，理论和实践已证明：为了保证计算的收敛性和较好地反映单元中的应力状态，通常在采用更多的较高次项之前，应当先使用全部的较低次项。

为了求得用结点位移表示的位移模式，在 1、2、3、4 四结点处应当有

$$\left.\begin{aligned}u_1&=a_1-a_2-a_3+a_4\,;v_1=a_5-a_6-a_7+a_8\\u_2&=a_1+a_2-a_3-a_4\,;v_2=a_5+a_6-a_7-a_8\\u_3&=a_1+a_2+a_3+a_4\,;v_3=a_5+a_6+a_7+a_8\\u_4&=a_1-a_2+a_3-a_4\,;v_4=a_5-a_6+a_7-a_8\end{aligned}\right\}\tag{c}$$

由式（c）的左边四个方程可以解得 a_1、a_2、a_3 和 a_4，由式（c）的右边四个方程可以解得 a_5、a_6、a_7 和 a_8。并将其代入式（b），整理以后得

$$\left.\begin{aligned}u&=N_1u_1+N_2u_2+N_3u_3+N_4u_4\\v&=N_1v_1+N_2v_2+N_3v_3+N_4v_4\end{aligned}\right\}\tag{5-1}$$

其中

$$N_i=\frac{1}{4}(1+\xi_i\xi)(1+\eta_i\eta)\quad(i=1,2,3,4)\tag{5-2}$$

（ξ_i，η_i）是结点 i 的坐标。为了便于以后应用，式（5-1）可以改写为矩阵形式：

$$\begin{aligned}\{f\}&=\begin{Bmatrix}u\\v\end{Bmatrix}=\begin{Bmatrix}N_1u_1+N_2u_2+N_3u_3+N_4u_4\\N_1v_1+N_2v_2+N_3v_3+N_4v_4\end{Bmatrix}\\&=\begin{bmatrix}N_1&0&N_2&0&N_3&0&N_4&0\\0&N_1&0&N_2&0&N_3&0&N_4\end{bmatrix}\begin{Bmatrix}u_1\\v_1\\u_2\\v_2\\u_3\\v_3\\u_4\\v_4\end{Bmatrix}\\&=[IN_1\;IN_2\;IN_3\;IN_4]\begin{Bmatrix}\delta_1\\\delta_2\\\delta_3\\\delta_4\end{Bmatrix}\\&=[N]\{\delta\}^e\end{aligned}\tag{5-3}$$

式中：$I=[I]_2=\begin{bmatrix}1&0\\0&1\end{bmatrix}$为二阶单位阵。

而

$$\{\delta\}^e=[u_1 \quad v_1 \quad u_2 \quad v_2 \quad u_3 \quad v_3 \quad u_4 \quad v_4]^T \tag{d}$$

式（5－3）称为四结点矩形单元的位移模式。

二、形函数的性质

为了便于讨论，现将形函数式（5－2）重复写在下面：

$$\begin{aligned} N_i &= \frac{1}{4}(1+\xi_i\xi)(1+\eta_i\eta) \\ &= \frac{1}{4}(1+\xi_i\xi+\eta_i\eta+\xi_i\eta_i\xi\eta) \quad (i=1,2,3,4) \end{aligned} \tag{5-4}$$

（1）在单元任一点上四个形函数之和等于1。可推证如下：

$$\begin{aligned} \sum_{i=1}^{4} N_i(\xi,\eta) = \frac{1}{4}[4 &+ \xi(\xi_1+\xi_2+\xi_3+\xi_4)+\eta(\eta_1+\eta_2+\eta_3+\eta_4) \\ &+ \xi\eta(\xi_1\eta_1+\xi_2\eta_2+\xi_3\eta_3+\xi_4\eta_4)] \end{aligned}$$

由图5－1各结点坐标可知

$$\sum_{i=1}^{4}\xi_i = 0; \quad \sum_{i=1}^{4}\eta_i = 0; \quad \sum_{i=1}^{4}\xi_i\eta_i = 0$$

故有

$$\sum_{i=1}^{4} N_i(\xi,\eta) = 1 \tag{5-5}$$

由此可见，四个形函数中只有三个独立的。此外，由式（5－5）可推论出下列结论：当单元各结点的位移皆等于 u^* 时，单元内任一点的位移也等于 u^*。证明如下：

$$u(\xi,\eta) = \sum_{i=1}^{4} N_i u_i = u^* \sum_{i=1}^{4} N_i(\xi,\eta) = u^* \tag{5-6}$$

式（5－6）反映了单元作刚体位移的性质。

（2）形函数 N_i 在 i 点的函数值为1，在其他点的函数值为零。

现以 N_1 形函数为例，由式（5－4）可得

$$N_1(\xi_1,\eta_1)=\frac{1}{4}(1+\xi_1^2+\eta_1^2+\xi_1^2\eta_1^2)=1$$

$$N_1(\xi_2,\eta_2)=\frac{1}{4}(1+\xi_1\xi_2+\eta_1\eta_2+\xi_1\eta_1\xi_2\eta_2)=0$$

$$N_1(\xi_3,\eta_3)=\frac{1}{4}(1+\xi_1\xi_3+\eta_1\eta_3+\xi_1\eta_1\xi_3\eta_3)=0$$

$$N_1(\xi_4,\eta_4)=\frac{1}{4}(1+\xi_1\xi_4+\eta_1\eta_4+\xi_1\eta_1\xi_4\eta_4)=0$$

类似地有

$$\begin{array}{ll} N_2(\xi_1,\eta_1)=0 & N_3(\xi_1,\eta_1)=0 \\ N_2(\xi_2,\eta_2)=1 & N_3(\xi_2,\eta_2)=0 \\ N_2(\xi_3,\eta_3)=0 & N_3(\xi_3,\eta_3)=1 \\ N_2(\xi_4,\eta_4)=0 & N_3(\xi_4,\eta_4)=0 \end{array}$$

$$N_4(\xi_1, \eta_1)=0$$
$$N_4(\xi_2, \eta_2)=0$$
$$N_4(\xi_3, \eta_3)=0 \tag{5-7}$$
$$N_4(\xi_4, \eta_4)=1$$

由式（5－4）还可知，当 ξ 等于常数 k 时

$$N_i(k, \eta)=\frac{1}{4}(1+k\xi_i+\eta_i\eta-k\xi_i\eta_i\eta) \quad (i=1,2,3,4)$$

形函数 $N_i(k, \eta)$ 是 η 坐标的线性函数。同样，当 η 等于常数 k 时

$$N_i(\xi, k)=\frac{1}{4}(1+\xi_i\xi+k\eta_i+k\xi_i\eta_i\xi) \quad (i=1,2,3,4)$$

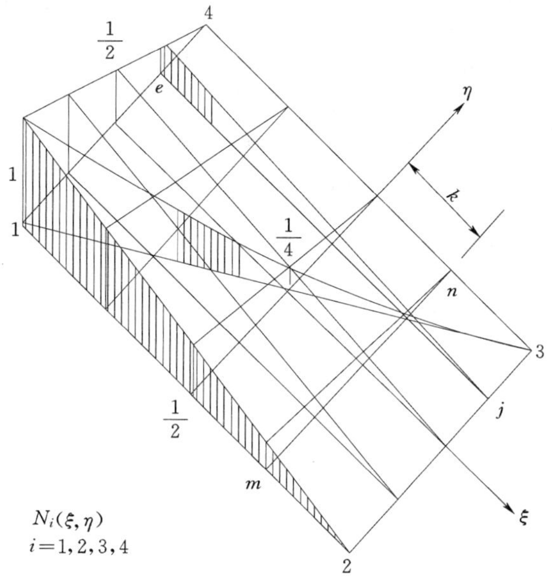

图 5－2

形函数 $N_i(\xi, k)$ 是 ξ 坐标的线性函数。

由于以上的性质，人们常称四结点矩形单元的形函数为双线性形函数，称这种单元为矩形双线性单元，称这种单元的位移模式为双线性位移模式。

由于形函数 $N_i(\xi, \eta)$ 有以上性质，可以用图形表示出来，如图 5－2 所示。由图看出，当坐标 ξ 为常数 k 时，如 m—n 截面，形函数为线性变化，类似地当坐标 η 为常数时，如截面 i—j 截面，形函数也为线性变化。但当单元上取任意一个截面时，如 1—3 截面，则形函数是按照 $\xi\eta$ 乘积的二次曲线变化。由图 5－2 及式（5－4）可知：

在矩形单元的形心（即局部坐标的原点）有

$$N_1=\frac{1}{4}$$

在 1、2 及 1、4 两边的中点有

$$N_1=\frac{1}{2}$$

形函数 N_i 的积分有

$$\left.\begin{aligned}&\int_{\overline{1,2}} N_1\,\mathrm{d}s=\frac{1}{2}\,\overline{1,2}=1 \qquad \overrightarrow{1,2,3,4}\\&\iint_A N_i\,\mathrm{d}\xi\mathrm{d}\eta=\int_{-1}^{1}\int_{-1}^{1}\frac{1}{4}(1+\xi_i\xi+\eta_i\eta+\xi_i\eta_i\xi\eta)\,\mathrm{d}\xi\mathrm{d}\eta=1\end{aligned}\right\} \quad (i=1,2,3,4) \tag{5-8}$$

式中　$\overline{1,2}$——1、2 边的长度。这些积分在计算等效结点荷载时将得到应用。

（3）四结点矩形单元任一边上形函数的值，只与该边上结点号的形函数有关，而与其

对边结点号的形函数无关（即形函数值为零）。

现以结点 1、2 的边为例。为了便于以后的应用，我们将式（5-4）改用整体坐标来表示。坐标变化式（a）可改写为

$$\xi=\frac{1}{a}(x-x_0),\eta=\frac{1}{b}(y-y_0) \tag{e}$$

将式（e）代入式（5-4），得

$$N_i(x,y)=\frac{1}{4}\left\{\left[1+\frac{1}{a^2}(x_i-x_0)(x-x_0)\right]\times\left[1+\frac{1}{b^2}(y_i-y_0)(y-y_0)\right]\right\}\quad(i=1,2,3,4) \tag{5-9}$$

由图 5-1 中 1、2 边的坐标代入式（5-9），得

$$\left.\begin{aligned}
N_1(x,y_1)&=\frac{1}{4}\left\{\left[1+\frac{1}{a^2}(x_1-x_0)(x-x_0)\right]\times\left[1+\frac{1}{b^2}(y_1-y_0)(y_1-y_0)\right]\right\}\\
&=\frac{1}{2}\left[1-\frac{1}{a}(x-x_0)\right]\\
N_2(x,y_1)&=\frac{1}{4}\left\{\left[1+\frac{1}{a^2}(x_2-x_0)(x-x_0)\right]\times\left[1+\frac{1}{b^2}(y_2-y_0)(y_1-y_0)\right]\right\}\\
&=\frac{1}{2}\left[1+\frac{1}{a}(x-x_0)\right]\\
N_3(x,y_1)&=\frac{1}{4}\left\{\left[1+\frac{1}{a^2}(x_3-x_0)(x-x_0)\right]\times\left[1+\frac{1}{b^2}(y_3-y_0)(y_1-y_0)\right]\right\}\\
&=0\\
N_4(x,y_1)&=\frac{1}{4}\left\{\left[1+\frac{1}{a^2}(x_4-x_0)(x-x_0)\right]\times\left[1+\frac{1}{b^2}(y_4-y_0)(y_1-y_0)\right]\right\}\\
&=0
\end{aligned}\right\} \tag{5-10}$$

由式（5-10）清楚地看出，在 1、2 结点的边上，其对边结点 3、4 的形函数值为零。其实这个性质从图5-2 中可直接看出。

利用上述性质可以证明双线性位移模式的相邻单元在其公共边上的位移是连续的。图 5-3 表示两个相邻矩形单元（结点号为 1234 及 $ij21$），其公共边界 1、2 坐标为 $y=y_1$（常数）的一条直线。由式（5-10）可知，在 12 边上

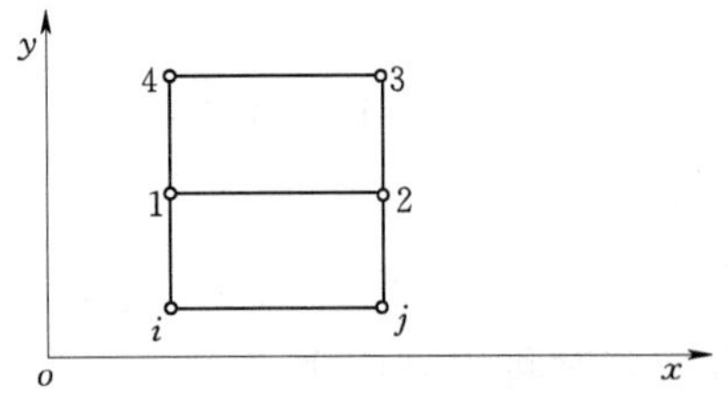

图 5-3

$$\begin{cases}N_3(x,y_1)=0\\N_4(x,y_1)=0\end{cases}\quad\begin{cases}N_i(x,y_1)=0\\N_j(x,y_1)=0\end{cases}$$

不论按照哪个单元来计算，根据式（5-1），公共

边上的位移均应由下式表示：

$$u=N_1(x,y_1)u_1+N_2(x,y_1)u_2=\frac{1}{2}\left[(u_1+u_2)+\frac{1}{a}(x-x_0)(u_2-u_1)\right]$$

$$v=N_1(x,y_1)v_1+N_2(x,y_1)v_2=\frac{1}{2}\left[(v_1+_2)+\frac{1}{a}(x-x_0)(v_2-v_1)\right]$$

可见，在公共边上的位移 u、v 是按 x 坐标线性变化，并完全由公共边上的两个结点1、2的位移所确定，因而证得相邻单元公共边上的位移是连续的。

在位移模式式（b）中的常数项 a_1、a_5 及坐标的一次项（如 $a_2\xi$、$a_3\eta$）与常应变三角形单元相类似，他们反映了单元的刚体位移和常量应变。因此，位移模式式（b）就满足了解答收敛性的两个条件，所以，选择双线性位移模式能够保证收敛于正确的解答。

三、由结点位移求单元应变

利用几何方程式，得

$$\{\varepsilon\}=\begin{Bmatrix}\varepsilon_x\\ \varepsilon_y\\ \gamma_{xy}\end{Bmatrix}=\begin{Bmatrix}\dfrac{\partial u}{\partial x}\\ \dfrac{\partial v}{\partial y}\\ \dfrac{\partial u}{\partial y}+\dfrac{\partial v}{\partial x}\end{Bmatrix}=\frac{1}{ab}\begin{Bmatrix}b\dfrac{\partial u}{\partial \xi}\\ a\dfrac{\partial v}{\partial \eta}\\ a\dfrac{\partial u}{\partial \eta}+b\dfrac{\partial v}{\partial \xi}\end{Bmatrix}$$

将式（5-1）代入上式，得出用结点位移表示单元中应变的表达式，可简写得

$$\{\varepsilon\}=[B_1\quad B_2\quad B_3\quad B_4]\{\delta\}^e=[B]\{\delta\}^e \tag{5-11}$$

而其子矩阵为

$$[B_i]=\frac{1}{ab}\begin{bmatrix}b\dfrac{\partial N_i}{\partial \xi} & 0\\ 0 & a\dfrac{\partial N_i}{\partial \eta}\\ a\dfrac{\partial N_i}{\partial \eta} & b\dfrac{\partial N_i}{\partial \xi}\end{bmatrix}=\frac{1}{4ab}\begin{bmatrix}b\xi_i(1+\eta_i\eta) & 0\\ 0 & a\eta_i(1+\xi_i\xi)\\ a\eta_i(1+\xi_i\xi) & b\xi_i(1+\eta_i\eta)\end{bmatrix}\quad (i=1,2,3,4) \tag{5-12}$$

为了便于对比，将第四章常应变三角形单元应变子矩阵式（3-12）重复写在下面

$$[B_i]=\frac{1}{2\Delta}\begin{bmatrix}b_i & 0\\ 0 & c_i\\ c_i & b_i\end{bmatrix}\quad \overrightarrow{i,j,m}$$

对比上述两种应变子矩阵可看出：常应变三角形单元应变矩阵中的元素都是常量，因而只能反映简单的应变状态；而四结点矩阵单元应变矩阵中的元素却包含常量和变量两个部分，因此求得的单元应变分布状态时变化的。其中，正应变 ε_x、ε_y 分别沿着 η 及 ξ 方向

呈线性变化，而剪应变分量 γ_{xy} 则是沿 ξ 及 η 两个方向上都按线性变化。由此可知，四结点矩阵单元不仅反映了常量应变，而且反映了按一次线性变化的应变。

四、由结点位移求单元的应力

类似第四章的推导，可直接写出结点位移求单元应力的公式

$$\{\sigma\}=[D][B]\{\delta\}^e=[S]\{\delta\}^e=[S_1 \quad S_2 \quad S_3 \quad S_4]\{\delta\}^e \tag{5-13}$$

对于平面应力问题，应用平面应力的弹性矩阵，得

$$[S_i]=\frac{E}{4ab(1-\mu^2)}\begin{bmatrix} b\xi_i(1+\eta_i\eta) & \mu a\eta_i(1+\xi_i\xi) \\ \mu b\xi_i(1+\eta_i\eta) & a\eta_i(1+\xi_i\xi) \\ \frac{1-\mu}{2}a\eta_i(1+\xi_i\xi) & \frac{1-\mu}{2}b\xi_i(1+\eta_i\eta) \end{bmatrix} \tag{5-14}$$

为了求得结点处的应力，结点的应力矩阵为

$$[S]_{(i)}=[S_1 \quad S_2 \quad S_3 \quad S_4]_{(i)} \quad (i=1,2,3,4) \tag{5-15}$$

式中 $[S]_{(i)}$ 的下角标 (i) 是表示 i 结点处应力矩阵。其中 16 个子矩阵可以写成统一的显示

$$[S]_{(i)}=\frac{E}{4ab(1-\mu^2)}\begin{bmatrix} b\xi_i(1+\eta_i\eta_{(i)}) & \mu a\eta_i(1+\xi_i\xi_{(i)}) \\ \mu b\xi_i(1+\eta_i\eta_{(i)}) & a\eta_i(1+\xi_i\xi_{(i)}) \\ \frac{1-\mu}{2}a\eta_i(1+\xi_i\xi_{(i)}) & \frac{1-\mu}{2}b\xi_i(1+\eta_i\eta_{(i)}) \end{bmatrix} \tag{5-16}$$

式（5－16）由结点号 $i=1$，2，3，4 及 $(i)=(1)$，(2)，(3)，(4) 组合成 16 个子矩阵。同样为了便于对比，将常应变三角形单元的应子矩阵重复写在下面

$$[S_i]=\frac{E}{2(1-\mu^2)\Delta}\times\begin{bmatrix} b_i & \mu c_i \\ \mu b_i & c_i \\ \frac{1-\mu}{2}c_i & \frac{1-\mu}{2}b_i \end{bmatrix} \quad \overrightarrow{i,j,m} \tag{3-16}$$

对比式（5－14）和式（3－16）可看出：常应变三角形单元应力矩阵中的元素都是常数，因而求得的单元应力是常量；而四结点矩形单元的应力子矩阵中的每个元素却包含常量和变量两个部分，由此求得的应力分量不是常数。其中，正应力分量 σ_x 的主要项（即不与 μ 相乘的项）是沿着 η 方向按线性变化，而它的次要项（即与 μ 相乘的项）是沿着 ξ 方向按线性变化，而正应力分量 σ_y 正好与此相反，剪应力分量 τ_{xy} 则是沿 ξ 及 η 两个方向都按线性变化。由于四结点矩形单元中的应力和应变分量不是常量，它可以反映单元中变化的应力和应变状态，因而更接近实际情况。所以在弹性体中采用相同数目的结点时，矩形单元的精度要比常应变三角形单元高。此外，在相邻单元的公共边界处，虽然矩形单元

的应力也有差异，但比起常应变三角形单元在公共边界处的应力差异要小得多。四结点矩形单元之所以比三结点三角形单元精度高，是因为它增加了一个结点，在满足位移协调和解答收敛性的条件下，结点增多了，位移模式中变量的方次也提高了，则就是单元精度得到提高的根本原因。由此可推论：在满足解答收敛性的条件下，随着单元的结点数增加，而会增加单元的精度。但随之也增大了计算的工作量。

对于平面应力问题的计算，只要在上列各式中将 E 换为$\frac{E}{1-\mu^2}$，将 μ 换为$\frac{\mu}{1-\mu}$即可。

五、由结点位移求单元结点力

现在来导出用结点位移表示结点力的表达式。与常应变三角形单元类似的推导，用虚位移方程代替平衡方程。设单元的结点力和相应的单元内应力为实际受力状态，虚设结点位移和相应的单元虚应变，由式（2－27）可写出虚功方程

$$(\{\sigma^*\}^e)^T\{F\}^e=\iint\{\varepsilon\}^{*T}t\mathrm{d}x\mathrm{d}y \tag{5-17}$$

其中

单元结点力阵列

$$\{F^e\}=[U_1\quad V_1\quad U_2\quad V_2\quad U_3\quad V_3\quad U_4\quad V_4]^T$$

单元结点虚位移阵列

$$\{\delta^*\}^e=[u_1{}^*\ v_1{}^*\ u_2{}^*\ v_2{}^*\ u_3{}^*\ v_3{}^*\ u_4{}^*\ v_4{}^*]^T$$

相应的单元虚应变阵列

$$\{\varepsilon^*\}=[\varepsilon_x{}^*\quad \varepsilon_y{}^*\quad \gamma_{xy}{}^*]^T$$

单元内应力阵列

$$\{\sigma\}=[\sigma_x\quad \sigma_y\quad \tau_{xy}]^T$$

将式（5－13）及由式（5－11）得来的$\{\varepsilon^*\}=[B]\{\sigma^*\}^e$ 代入式（5－17），得

$$(\{\sigma^*\}^e)^T\{F\}^e=\iint([B]\{\sigma^*\}^e)^T[D][B]\{\sigma\}^e t\mathrm{d}x\mathrm{d}y$$

由于单元结点虚位移 $\{\sigma^*\}^e$ 中的元素是常量，上式等号右边的 $(\{\sigma^*\}^e)^T$ 可以提到积分号的前面去，又由于虚位移可以是任意的，从而矩阵 $(\{\sigma^*\}^e)^T$ 也是任意的，所以等式两边与它相乘的矩阵应当相等，故得

$$\{F\}^e=\iint[B]^T[D][B]t\mathrm{d}x\mathrm{d}y[\sigma]^e \tag{5-18}$$

令

$$\{k\}^e=\iint[B]^T[D][B]t\mathrm{d}x\mathrm{d}y \tag{5-19}$$

式（5－18）则可简写为

$$\{F\}^e=\{k\}^e[\sigma]^e \tag{5-20}$$

式（5－20）即是用单元结点位移表示单元结点力的关系式。式（5－19）可以用分块形式写为

$$\{k\}^e=\iint[B_1\quad B_2\quad B_3\quad B_4]^{\mathrm{T}}[D][B_1\quad B_2\quad B_3\quad B_4]t\mathrm{d}x\mathrm{d}y$$

$$=\iint\begin{Bmatrix}[B_1]^{\mathrm{T}}[D][B_1] & [B_1]^{\mathrm{T}}[D][B_2] & [B_1]^{\mathrm{T}}[D][B_3] & [B_1]^{\mathrm{T}}[D][B_4]\\ [B_2]^{\mathrm{T}}[D][B_1] & [B_2]^{\mathrm{T}}[D][B_2] & [B_2]^{\mathrm{T}}[D][B_3] & [B_2]^{\mathrm{T}}[D][B_4]\\ [B_3]^{\mathrm{T}}[D][B_1] & [B_3]^{\mathrm{T}}[D][B_2] & [B_3]^{\mathrm{T}}[D][B_3] & [B_3]^{\mathrm{T}}[D][B_4]\\ [B_4]^{\mathrm{T}}[D][B_1] & [B_4]^{\mathrm{T}}[D][B_2] & [B_4]^{\mathrm{T}}[D][B_3] & [B_4]^{\mathrm{T}}[D][B_4]\end{Bmatrix}t\mathrm{d}x\mathrm{d}y$$

由此得

$$[k]^e=\begin{Bmatrix}k_{11} & k_{12} & k_{13} & k_{14}\\ k_{21} & k_{22} & k_{23} & k_{24}\\ k_{31} & k_{32} & k_{33} & k_{34}\\ k_{41} & k_{42} & k_{43} & k_{44}\end{Bmatrix} \tag{5-21}$$

其中的子矩阵可由下式计算

$$[k_{ij}]=\iint[B_i]^{\mathrm{T}}[D][B_j]t\mathrm{d}x\mathrm{d}y \tag{5-22}$$

若单元厚度 t 是常量，则式（5-22）得到的显式为

$$[k_{ij}]=tab\int_{-1}^{1}\int_{-1}^{1}[B_i]^{\mathrm{T}}[S_j]\mathrm{d}\xi\mathrm{d}\eta$$

$$=\frac{Et}{4(1-\mu^2)}\begin{bmatrix}\frac{a}{b}\xi_i\xi_j\left(1+\frac{1}{3}\eta_i\eta_j\right)+\frac{1-\mu}{2}\frac{b}{a}\eta_i\eta_j\left(1+\frac{1}{3}\xi_i\xi_j\right) & \mu\xi_i\eta_j+\frac{1-\mu}{2}\eta_i\xi_j\\ \mu\eta_i\xi_j+\frac{1-\mu}{2}\xi_i\eta_j & \frac{a}{b}\eta_i\eta_j\left(1+\frac{1}{3}\xi_i\xi_j\right)+\frac{1-\mu}{2}\frac{b}{a}\xi_i\xi_j\left(1+\frac{1}{3}\eta_i\eta_j\right)\end{bmatrix} \tag{5-23}$$

$(i,j=1,2,3,4)$

对于平面应变问题，应在上列各式中将 E 换为 $\frac{E}{1-\mu^2}$，将 μ 换为 $\frac{\mu}{1-\mu}$。

六、非结点荷载向结点的移置

与第四章类似的推导，对于四结点矩形单元仍可用式（4-34）计算等效结点荷载。但其中的形函数矩阵 N 需要用式（5-2）、式（5-3）表达。矩形单元具有四个结点，所以单元等效结点荷载阵列 $\{R\}^e$ 应具有如下的八个元素

$$\{R\}^e=[X_1\quad Y_1\quad X_2\quad Y_2\quad X_3\quad Y_3\quad X_4\quad Y_4] \tag{5-24}$$

下面列出几种常见荷载，通过式（4-34）计算得到的等效结点荷载。

（1）如图 5-4（a）所示，若在单元边界 1、2 上作用有均布荷载，集度为 q，则移置到结点 1 及 2 的荷载各作为 $\frac{qs}{2}$（s 为 1、2 边的长度）。荷载阵列为

$$\{R\}^e=-\frac{qs}{2}[0\quad 1\quad 0\quad 1\quad 0\quad 0\quad 0\quad 0]^{\mathrm{T}}$$

（2）如图 5-4（b）所示，若在单元边界 1、2 上作用有三角形分布荷载，2 点的荷载集度为 q，1 点的荷载集度为零，则移置到结点 1 的荷载为 $\frac{qs}{6}$，移置到结点 2 的荷载为 $\frac{qs}{3}$（s 为 1、2 边的长度）。荷载阵列为

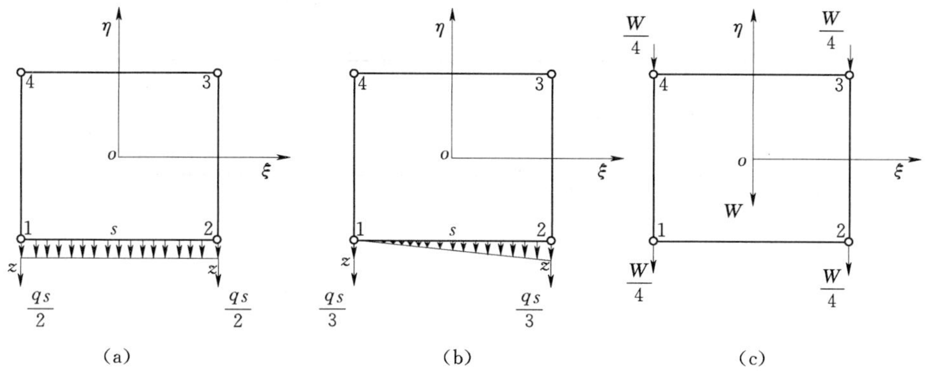

图 5-4

$$\{R\}^e = -\frac{qs}{6}[0 \quad 1 \quad 0 \quad 2 \quad 0 \quad 0 \quad 0 \quad 0]^{\mathrm{T}}$$

(3) 如图 5-4 (c) 所示，若单元所受的重力合力为 W，移置到每一个结点的荷载各为$\frac{W}{4}$。荷载阵列为

$$\{R\}^e = -\frac{W}{4}[0 \quad 1 \quad 0 \quad 1 \quad 0 \quad 1 \quad 0 \quad 1]^{\mathrm{T}}$$

以上是四点结点矩形单元的单元分析。四结点矩形单元的整体分析与三结点三角形单元相类似，仍然用刚度集成法得整体刚度方程

$$[K]\{\delta\} = \{R\}$$

引入支承条件，解方程等都与三结点三角形单元相同，这里不再赘述。

七、四结点矩形单元的优缺点

1. 优点

(1) 由于采用了双线性位移模式，矩形单元中应力和应变都不是常量。因此，在弹性体中采用同样数目的结点时，矩形单元的精度要高于常应变三角形单元。

(2) 由于矩形单元规则，便于整理成果。在矩形单元中，用绕结点平均法整理应力成果效果一般都较好。对于边界结点处的应力，除了浅梁的挤压应力以外，一般都无须从内结点处的应力推算。

2. 缺点

(1) 不能适应斜交边界和曲线边界。

(2) 不便于在不同部位采用不同大小的单元。

为了弥补这些缺点，人们常把矩形单元和常应变三角形单元混合使用。例如图 5-5 的刚架结点，在离结点较远的一般部位，采用较大的矩形单元；在斜边 AB 的部位，改用三角形单元；在应力变化比较复杂的结点区部位，就改用较小的矩形单元，而以若干个三角形单元作为过渡。由于常应变三角形单元、矩形双线性单元的位移在单元的边界上都是线性变化的，公共边界上的结点是两单元所共同的，因而所有的相邻单元在公共边界上的位移都是连续的，从而保证了解答的收敛性。

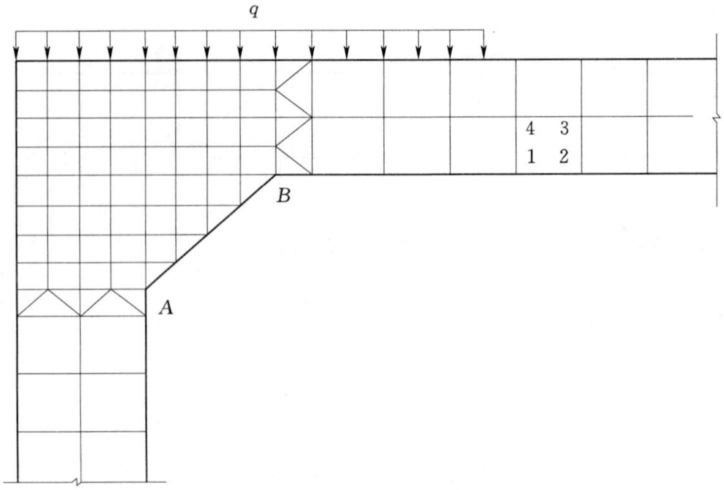

图 5－5

第二节　采用矩形单元计算实例

【例题 5－1】 简支梁受均布荷载。

图 5－6（a）所示简支梁，结构尺寸及荷载如图所示，梁宽度取为 1m。由于对称，计算简图可取半边结构。为了对比，用两种网格计算，图 5－6（b）表示 6×12 的矩形网格，图 5－6（c）表示三角形网格。

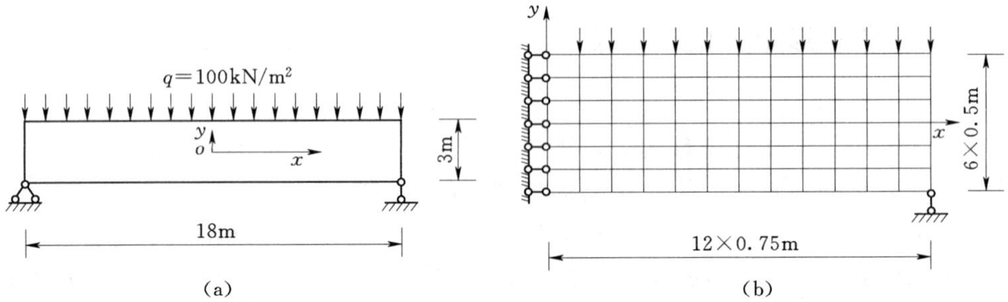

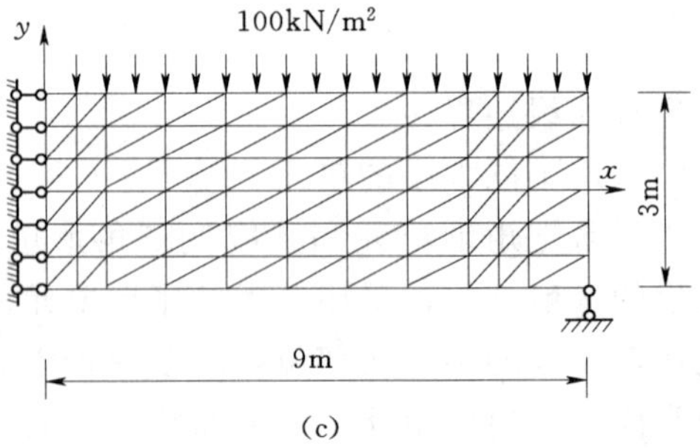

图 5－6

两种网络都用绕结点平均法整理 $x=0$ 截面上的弯应力 σ_x，整理结果如表 5-1 所示。

表 5-1　　单位：kN/m^2

结点的 y 坐标/m		1.5	1.0	0.5	0	-0.5	-1.0	-1.5
函数解		-2720	-1800	-890	0	890	1800	2720
矩形单元有限元解		-2650	-1740	-850	0	850	1740	2680
与函数解相比的误差	差值	70	60	40	0	-40	-60	-70
	百分数/%	2.6	3.3	4.5	0	4.5	3.3	2.6
常应变三角形单元有限元解		-2490	-1910	-1080	-280	520	1340	2100
与函数解相比的误差	差值	230	-110	-190	-280	-370	-460	-620
	百分数/%	8.5	6.1	21	/	42	26	23

由表 5-1 中数据，比较梁顶处（$x=0$，$y=1.5$m）σ 值的函数解与有限元解，可看出常应变三角形单元的误差为 8.5%（是由三个内结点处的 σ_x 推算得来），而矩形单元的误差还不到 3%（未用插值公式推算），可见矩形单元的精度要高于三角形单元。

对于挤压应力 σ_y，由矩形单元的有限元解用绕结点平均法进行整理，仍然可以得到较好的结果。例如，$x=0$ 截面的各结点处的挤压应力整理后的结果如表 5-2 所示，其中，边界结点处的应力须由内结点处的应力推算出来，因此，梁底及梁顶处的应力是分别由 3 个内结点处的应力推算而来的。由表 5-2 表明，在 $x=0$，$y=0\sim1.5$m 的主要应力区，误差都是较小的。

表 5-2　　单位：kN/m^2

结点的 y 坐标/m		1.5	1.0	0.5	0	-0.5	-1.0	-1.5
矩形单元有限元解		-101	-89	-72	-50	-28	-10	-2
函数解		-100	-93	-74	-50	-26	-7	0
与函数解相比的误差	差值	-1	4	2	0	-2	-3	-2
	百分数/%	1	4.3	2.7	0	7.7	43	/

【例题 5-2】　深梁问题。

图 5-7 所示的深梁，跨度及高度均为 6m，宽度取为 1m。梁上作用有均布荷载 $100kN/m^2$，$E=2\times10^7kN/m^2$，$\mu=0.17$，按平面应力问题计算。用矩形单元有限元解的计算网格如图 5-7（a）所示，用差分法解的计算网格如图 5-7（b）所示。计算时均取半边结构，有限元法采用绕结点平均法整理计算结果。现以 $x=0$ 截面的 σ_x 应力为例，将几种不同解法的结果列于表 5-3。

表 5-3　　单位：kN/m^2

结点的 y 坐标/m	3.0	-3.0（B 点）
四结点矩形单元有限元解	-24	185
三结点三角形单元有限元解	-12	161
差分解	-28	184
材料力学公式解	-75	75

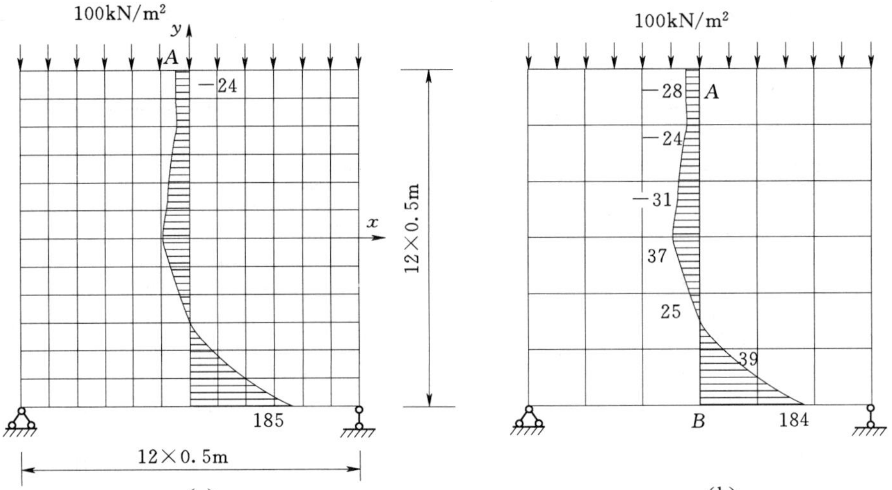

(a)　　　　(b)

图 5－7

由表 5－3 看出，四结点矩形单元的有限解比三结点三角形单元的有限解更接近差分解，这表明四结点矩形单元的精度要高于三结点三角形单元，而材料力学的解与差分解差别较多，材力不能反映深梁的实际应力状态。

【例题 5－3】 梁的纯弯曲。

梁的尺寸及荷载如图 5－8（a）所示，取板厚 $t=1\text{cm}$，弹性模量 $E=2\times1011\text{N/m}^2$，泊松比 $\mu=0.3$。由于梁对 x、y 轴对称，荷载对 y 轴对称，对 x 轴反对称，所以可以取其

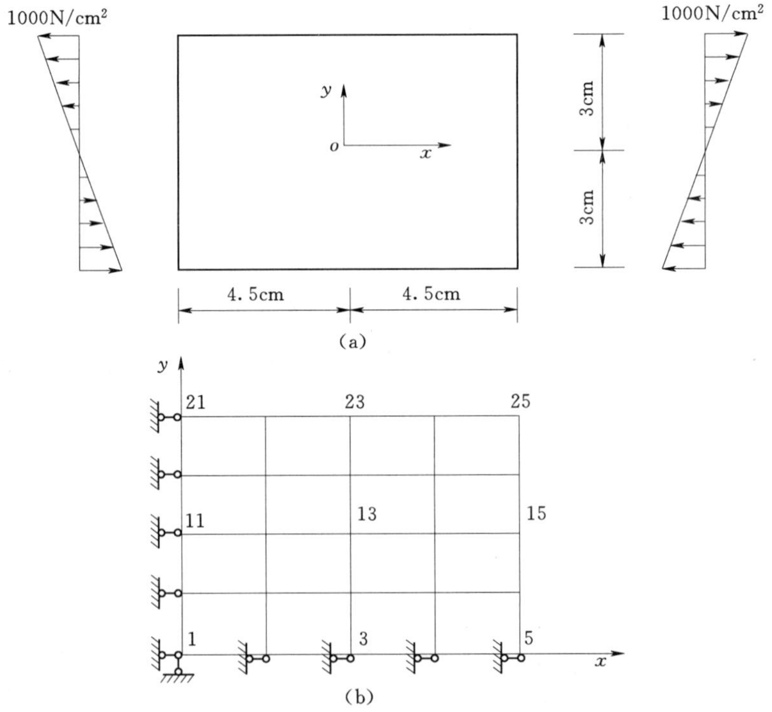

图 5－8

1/4 计算，并按矩形单元划分网格，如图 5-8（b）所示。由于上述对称性，在 x、y 轴上各结点的水平位移应为零，并安置相应的支承，又为了消除刚体位移，假定结点 1 的竖向位移 $v_1=0$。试求在上述荷载作用下结点 13 及 25 的位移分量。

按照弹性理论，可求得弹性体位移的理论解：

$$\begin{cases} u=\dfrac{xy}{60000} \\ v=\dfrac{1}{120000}(x^2+0.3y^2) \end{cases}$$

根据上列公式算得的 25、13 结点的位移，及有限元法计算相同点的结果，列于表 5-4。

表 5-4　　**计 算 结 果 比 较**　　单位：$\times 10^4$ cm

项目 \ 结点号		25 点		13 点	
		u	v	u	v
弹性理论解		2.25	−1.912	5.625	−4.781
矩形单元有限元解		2.216	−1.882	5.562	−4.715
与理论解的误差	差值	−0.034	−0.030	−0.063	−0.066
	百分数	1.5%	1.6%	1.1%	1.4%

由表 5-4 可看出，用有限单元法解与用弹性理论解的结果相当接近，误差都在 2% 以内，两者吻合良好。

【例题 5-4】 讨论单元划分粗、细对计算精度的影响。

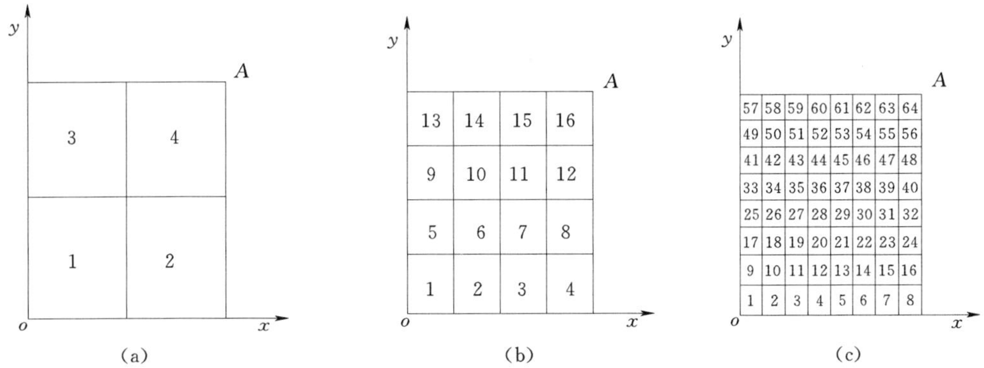

图 5-9

现以例题 5-3 的图 5-8（b）为例，将 1/4 板梁分成三种不同密度的网格，三者都取四结点矩形单元，如图 5-9（a）、（b）、（c）所示。

将三种网格有限元法计算的 A 点位移和理论解相比较，如图 5-10 所示。

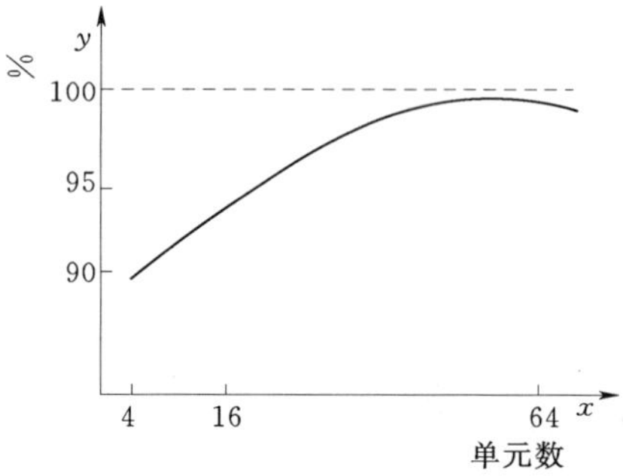

图 5-10

由图 5-10 可见，不同密度的网格，将有不同的精度，加密网格是可以提高计算精度的。但单元数达到一定数量之后，在加密网格对提高计算精度效果已不显著。

【例题 5-5】 讨论四结点矩形单元的长宽比，对计算精度的影响。

仍以例题 5-3 中图 5-8（b）的 1/4 板梁为例。若保持单元数目不变，仅改变划分单元长度和宽度的比例，如图 5-11 所示。还是以 A 点的位移为例比较有限元和理论解，其不同计算精度表示于图 5-12 中。

由图 5-12 可见，长度和宽度越接近，计算精度越高。此外，在图 5-12 中的（b）点和（d）点还可以看出，尽管单元的长宽比相同，但计算精度并不相同。由此可知，单元的长宽比只是一个参考指标，单元相同的长宽比，计算精度并不一定相同，但相差并不悬殊。

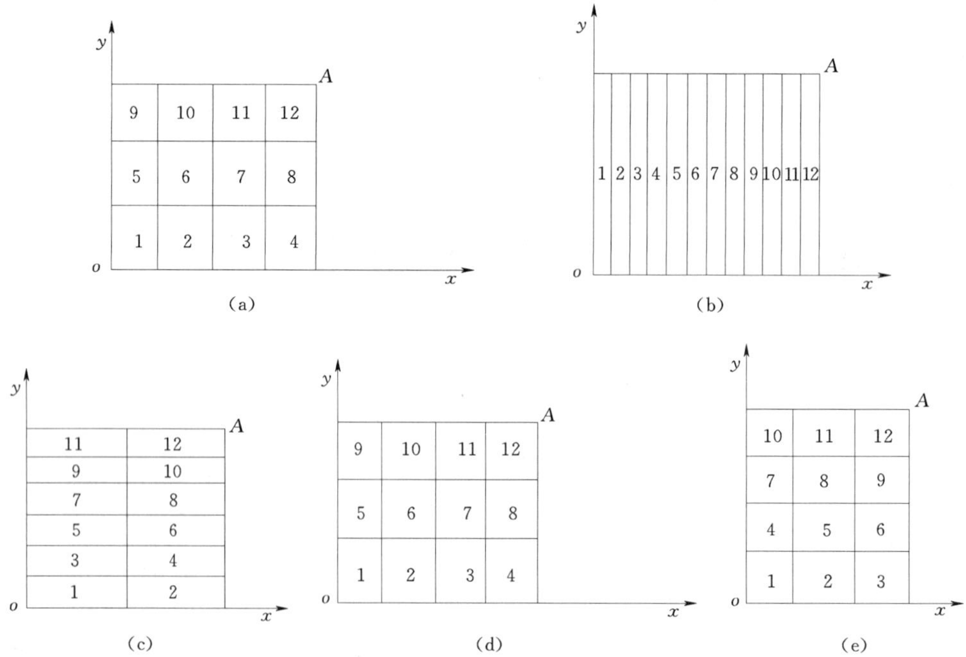

图 5-11

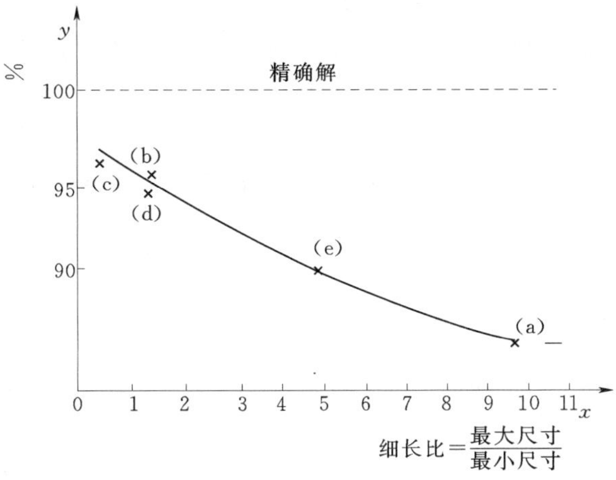

图 5-12

第三节　面　积　坐　标

在采用较精密的三角形单元式中，为了简化应力矩阵、刚度矩阵和荷载阵列的推导工作，引进面积坐标的概念。在图 5-13 所示的三角形单元 ijm 中，任意一点 $P(x, y)$ 的位置，可以用如下的三个比值来确定：

$$L_i=\frac{\Delta_i}{\Delta},L_j=\frac{\Delta_j}{\Delta},L_m=\frac{\Delta_m}{\Delta} \quad (5-25)$$

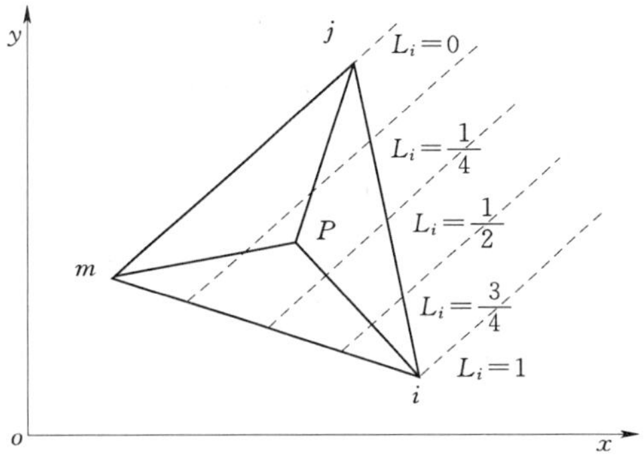

图 5-13

式中，Δ 为三角形单元 ijm 的面积，Δ_i、Δ_j、Δ_m 分别是三角形 Pjm、Pmi、Pij 的面积，这三个比值定义为 P 点的面积坐标。显然，这三个面积坐标并不全是独立的，由于

$$\Delta_i+\Delta_j+\Delta_m=\Delta$$

所以由式（5-25）得关系式

$$L_i+L_j+L_m=1 \quad (5-26)$$

注意，这里所引用的面积坐标，称为局部坐标，只限于用在一个三角形单元之内，该三角形之外没有定义。而图 5-13 所示直角坐标 xoy 称为整体坐标，它通用于整个结构物。

根据面积坐标的定义，从图 5-13 中不难看出，在平行于 jm 边的一根直线上的所有各点都是具有同底等高的三角形 Pjm，都是具有相等的面积 Δ_i，因而都具有相等的面积坐标 L_i。并且该面积坐标等于“该直线至 jm 边的距离”与“结点 i 至 jm 边的距离”的比值。图 5-13 中示出了 L_i 的一些等值线，同时也容易看出，P 点分别在三个结点时，三个结点的面积坐标是

结点 i：　　$L_i=1$，$L_j=0$，$L_m=0$

结点 j：　　$L_i=0$，$L_j=1$，$L_m=0$　　(5-27)

结点 m：　　　　　　$L_i=0, L_j=0, L_m=1$

现在来导出面积坐标与整体坐标（直角坐标 xoy）之间的关系式。三角形 Pjm 的面积是

$$\Delta_i=\frac{1}{2}\begin{vmatrix}1 & x & y\\ 1 & x_j & y_j\\ 1 & x_m & y_m\end{vmatrix}=\frac{1}{2}[(x_jy_m-x_my_j)+(y_j-y_m)x+(x_m-x_j)y] \quad \overrightarrow{i,j,m} \tag{5-28}$$

采用和第四章中同样的记号

$$a_i=x_jy_m-x_my_j, b_i=y_j-y_m, c_i=x_m-x_j \quad \overrightarrow{i,j,m} \tag{a}$$

则上式可写为

$$\Delta_i=\frac{1}{2}(a_i+b_ix+c_iy) \quad \overrightarrow{i,j,m}$$

再代入式（5-25），即得用直角坐标（x，y）表示面积坐标的关系式

$$L_i=\frac{\Delta_i}{\Delta}=\frac{1}{2\Delta}(a_i+b_ix+c_iy) \quad \overrightarrow{i,j,m} \tag{5-29}$$

将式（5-29）与式（3-9）对比，可知常应变三角形单元中的形函数 N_i、N_j、N_m 就是面积坐标 L_i、L_j、L_m。面积坐标式（5-29）也可写成矩阵形式

$$\{L\}=\begin{Bmatrix}L_i\\ L_j\\ L_m\end{Bmatrix}=\frac{1}{2\Delta}\begin{bmatrix}a_i & b_i & c_i\\ a_j & b_j & c_j\\ a_m & b_m & c_m\end{bmatrix}\begin{Bmatrix}1\\ x\\ y\end{Bmatrix} \tag{b}$$

若将式（5-29）中的三式分别乘以 x_i、x_j、x_m，然后将三式相加并利用式（a）展开并整理，最后可得

同理，得

$$\left.\begin{aligned}x&=x_iL_i+x_jL_j+x_mL_m\\ y&=y_iL_i+y_jL_j+y_mL_m\end{aligned}\right\} \tag{5-30}$$

式（5-30）即为面积坐标与直角坐标之间的坐标转换式。关系式（5-26）及式（5-30）亦可合并用矩阵表示为

$$\begin{Bmatrix}1\\ x\\ y\end{Bmatrix}=\begin{bmatrix}1 & 1 & 1\\ x_i & x_j & x_m\\ y_i & y_j & y_m\end{bmatrix}\begin{Bmatrix}L_i\\ L_j\\ L_m\end{Bmatrix} \tag{c}$$

面积坐标是局部坐标，在应用中会遇到面积坐标的函数对直角坐标求导问题，这是复合函数求导问题。设 φ 是面积坐标的函数，同时 φ 也是直角坐标（x，y）的函数，若面积坐标的函数 φ 对直角求导时，可以应用下列公式

$$\left.\begin{aligned}\frac{\partial\varphi}{\partial x}&=\frac{\partial\varphi}{\partial L_i}\frac{\partial L_i}{\partial x}+\frac{\partial\varphi}{\partial L_j}\frac{\partial L_j}{\partial x}+\frac{\partial\varphi}{\partial L_m}\frac{\partial L_m}{\partial x}=\frac{1}{2\Delta}\left(b_i\frac{\partial\varphi}{\partial L_i}+b_j\frac{\partial\varphi}{\partial L_j}+b_m\frac{\partial\varphi}{\partial L_m}\right)\\ \frac{\partial\varphi}{\partial y}&=\frac{\partial\varphi}{\partial L_i}\frac{\partial L_i}{\partial y}+\frac{\partial\varphi}{\partial L_j}\frac{\partial L_j}{\partial y}+\frac{\partial\varphi}{\partial L_m}\frac{\partial L_m}{\partial y}=\frac{1}{2\Delta}\left(c_i\frac{\partial\varphi}{\partial L_i}+c_j\frac{\partial\varphi}{\partial L_j}+c_m\frac{\partial\varphi}{\partial L_m}\right)\end{aligned}\right\} \tag{5-31}$$

在应用中，常需要求面积坐标的幂函数在三角形单元上的积分值，这时可以应用下列积分公式

$$\iint_{\Delta} L_i^{\alpha} L_j^{\beta} L_m^{\gamma} \mathrm{d}x\mathrm{d}y = \frac{\alpha!\beta!\gamma!}{(\alpha+\beta+\gamma+2)!}2\Delta \tag{5-32}$$

式中，α、β、γ 为整常数。

下面列出常用的面积坐标积分的数值公式

$$\iint_{\Delta} L_i \mathrm{d}x\mathrm{d}y = \frac{1!0!0!}{(1+0+0+2)!}2\Delta = \frac{\Delta}{3} \quad \overrightarrow{i,j,m}$$

$$\iint_{\Delta} L_i^2 \mathrm{d}x\mathrm{d}y = \frac{2!0!0!}{(2+0+0+2)!}2\Delta = \frac{\Delta}{6} \quad \overrightarrow{i,j,m}$$

$$\iint_{\Delta} L_i L_j \mathrm{d}x\mathrm{d}y = \frac{1!1!0!}{(1+1+0+2)!}2\Delta = \frac{\Delta}{12} \quad \overrightarrow{i,j,m}$$

当求面积坐标的幂函数在三角形单元某一边上的积分值时，可以应用下列积分公式

$$\int_l L_i^{\alpha} L_j^{\beta} \mathrm{d}S = \frac{\alpha!\beta!}{(\alpha+\beta+1)!}l \quad \overrightarrow{i,j,m} \tag{5-33}$$

其中 l 为该边的长度。

第四节　六个结点的三角形单元

常应变三角形单元应用灵活，但精度较低（见第二节的例题 5－1），矩形单元较常应变三角形单元精度有较大提高，但不能适应不规则的斜交或曲线边界，也不便于在不同部位采用不同大小的单元。为了克服上述两种单元的缺点，可以采用一种六个结点的三角形单元，如图 5－14 所示。为了与多数参考书中的习惯记号相一致，把三角形的三个角点记作 1、2、3，相应的面积坐标记作 L_1、L_2、L_3，以代替第三章中的三个角点 i、j、m 及本章第三节中的面积坐标 L_i、L_j、L_m，其他的系数也做相应的改变。现在，在三角形单元三个顶点 1、2、3 的三个对边上各增设一个结点，此结点 4、5、6 是取在三边的中点，分别与结点 1、2、3 相对应。结点 1、2、3 仍然按反时针方向排列。因每个单元有六个结点，所以六个结点三角形单元具有十二个自由度。

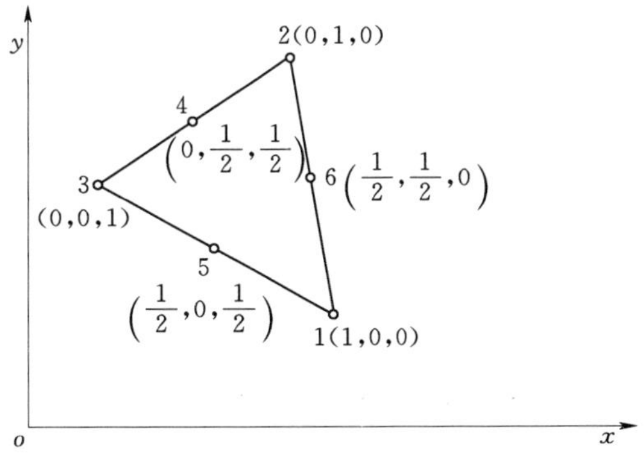

图 5－14

一、位移模式

为了保证计算的收敛性，单元的位移模式总是遵循变量由低次向高次取的原则。因此，六结点三角形单元的位移模式可以采用完全二次多项式的形式：

$$\begin{cases} u=\alpha_1+\alpha_2 x+\alpha_3 y+\alpha_4 x^2+\alpha_5 xy+\alpha_6 y^2 \\ v=\alpha_7+\alpha_8 x+\alpha_9 y+\alpha_{10} x^2+\alpha_{11} xy+\alpha_{12} y^2 \end{cases} \tag{5-34}$$

由于位移模式是二次型的，所以在任意两个单元的交界线上，位移分量的一般式可

写为

$$u(s)=a+bs+cs^2$$

其中，s 是从两单元界线上的任一定点沿该界线取的距离；a、b、c 三个常数可由界线上三个已知结点位移分量 u，列出三个方程式解出，因此该界线上的位移分量 u 值是完全确定的。又由于交界线上两单元的结点位移 u 是共同的，这就保证了该界线两边的相邻单元，在这整个界线上具有相同的 u 值，因而也就保证了整个边界上 u 的连续性。同理，位移分量 v 在整个界线上的连续性也将得到保证。此外，式（5-34）和式（3-1）类似，其中的 α_1、α_2、α_3、α_7、α_8、α_9 反映了单元的刚体位移和常数应变。因此，式（5-34）的位移模式满足了解答收敛性的要求。

位移分量 u 在结点 1～6 的数值应当分别等于结点位移 u_1～u_6，利用这样六个条件可以确定系数 α_1～α_6。同理，可以利用与此相似的六个竖向结点位移条件，来确定系数$\alpha\eta$～α_{12}。与常应变三角形单元的公式推导相类似，可以把位移分量用形函数表示为

$$\begin{cases} u(x,y)=\sum\limits_{i=1}^{6}N_iu_i \\ v(x,y)=\sum\limits_{i=1}^{6}N_iv_i \end{cases} \tag{5-35}$$

上式亦可写成矩阵的形式

$$\{f\}=\begin{Bmatrix}u\\v\end{Bmatrix}=[N]\{\delta\}^e \tag{5-36}$$

其中

$$[N]=\begin{bmatrix} N_1 & 0 & N_2 & 0 & N_3 & 0 & N_4 & 0 & N_5 & 0 & N_6 & 0 \\ 0 & N_1 & 0 & N_2 & 0 & N_3 & 0 & N_4 & 0 & N_5 & 0 & N_6 \end{bmatrix}$$

$$\{\delta\}^e=[u_1 \quad v_1 \quad u_2 \quad v_2 \quad u_3 \quad v_3 \quad u_4 \quad v_4 \quad u_5 \quad v_5 \quad u_6 \quad v_6]^{\mathrm{T}}$$

把式（5-35）中的形函数 N_1～N_6 进行整理，可以找到其和面积坐标的关系式

$$\begin{cases} N_i=L_i(2L_i-1) \\ N_4=4L_2L_3 \end{cases} \quad \overrightarrow{\; i=1,2,3 \;} \quad 4,5,6 \rightarrow 1,2,3 \tag{5-37}$$

二、形函数的性质

（1）形函数 $N_i(i=1\sim6)$ 在 i 结点的函数值为 1，在其他结点的函数值为零。

各结点的面积坐标（L_1，L_2，L_3）如图 5-14 的括弧中的数值所示。利用结点面积坐标代入式（5-37）的形函数，很容易得出上述结论。现以形函数 N_1、N_4 为例加以说明，先计算 N_1 在各结点的形函数值

$$\left.\begin{aligned} N_1(x_1,y_1)&=L_1(x_1,y_1)[2L_1(x_1,y_1)-1]=1\times(2\times1-1)=1 \\ N_1(x_2,y_2)&=L_1(x_2,y_2)[2L_1(x_2,y_2)-1]=0\times(2\times0-1)=0 \\ N_1(x_3,y_3)&=L_1(x_3,y_3)[2L_1(x_3,y_3)-1]=0\times(2\times0-1)=0 \\ N_1(x_4,y_4)&=L_1(x_4,y_4)[2L_1(x_4,y_4)-1]=0\times(2\times0-1)=0 \\ N_1(x_5,y_5)&=L_1(x_5,y_5)[2L_1(x_5,y_5)-1]=\frac{1}{2}\times\left(2\times\frac{1}{2}-1\right)=0 \\ N_1(x_6,y_6)&=L_1(x_6,y_6)[2L_1(x_6,y_6)-1]=\frac{1}{2}\times\left(2\times\frac{1}{2}-1\right)=0 \end{aligned}\right\} \tag{5-38}$$

计算 N_4 在各结点的形函数值

$$
\left.\begin{aligned}
N_4(x_1,y_1)&=4L_2(x_1,y_1)L_3(x_1,y_1)=4\times0\times0=0\\
N_4(x_2,y_2)&=4L_2(x_2,y_1)L_3(x_2,y_2)=4\times1\times0=0\\
N_4(x_3,y_3)&=4L_2(x_3,y_3)L_3(x_3,y_3)=4\times0\times1=0\\
N_4(x_4,y_4)&=4L_2(x_4,y_1)L_3(x_4,y_4)=4\times\frac{1}{2}\times\frac{1}{2}=1\\
N_4(x_5,y_5)&=4L_2(x_5,y_5)L_3(x_5,y_5)=4\times0\times\frac{1}{2}=0\\
N_4(x_6,y_6)&=4L_2(x_6,y_6)L_3(x_6,y_6)=4\times\frac{1}{2}\times0=0
\end{aligned}\right\}\qquad(5-39)
$$

其他的形函数都可以类似的写出。

利用以上性质及各点的面积坐标，可以很方便地作出六结点三角形单元的形函数分布图，如图 5-15（a）、（b）所示。N_1 形函数分布图（$\overrightarrow{1,2,3}$）见图 5-15（a），N_4 形函数分布图（$\overrightarrow{4,5,6}$）见图 5-15（b）。同样，应用上述性质显然可见：六个结点的位移分量 u 将分别等于 $u_1\sim u_6$，六个结点的位移分量 v 将分别等于 $v_1\sim v_6$。这将说明用式（5-37）的面积坐标来表示形函数的关系式是正确的。

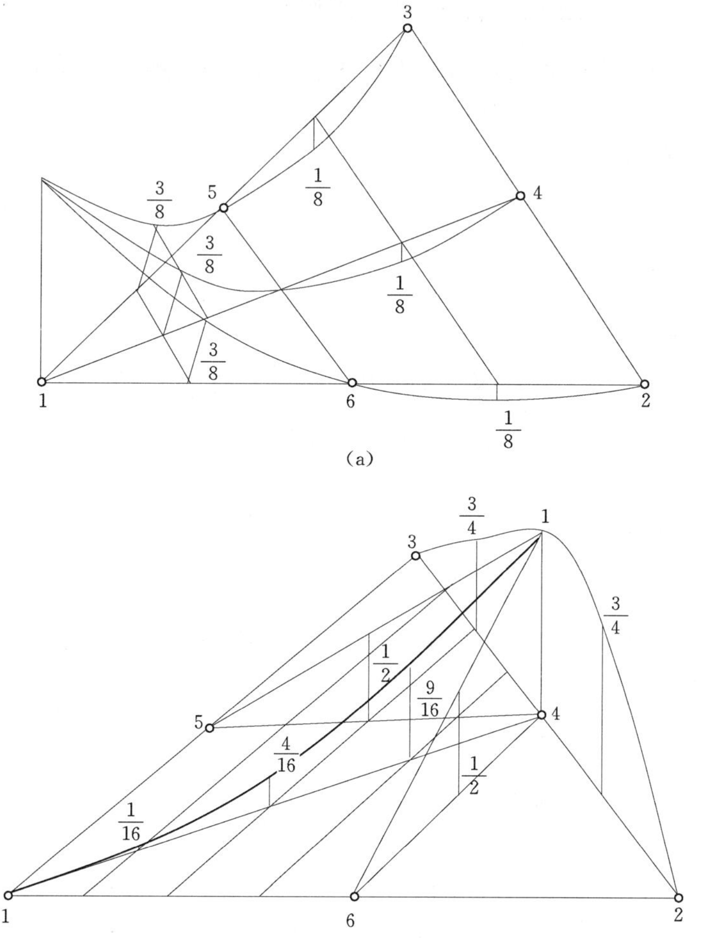

图 5-15

(2) 在单元内任一点上六个形函数之和等于 1。

可推证如下：应用式（5－37），可得

$$\sum_{i=1}^{6} N_i = \sum_{i=1}^{3} L_i(2L_i - 1) + 4(L_2L_3 + L_3L_1 + L_1L_2)$$
$$= 2(L_1 + L_2 + L_3)^2 - (L_1 + L_2 + L_3)$$

应用式（5－26）　$L_1+L_2+L_3=1$

可得

$$\sum_{i=1}^{6} N_i = 1 \tag{5-40}$$

由式（5－40）可见，六结点三角形单元中六个形函数只有五个是独立的。

同三结点三角形单元一样，当单元各结点的位移都等于 u^* 时，则可求得单元内任一点的位移为

$$u(x,y) = \sum_{i=1}^{6} N_i u_i = u^* \sum_{i=1}^{6} N_i = u^*$$

式（5－40）也是反应单元的刚体位移。

三、建立六结点三角形单元的应变矩阵

利用面积坐标的各种性质及用面积坐标表述函数 N_i，将应变矩阵、应力矩阵、单元刚度矩阵、荷载阵列等表达式得到最大化的简化，应用将十分方便。由几何方程式（2－8）及式（5－35）可得

$$\varepsilon_x = \frac{\partial u}{\partial x} = \sum_{i=1}^{6} \frac{\partial N_i}{\partial x} u_i$$

利用式（5－37），可得

$$\frac{\partial N_1}{\partial x} = \frac{b_1(4L_1 - 1)}{2\Delta} \quad \overrightarrow{1,2,3}$$

$$\frac{\partial N_4}{\partial x} = \frac{4(b_2L_3 + b_3L_2)}{2\Delta} \quad \overrightarrow{4,5,6} \quad \overrightarrow{1,2,3}$$

从而得

$$\varepsilon_x = \frac{1}{2\Delta}\Big[\sum_{i=1}^{3} b_i(4L_i - 1)u_i + 4(b_2L_3 + b_3L_2)u_4 + 4(b_2L_3 + b_3L_2)u_4$$
$$+ 4(b_3L_1 + b_1L_3)u_5 + 4(b_1L_2 + b_2L_1)u_6\Big]$$

应用几何方程，可将 ε_y 及 γ_{xy} 类似 ε_x 用结点位移和面积坐标来表达，并将其汇总写成矩阵形式，可得

$$\varepsilon = [\varepsilon_x \quad \varepsilon_y \quad \gamma_{xy}]^{\mathrm{T}} = [B]\{\delta\}^e \tag{5-41}$$

其中应变矩阵

$$[B] = [B_1 \quad B_2 \quad B_3 \quad B_4 \quad B_5 \quad B_6] \tag{a}$$

而

$$[B_1] = \frac{1}{2\Delta}\begin{Bmatrix} b_1(4L_1 - 1) & 0 \\ 0 & c_1(4L_1 - 1) \\ c_1(4L_1 - 1) & b_1(4L_1 - 1) \end{Bmatrix} \quad \overrightarrow{1,2,3} \tag{b}$$

$$[B_4]=\frac{2}{\Delta}\begin{Bmatrix}(b_2L_3+b_3L_2) & 0\\ 0 & (c_2L_3+c_3L_2)\\ (c_2L_3+c_3L_2) & (b_2L_3+b_3L_2)\end{Bmatrix}\quad \overrightarrow{1,2,3}\quad \overrightarrow{4,5,6} \tag{c}$$

由式（b）、式（c）可知，应变分量是面积坐标的一次式。又由式（5-29）可知，面积坐标 L_1、L_2、L_3 是 x、y 坐标的一次式。所以，六结点三角形单元与常应变三角形单元相比，它能更好地反映单元中应变的变化，因而提高了应变计算的精度。

四、建立单元的应力矩阵

应力矩阵的推导过程及表示形式与常应变三角形单元相类似，单元中的应力可表示为

$$\{\sigma\}=[\sigma_x\quad \sigma_y\quad \tau_{xy}]^{\mathrm{T}}=[S]\{\delta\}^e=[D][B]\{\delta\}^e \tag{5-42}$$

其中应力矩阵课写成分块形式

$$[S]=[S_1\quad S_2\quad S_3\quad S_4\quad S_5\quad S_6] \tag{d}$$

对于平面应力问题，可由弹性矩阵式（a）矩阵相乘得

$$[S_1]=\frac{E(4L_1-1)}{4(1-\mu^2)\Delta}\begin{bmatrix}2b_1 & 2\mu c_1\\ 2\mu b_1 & 2b_1\\ (1-\mu)c_1 & (1-\mu)b_1\end{bmatrix}\quad \overrightarrow{1,2,3} \tag{e}$$

$$[S_4]=\frac{E}{(1-\mu^2)\Delta}\begin{bmatrix}2(b_2L_3+b_3L_2) & 2\mu(c_2L_3+c_3L_2)\\ 2\mu(b_2L_3+b_3L_2) & 2(c_2L_3+c_3L_2)\\ (1-\mu)(c_2L_3+c_3L_2) & (1-\mu)(b_2L_3+b_3L_2)\end{bmatrix}\quad \overrightarrow{4,5,6}\quad \overrightarrow{1,2,3} \tag{f}$$

由式（e）及式（f）可以看出，应力矩阵［S］中的元素都是面积坐标的一次式，因而也是直角坐标的一次式，即单元中的应力是按照线性规律变化的。所以，六结点三角形单元与三结点三角形单元相比，它能更好地反映单元中应力的变化，因而提高了单元应力的计算精确度。

五、建立单元的刚度矩阵

由于六结点三角形单元与三结点三角形单元，对于应变矩阵［B］及应力矩阵［S］采用相同表示形式，所以单元结点位移与单元结点力的关系仍然可取下列的形式

$$\{F\}^e=[k]\{\delta\}^e \tag{5-43}$$

式中：$\{F\}^e=[U_1\quad V_1\quad U_2\quad V_2\quad U_3\quad V_3\quad U_4\quad V_4\quad U_5\quad V_5\quad U_6\quad V_6]^e$；［$k$］为单元刚度矩阵。

则

$$[k]=t\iint[B]^{\mathrm{T}}[D][B]\mathrm{d}x\mathrm{d}y=t\iint[B]^{\mathrm{T}}[S]\mathrm{d}x\mathrm{d}y$$

将式（a）及式（d）代入，并对其中各元素进行积分，再利用关系式 $b_1+b_2+b_3=0$ 及 $c_1+c_2+c_3=0$ 加以化简，最后可得

$$[k]=\frac{Et}{24(1-\mu^2)\Delta}\begin{bmatrix} F_i & P_{ij} & P_{im} & 0 & -4P_{im} & -4P_{ij} \\ P_{ji} & F_j & P_{jm} & -4P_{jm} & 0 & -4P_{ji} \\ P_{mi} & P_{mi} & F_m & -4P_{mj} & -4P_{mi} & 0 \\ 0 & -4P_{mj} & -4P_{jm} & G_i & Q_i & Q_{im} \\ -4P_{mi} & 0 & -4P_{im} & Q_{ji} & G_j & Q_{jm} \\ -4P_{ji} & -4P_{ij} & 0 & Q_{mi} & Q_{mj} & G_m \end{bmatrix} \quad (5-44)$$

其中

$$[F_i]=\begin{bmatrix} 6b_i+3(1-\mu)c_i^2 & 3(1+\mu)c_i \\ 对\quad 称 & 6c_i+3(1-\mu)b_i^2 \end{bmatrix} \quad \overrightarrow{i,j,m}$$

$$[P_{rs}]=\begin{bmatrix} -2b_rb_s-(1-\mu)c_rc_s & -2\mu b_rb_s-(1-\mu)c_rb_s \\ -2\mu c_rb_s-(1-\mu)b_rc_s & -2c_rc_s-(1-\mu)b_rc_s \end{bmatrix} \begin{matrix} r=i,j,m \\ s=i,j,m \\ r\neq s \end{matrix}$$

$$[G_i]=\begin{bmatrix} 16(b_i^2-b_ib_n)+8(1-\mu)(c_i^2-c_jc_m) & 4(1+\mu)(b_ic_i+b_jc_j+b_mc_m) \\ 对\quad 称 & 16(c_i^2-c_jc_m)+8(1-\mu)(b_i^2-b_jb_m) \end{bmatrix} \overrightarrow{i,j,m}$$

$$[Q_{rs}]=\begin{bmatrix} 16b_rb_s+8(1-\mu)c_rc_s & 4(1+\mu)(c_rb_s+b_rc_s) \\ 对\quad 称 & 16c_rc_s+8(1-\mu)b_rb_s \end{bmatrix} \begin{matrix} r=i,j,m \\ s=i,j,m \\ r\neq s \end{matrix}$$

对于平面应变问题，和第三章一样，须在应力矩阵及刚度矩阵的各个公式中将［E］换为$\frac{E}{1-\mu^2}$，将μ换为$\frac{\mu}{1-\mu}$。

六、非结点荷载向结点的移置

在第四章中已经叙述了荷载移置的基本原则是“虚功等效”，并讨论了常应变三角形单元的荷载移置方法及其一般性公式。在六结点三角形单元中，虽然位移模式是非线性的，但在推导非结点荷载向结点移置的荷载列阵时，仍然应用结点荷载与原荷载在虚位移上所做的虚功相等的原则。因此，六结点三角形单元等效结点荷载列阵为

$$\{R\}^e=[N]^T\{P\}+\iint[N]^T\{G\}t\mathrm{d}x\mathrm{d}y+\int[N]^T\{\overline{P}\}t\mathrm{d}s \quad (5-45)$$

仅有集中力作用时，如图 5－16 所示。得等效结点荷载列阵

$$\begin{aligned}\{R\}^e&=[X_1\quad Y_1\quad X_2\quad Y_2\quad X_3\quad Y_3\quad X_4\quad Y_4\quad X_5\quad Y_5\quad X_6\quad Y_6]^T\\&=[N_1P_x\quad N_1P_y\quad N_2P_x\quad N_2P_y\quad N_3P_x\quad N_3P_y\\&\quad N_4P_x\quad N_4P_y\quad N_5P_x\quad N_5P_y\quad N_6P_x\quad N_6P_y]^T\end{aligned}$$

若采用分块形式，可得

$$\{R\}^e=[R_1\quad R_2\quad R_3\quad R_4\quad R_5\quad R_6]^T=[N_1\quad P\quad N_2\quad P\quad N_2\quad P\quad N_4\quad P\quad N_5\quad P\quad N_6\quad P]^T$$

其中

$$R_i=[X_i\quad Y_i]^T\quad i=1\sim6$$

$$P=[P_x\quad P_y]^T$$

上式的意义是：单元上作用的集中荷载向量乘以 i 结点的形函数（此函数用集中力作用点处的值），就可以得到该集中力移置到 i 结点的荷载向量（图 5 - 16）。由于 $\sum_{i=1}^{6} N_i = 1$，所以有移置于各结点的荷载之和仍等于原荷载。

式（5 - 45）是荷载移置的一般性公式。下面举例说明这个公式在六结点三角形对能源中的应用。

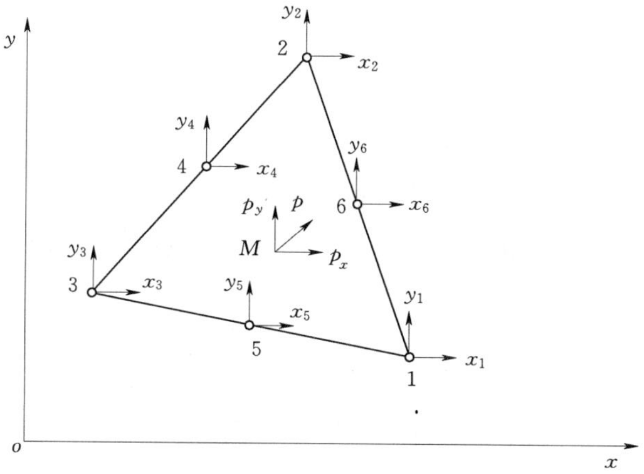

图 5 - 16

【例题 5 - 6】 单元的自重为 W，求等效结点荷载。

体力列阵为

$$\{G\} = \begin{Bmatrix} X \\ Y \end{Bmatrix} = \begin{Bmatrix} 0 \\ -\dfrac{W}{t\Delta} \end{Bmatrix}$$

代入式（5 - 45），得

$$\{R\}^e = \iint [N]^{\mathrm{T}} \{G\} t\mathrm{d}x\mathrm{d}y$$

$$= \iint_{\Delta} \begin{bmatrix} N_1 & 0 & N_2 & 0 & N_3 & 0 & N_4 & 0 & N_5 & 0 & N_6 & 0 \\ 0 & N_1 & 0 & N_2 & 0 & N_3 & 0 & N_4 & 0 & N_5 & 0 & N_6 \end{bmatrix}^{\mathrm{T}} \begin{Bmatrix} 0 \\ -\dfrac{W}{t\Delta} \end{Bmatrix} t\mathrm{d}x\mathrm{d}y$$

$$= -\frac{W}{\Delta} \iint_{\Delta} [0 \quad N_1 \quad 0 \quad N_2 \quad 0 \quad N_3 \quad 0 \quad N_4 \quad 0 \quad N_5 \quad 0 \quad N_6]^{\mathrm{T}} \mathrm{d}x\mathrm{d}y \tag{g}$$

利用积分式（5 - 32），可求得

$$\iint_{\Delta} N_1 \mathrm{d}x\mathrm{d}y = \iint_{\Delta} L_1(2L_1 - 1)\mathrm{d}x\mathrm{d}y = 0 \quad \overrightarrow{1,2,3}$$

$$\iint_{\Delta} N_4 \mathrm{d}x\mathrm{d}y = \iint_{\Delta} 4L_2 L_3 \mathrm{d}x\mathrm{d}y = \frac{\Delta}{3} \quad \overrightarrow{4,5,6} \quad \overrightarrow{1,2,3}$$

代入式（g），即可得荷载阵列

$$\{R\}^e = [X_1 \quad Y_1 \quad X_2 \quad Y_2 \quad X_3 \quad Y_3 \quad X_4 \quad Y_4 \quad X_5 \quad Y_5 \quad X_6 \quad Y_6]^{\mathrm{T}}$$

$$= -\frac{W}{3}[0 \quad 0 \quad 0 \quad 0 \quad 0 \quad 0 \quad 0 \quad 1 \quad 0 \quad 1 \quad 0 \quad 1]^{\mathrm{T}}$$

上式说明，六结点三角形单元受有自重荷载时，只需向结点 4、5、6 分别移置自重的 1/3，而不需要向结点 1、2、3 移置任何荷载。

【例题 5 - 7】 设单元在 1、2 边上有沿 x 方向的按线性变化的面力，在 1 点的值为 q，在 2 点的值为零，如图 5 - 17 所示。试求其等效结点荷载。

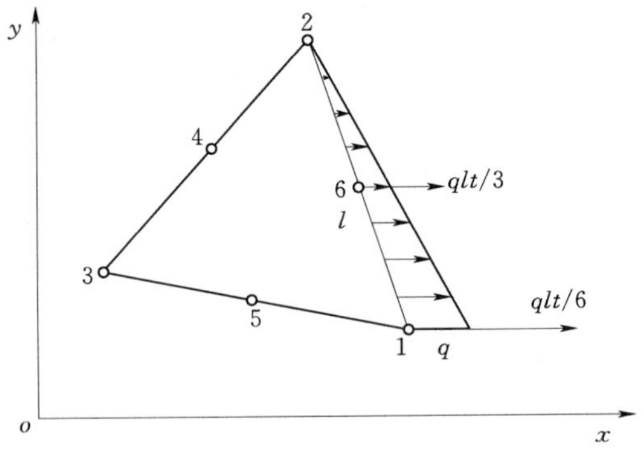

图 5 - 17

已知面积坐标 L_1 在 1 结点的值为 1，而在 2 结点的值为零。又由式（5 - 29）可知面积坐标 L_1 是（x，y）的一次函数，因此他在 1、2 边上是按线性变化的。所以，在 1、2 边的面力阵列可以用面积坐标 L_1 很简单地表示为

$$\{\overline{P}\}=\begin{Bmatrix}\overline{f}_x\\ \overline{f}_y\end{Bmatrix}=\begin{Bmatrix}qL_1\\ 0\end{Bmatrix} \tag{h}$$

将式（h）代入式（5 - 45）得

$$\begin{aligned}\{R\}^e&=\int_l\begin{bmatrix}N_1 & 0 & N_2 & 0 & N_3 & 0 & N_4 & 0 & N_5 & 0 & N_6 & 0\\ 0 & N_1 & 0 & N_2 & 0 & N_3 & 0 & N_4 & 0 & N_5 & 0 & N_6\end{bmatrix}^{\mathrm{T}}\begin{Bmatrix}qL_1\\ 0\end{Bmatrix}t\,\mathrm{d}s\\ &=qt\int_l[N_1\quad 0\quad N_2\quad 0\quad N_3\quad 0\quad N_4\quad 0\quad N_5\quad 0\quad N_6\quad 0]^{\mathrm{T}}\times L_1\,\mathrm{d}s\end{aligned} \tag{i}$$

在 1、2 边上，由于面积坐标 $L_3=0$，因此由式（5 - 37）得

$$\begin{cases}N_1=L_1(2L_1-1)\\ N_2=L_2(2L_2-1)\\ N_3=L_3(2L_3-1)=0\end{cases}\quad\begin{cases}N_4=4L_2L_3=0\\ N_5=4L_3L_1=0\\ N_6=4L_1L_2\end{cases} \tag{j}$$

将式（j）代入式（i），并应用公式（5 - 33）分别进行积分：

$$\int_l N_1L_1\,\mathrm{d}s=\int_l(2L_1^3-L_1^2)\,\mathrm{d}s=\frac{2\times 3!}{(3+0+1)!}l-\frac{2!}{(2+0+1)!}l=\frac{l}{6}$$

$$\int_l N_2L_1\,\mathrm{d}s=\int_l(2L_2^2L_1-L_1L_2)\,\mathrm{d}s=\frac{2\times 2!\times 1!}{(2+1+1)!}l-\frac{1!\times 1!}{(1+1+1)!}l=0$$

$$\int_l N_6L_1\,\mathrm{d}s=\int_l 4L_1^2L_2\,\mathrm{d}s=\frac{4\times 2!\times 1!}{(2+1+1)!}l=\frac{l}{3}$$

其余积分均为零。最后可得

$$\{R\}^e=\frac{qlt}{6}[1\ 0\ 0\ 0\ 0\ 0\ 0\ 0\ 0\ 0\ 2\ 1]^{\mathrm{T}} \tag{k}$$

由式（k）可知，受有上述面力的六结点三角形单元，求其等效结点荷载时，只需把总面力$\frac{qlt}{2}$的$\frac{1}{3}$移置到结点 1 的水平方向，其$\frac{2}{3}$移置到结点 6 的水平方向即可，而在结点 2 上并不移置荷载，等效结点荷载如图 5 - 17 所示。

有了以上三角形线性分布荷载计算等效结点荷载的结果，就可以用叠加法求得边界上

受任意线性分布面力时的等效结点荷载阵列。

第五节　六结点三角形单元计算实例

为了便于对比，仍然用图 5－6（a）所示的简支梁，由于对称计算简图取右边的一半，网格划分如图 5－18 所示。用绕结点平均法整理了在 $x=0$ 截面处的各结点的弯曲应力 σ_x 及挤压应力 σ_y，计算结果分别列入表 5－5 及表 5－6。

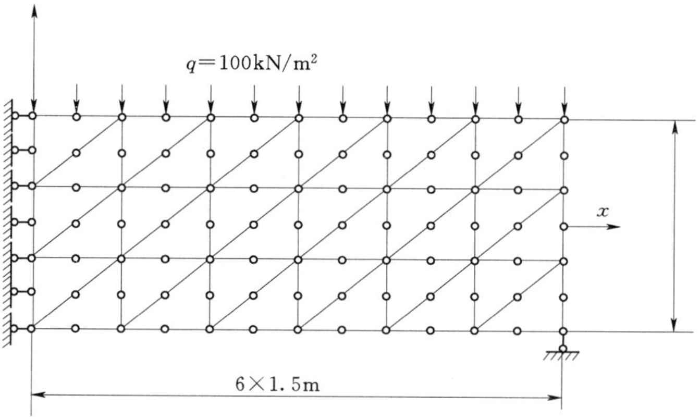

图 5－18

表 5－5　　单位：kN/m²

结点的坐标 y/m		1.5	1.0	0.5	0	−0.5	−1.0	−1.5
函数解		−2720	−1795	−892	0	892	1795	2720
六结点三角形有限单元解		−2727	−1805	−892	−6	891	1796	2712
与函数解相比的误差	差值	−7	−10	0	−6	−1	1	−8
	百分数/%	0.3	0.3	0	/	0.3	0.3	0.3

表 5－6　　单位：kN/m²

结点的坐标 y/m		1.5	1.0	0.5	0	−0.5	−1.0	−1.5
函数解		−100	−93	−74	−50	−26	−7	0
六结点三角形有限单元解		−100	−91	−77	−50	−25	−8	6
与函数解相比的误差	差值	0	2	−3	0	1	−1	6
	百分数/%	0	2	4	0	3.8	14	/

由表 5－5 和表 5－1 对比，可以清楚地看出：在结点数目大致相同的情况下，用六结点三角形单元进行计算，在 $x=0$ 截面的各点 σ_x 应力误差都在 1%以下，精度不但远高于常应变三角形单元，而且也高于四结点矩形单元。由此对比可见，六结点三角形单元的精度是比较高的，因此，为了达到大致相同的精度，用六结点三角形单元时单元可以去得很少。例如，对于图 5－19 所示的平面应变问题的楔形体，只需取一个六结点三角形单元就能得出完全精确的位移和应力。此外，六结点三角形单元整理应力成果也比较方便，对边

界内结点处的应力不需要从内结点推算，可直接用绕结点平均法计算，就能得到较好的结果。它的缺点是每个结点的平衡方程牵涉到较多的结点位移，因而整体刚度矩阵中带宽较大。

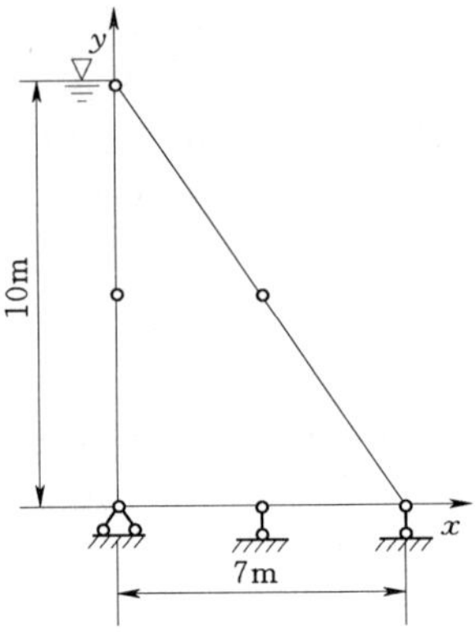

图 5-19

习 题 五

5-1 如图 5-20 所示的四结点平面四边形单元，若取位移模式为 $u=\alpha_1+\alpha_2 x+\alpha_3 y+\alpha_4 xy$，$v=\alpha_5+\alpha_6 x+\alpha_7 y+\alpha_8 xy$，试考察此位移模式的收敛性条件，并列出求解其系数 $\alpha_1 \sim \alpha_8$ 的方程。

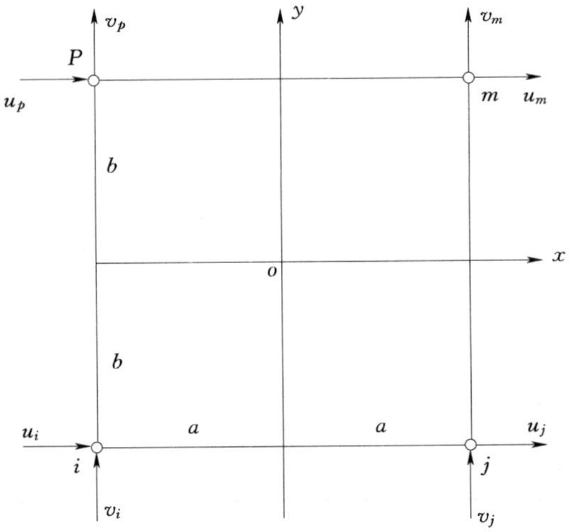

图 5-20

第六章　ANSYS 简介及其应用

ANSYS 公司成立于 1970 年，创始人是美国匹兹堡大学力学系教授 John Swanson 博士，总部位于美国宾西法尼亚州的匹兹堡，目前是世界 CAE 行业最大的公司。近 40 年来，ANSYS 公司一直致力于分析设计软件的开发、维护及售后服务，不断吸取当今世界最新的计算方法和计算机技术，领导着有限元界的发展趋势，并为全球工业界所广泛接受，拥有全球最大的用户群。ANSYS 公司于 1995 年 5 月在设计分析类软件中第一个通过了 ISO9001 的质量体系认证。

ANSYS 软件是融结构、流体、电场、磁场、声场分析于一体的大型通用有限元分析软件，它能与多数 CAD 软件接口，实现数据的共享和交换，如 Pro/Engineer，NASTRAN，Alogor，I—DEAS，AutoCAD 等，是现代产品设计中的高级 CAD 工具之一。可在大多数计算机及操作系统中运行，从微机到工作站直至巨型计算机，广泛应用于土木工程、地质矿产、水利、铁道、汽车交通、国防军工、航天航空、船舶、机械制造、核工业、石油化工、轻工、电子、日用家电和生物医学等一般工业及科学研究。

第一节　ANSYS　简　介

一、ANSYS 软件的功能

1. 基本功能

（1）结构静力分析。用来求解外载荷引起的位移、应力和力。静力分析很适合求解惯性和阻尼对结构的影响并不显著的问题。ANSYS 程序中的静力分析不仅可以进行线性分析，而且也可以进行非线性分析，如塑性、蠕变、膨胀、大变形、大应变及接触分析。

（2）结构动力学分析。结构动力学分析用来求解随时间变化的载荷对结构或部件的影响。与静力分析不同，动力分析要考虑随时间变化的力载荷以及它对阻尼和惯性的影响。ANSYS 可进行的结构动力学分析类型包括：瞬态动力学分析、模态分析、谐波响应分析及随机振动响应分析。

（3）结构非线性分析。结构非线性导致结构或部件的响应随外载荷不成比例变化。ANSYS 程序可求解静态和瞬态非线性问题，包括材料非线性、几何非线性和单元非线性三种。

（4）动力学分析。ANSYS 程序可以分析大型三维柔体运动。当运动的积累影响起主要作用时，可使用这些功能分析复杂结构在空间中的运动特性，并确定结构中由此产生的应力、应变和变形。

（5）热分析。程序可处理热传递的三种基本类型：传导、对流和辐射。热传递的三种类型均可进行稳态和瞬态、线性和非线性分析。热分析还具有可以模拟材料固化和熔解过程的相变分析能力以及模拟热与结构应力之间的热—结构耦合分析能力。

（6）电磁场分析。主要用于电磁场问题的分析，如电感、电容、磁通量密度、涡流、电场分布、磁力线分布、力、运动效应、电路和能量损失等。还可用于螺线管、调节器、发电机、变换器、磁体、加速器、电解槽及无损检测装置等的设计和分析领域。

（7）流体动力学分析。ANSYS流体单元能进行流体动力学分析，分析类型可以为瞬态或稳态。分析结果可以是每个节点的压力和通过每个单元的流率。并且可以利用后处理功能产生压力、流率和温度分布的图形显示。另外，还可以使用三维表面效应单元和热—流管单元模拟结构的流体绕流并包括对流换热效应。

（8）声场分析。程序的声学功能用来研究在含有流体的介质中声波的传播，或分析浸在流体中的固体结构的动态特性。这些功能可用来确定音响话筒的频率响应，研究音乐大厅的声场强度分布，或预测水对振动船体的阻尼效应。

（9）压电分析。用于分析二维或三维结构对AC（交流）、DC（直流）或任意随时间变化的电流或机械载荷的响应。这种分析类型可用于换热器、振荡器、谐振器、麦克风等部件及其他电子设备的结构动态性能分析。可进行四种类型的分析：静态分析、模态分析、谐波响应分析、瞬态响应分析。

2. 高级功能

（1）多物理场耦合分析。如果两个物理场之间相互作用，单独求解一个物理场是不可能得到正确结果的，需要考虑两个或多个物理场之间的相互作用。例如在火灾分析时，需要同时求解温度场（热分析）和应力（结构分析）。

（2）优化设计。优化设计是一种寻找确定最优方案的技术，设计方案的任何方面都是可以优化的，如尺寸、形状、材料等，实际上所有可以参数化的ANSYS选项都可以作为优化设计。

（3）拓扑优化。拓扑优化是指形状优化，有时也称为外形优化。拓扑优化的目标是寻找承受单载荷和多载荷的物体的最佳材料分配方案。这种方案在拓扑优化中表现为“最大刚度”设计。用户只需要给出结构的参数和要省去的材料百分比，程序就能自动进行优化。

（4）单元生死。如果模型中加入或删除材料，模型中相应的单元就“存在”或“消亡”。单元生死选项就用于在这种情况下杀死或重新激活单元。本功能主要用于钻孔（如开矿和挖隧道等），建筑物施工过程（如桥梁的建造过程），顺序组装（如分层的计算机芯片组装）等。

（5）用户可扩展功能（UPF）。ANSYS软件的开放结构允许连接自己的FORTRAN程序和子程序。UPF具有以下功能：

1）读入信息到ANSYS的数据库或从ANSYS的数据库中读取信息。

2）ANSYS提供了一套例程，可以应用它们指定各种类型的载荷。

3）可以自定义材料，ANSYS提供了定义以下材料的例程：塑性材料、蠕变、膨胀率、黏弹性、超弹性和层状单元的失效准则。

4）可以创建新单元例程，修改和监控已有单元的例程。

5）创建用户优化程序。

二、ANSYS 软件的组成

ANSYS 软件主要包括三个部分：前处理模块、分析计算模块和后处理模块。

1. 前处理模块

它为用户提供了一个强大的实体建模及网格划分工具，用户可以方便地构造有限元模型，软件提供了 100 种以上的单元类型，用来模拟工程中的各种结构和材料。

(1) 实体模型。

1) 参数化建模。

2) 体素库及布尔运算。

3) 拖拉、旋转、拷贝、蒙皮、倒角等。

(2) 多种自动网格划分工具，自动进行单元形态、求解精度检查及修正。

1) 自由/映射网格划分、智能网格划分、自适应网格划分。

2) 复杂几何体 Sweep 映射网格生成。

3) 六面体向四面体自动过渡网格：金字塔形。

4) 边界层网格划分。

(3) 在几何模型或 FE 模型上加载：点载荷、分布载荷、体载荷、函数载荷。

(4) 可扩展的标准梁截面形状库。

2. 分析计算模块

分析计算模块包括结构分析（可进行线性分析、非线性分析和高度非线性分析）、流体动力学分析、声场分析、压电分析、电磁场分析以及多种物理场的耦合分析，可模拟多种物理介质的相互作用，具有灵敏度分析和优化分析能力。

3. 后处理模块

可将计算结果以彩色等值线显示、矢量显示、立体切片显示、梯度显示、粒子流显示、透明和半透明显示等图形显示方式显示，还可将计算结果以图表、曲线等形式显示或输出。具体如下所示：

(1) 计算报告自动生产及定制工具。

(2) 图形显示方式：云图、切片、纹理、等值线、矢量显示、粒子流迹显示、透明及半透明显示。

(3) 结果显示菜单包括：图形显示、抓图、结果列表。

(4) 梁、管、板、复合材料单元及结果按实际形状显示，显示横截面结果；显示梁单元弯矩图。

(5) 钢筋混凝土单元可显示单元内的钢筋、开裂情况及压碎部位。

(6) 能够显示优化灵敏度及优化变量曲线。

(7) 各种计算结果可动画显示，并可独立保存。

(8) 具有 3D 图形注释功能。

(9) 能够直接生成 BMP、JPG、VRML、EMF、WMF、TIFF、PNG 等多种格式的图形。

(10) 可以进行计算结果的排序、检索、列表及再组合。

（11）提供对计算结果的加、减、积分和微分等计算。

（12）能够显示沿任意路径的结果曲线，并可进行沿路径的数学计算。

三、ANSYS 软件的特点

（1）唯一能实现多场及多场耦合分析的软件。

（2）唯一实现前后处理、求解及多场分析统一数据库的一体化大型 FEA 软件。

（3）唯一具有多物理场优化功能的 FEA 软件。

（4）唯一具有中文界面的大型通用有限元软件。

（5）强大的非线性分析功能。

（6）多种求解器分别适用于不同的问题及不同的硬件配置。

（7）支持异种、异构平台的网络浮动，在异种、异构平台上用户界面统一、数据文件全部兼容。

（8）强大的并行计算功能支持分布式并行及共享内存式并行。

（9）多种自动网格划分技术。

（10）良好的用户开发环境。

四、ANSYS 软件的图形用户界面

ANSYS 的图形用户界面如图 6-1 所示，包括多个窗口，通过这些窗口可以非常方便地输入命令、建立模型、检查模型、分析计算、观察分析结果及实现图形输出与打印等。

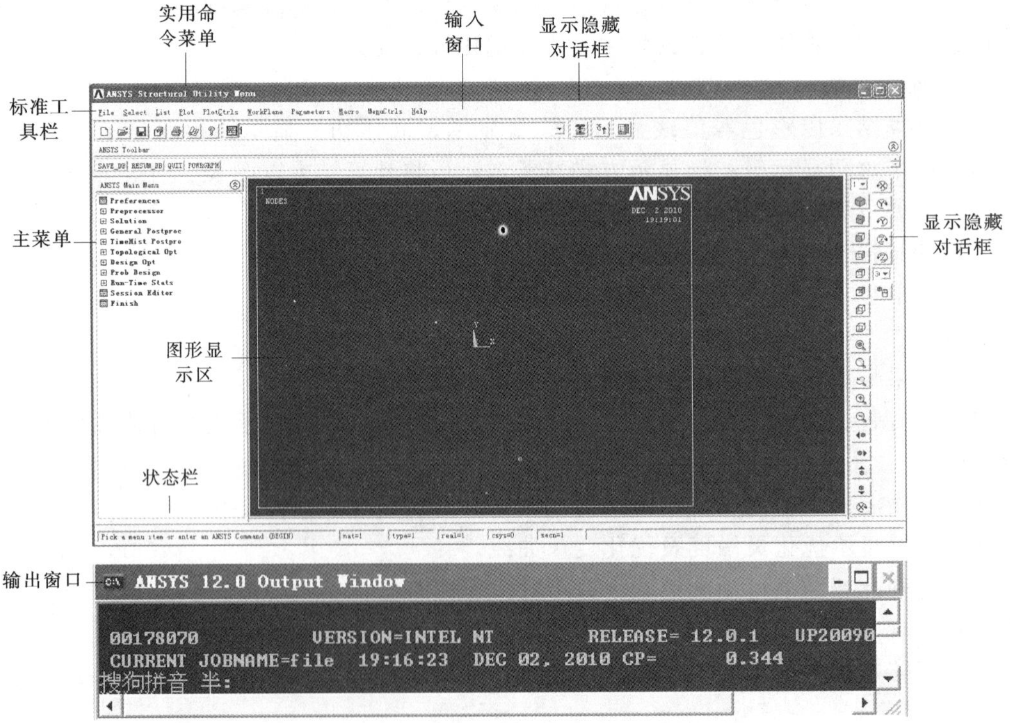

图 6-1

1. 实用菜单

实用菜单为下拉式菜单，包括了 ANSYS 的各种操作命令，如文件控制（File)、对象选择（Select)、数据列表（List)、图形显示（Plot)、显示控制（PlotCtrls)、工作平面设定（WorkPlane)、参数化设计（Parameters)、宏命令（Macro)、菜单控制（MenuCtrls）以及帮助（Help)。

2. 主菜单

主菜单中包括各种功能命令，包括前处理、求解器、通用后处理、时间历程后处理、优化设计等。执行不同菜单项将会得到不同结果，如前处理模块单元定义、实常数定义、材料定义、界面定义、几何模型定义及网格划分等。

3. 工具栏

工具栏包括一些常用的命令和函数，是执行命令的快捷方式，分为标准工具栏和 ANSYS 工具栏。在工具栏中，用户可以根据自己要求自行定义屏幕功能按钮，以提高工作效率。

4. 输入窗口

一般而言，使用鼠标及菜单工作的效率比较高，而且不必记忆命令。如果用户习惯输入命令的操作，可在输入窗口直接输入命令。

5. 图形窗口

图形窗口是显示所有前后处理图形的窗口，如同大多数 CAE 软件一样，ANSYS 可以同时打开多个图形窗口，并可进行各种缩放及位置安排。

6. 输出窗口

输出窗口是位于 ANSYS 其他窗口之后的另一个以文本形式显示命令执行结果的窗口，其显示包括注释、警告、错误及其他列表信息。在 Windows 环境下，可以将输出窗口内任何数据标记（Mark）起来，并复制到其他文本处理软件，进行进一步的编辑操作。

五、ANSYS 软件的参数化设计语言

APDL 的全称是 ANSYS Parametric Design Language（ANSYS 参数化设计语言)。可用来完成一些通用性强的任务，也可以用于根据参数来建立模型，不仅是优化设计和自适应网格划分等 ANSYS 经典特性的实现基础，也为日常分析提供了便利。

有限元分析的标准过程包括：定义模型及其载荷、求解和解释结果，假如求解结果表明有必要修改设计，那么就必须改变模型的几何结构或载荷并重复上述步骤。特别是当模型较复杂或修改较多时，这个过程可能很昂贵和浪费时间。APDL 用建立智能分析的手段为用户自动完成上述循环的功能，也就是说，程序的输入可设定为根据指定的函数、变量及选出的分析标准作决定。它允许复杂的数据输入，使用户对任何设计或分析属性有控制权，例如，几何尺寸、材料、边界条件和网格密度等，扩展了传统有限元分析范围以外的能力，并扩充了更高级运算包括灵敏度研究、零件参数化建模、设计修改及设计优化。为用户控制任何复杂计算的过程提供了极大的方便。它实质上由类似于 FORTRAN77 的程序设计语言部分和 1000 多条 ANSYS 命令组成。其中，程序设计语言部分与其他编程语言一样，具有参数、数组表达式、函数、流程控制（循环与分支)、重复执行命令、缩写、

宏以及用户程序等。标准的 ANSYS 程序运行是由 1000 多条命令驱动的，这些命令可以写进程序设计语言编写的程序，命令的参数可以赋确定值，也可以通过表达式的结果或参数的方式进行赋值。从 ANSYS 命令的功能上讲，它们分别对应 ANSYS 分析过程中的定义几何模型、划分单元网格、材料定义、添加载荷和边界条件、控制和执行求解和后处理计算结果等指令。

用户可以利用程序设计语言将 ANSYS 命令组织起来，编写出参数化的用户程序，从而实现有限元分析的全过程，即建立参数化的 CAD 模型、参数化的网格划分与控制、参数化的材料定义、参数化的载荷和边界条件定义、参数化的分析控制和求解以及参数化的后处理。

宏是具有某种特殊功能的命令组合，实质上是参数化的用户小程序，可以当作 ANSYS 的命令处理，可以有输入参数或没有输入参数。

缩写是某条命令或宏的替代名称，它与被替代命令或宏存在一一对应的关系，在 ANSYS 中两者是完全等同的，但缩写更符合用户习惯，更易于记忆，减少敲击键盘的次数。ANSYS 工具条就是一个很好的缩写例子。

六、ANSYS 软件的学习方法

大多数 ANSYS 学习者都有这样的体会，学习初期感觉程序界面麻烦，基本入门以后又感觉一头雾水，想做深入的研究却发现无从下手，等能解决一些实际问题时，又发现对分析结果的正确性难以判别。实际上，这几个问题正反映了学习 ANSYS 所要注意的如下几个关键环节。

1. 扎实的有限元理论功底

ANSYS 程序是从最基本的数学及力学为着眼点来解释行业的特殊问题，因此需要学习者有较好的力学功底，这也并非意味着只有力学功底练扎实了才能学习 ANSYS。程序的学习和使用仅仅是使用者力学功底的体现，但是学习程序的过程往往也是使用者对力学理论再学习的过程。因此，具备一定的力学理论基础都可以掌握 ANSYS 程序，关键是学习程序的过程中需要不断深化和补充自己的力学理论知识，使用者需要针对行业特殊问题进行一些特殊的参数设定，这需要使用者按照“使用—学习—使用—再学习”这样一个循环往复过程来进行。

2. 宏观的专业概念

在 ANSYS 的学习过程中，最常见的问题是针对同一个模型，不同的人算出的结果相差甚远，这实际上就是一个结果正确性的判断问题。一般最简单的方法就是，同样的模型采用不同程序进行计算，进行结果比较，这种方法最容易发现分析模型的问题。但是，在条件不允许的情况下，那就需要使用者对分析模型的建模、求解控制、输出结果具有宏观的概念，这种概念不同于一般书面上所提及的简单认知概念，它来自于大量的实践经验，也可能来自于使用者自己的专业悟性。这种概念也并非有多高深莫测，工作做多了，想多了，自然就会形成概念体系。

3. 持之以恒的学习态度

学习 ANSYS 程序绝非像学习其他一些专业软件，可以速成。由于 ANSYS 程序每个模块的学习都需要使用者结合各自行业的具体算例进行反复摸索，要得出符合实际的分析结果，往往需要使用者反复多次使用。同时，由于程序编制是从最基本的数学及力学为着眼点来解释行业的特殊问题，因此，使用者在学习过程中还需要熟悉 ANSYS 程序的基本原理。因此，这是一个边摸索边学习的过程，需要学习者有持之以恒的学习态度。

4. 丰富的已有资源

ANSYS 软件在国内市场开拓已有 15 年左右，出版了大量的 ANSYS 公司的用户手册、培训资料和 ANSYS 实例教程，比较系统地介绍了 ANSYS 软件的基本理论、基本操作和高级操作，可以让学习者较快地熟悉 ANSYS 软件的界面和基本功能。同时各大相关学术论坛上的 ANSYS 板块也是学习 ANSYS 的有益补充，甚至是必须的，笔者在做实际工程中遇到的好多问题，思路很多都受到了网络资源的启发。周围的 ANSYS 熟练者也是一笔宝贵的财富，能得到他们的帮助和指点，往往是可遇不可求的。最后 ANSYS 帮助文件也是一个必不可少的资料，所有的命令参数都可以在帮助文件中查到，我们学习时只需要记住一些常用的功能及命令即可，没必要花费太多精力去研究 ANSYS 命令的各个参数，用到时在帮助文件里面查找一一对应即可。

5. 二八定律

ANSYS 软件功能非常强大，对于大多数学习者及使用者来说，达到熟练掌握的程度是不现实的。但是达到一般问题能应付又是可能的。在 ANSYS 的学习者中，20%的人需要掌握 ANSYS 80%的知识，剩下 80%的人仅需要掌握 ANSYS 20%的知识，即可达到将 ANSYS 作为一种辅助工具来解决工程及科研中遇到的问题。这就是著名的“二八定律”在 ANSYS 学习中的应用。

第二节　ANSYS 应用基本实例

一、桁架问题

1. 问题的描述

一平面桁架形状及受力如图 6-2 所示，在荷载 P 作用下求该桁架的变形。已知条件如下：

各杆截面面积：$A=0.01\text{m}^2$；荷载：$P=2.1\times10^5\text{N}$；弹性模量：$E=2.1\times10^{11}\text{Pa}$，泊松比：$\nu=0.3$。图 6-2 中单位为 m。

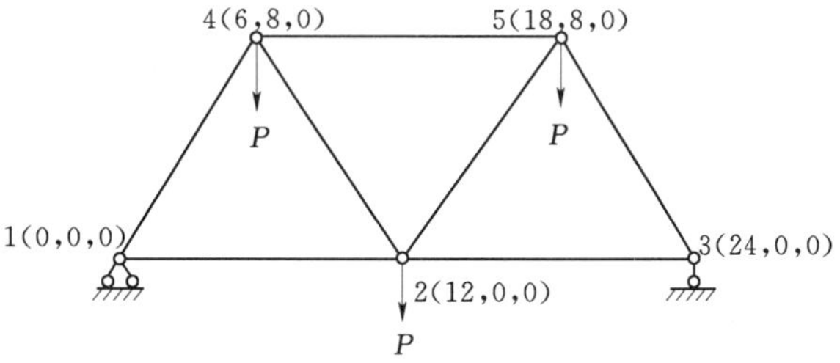

图 6-2

2. GUI 操作方式

（1）定义工作文件名和工作标题。

1）定义工作文件名：Utility Menu>File>Change Jobname，在出现的如图 6-3 所示对话框中输入“Plane truss”作为工作文件名，并将“New log and error files”复选框选为“Yes”，单击“OK”。

2）定义工作标题：Utility Menu>File>Change Title，在出现的如图 6-4 所示对话

框中输入“The analysis of plane truss”作为工作标题，单击“OK”。

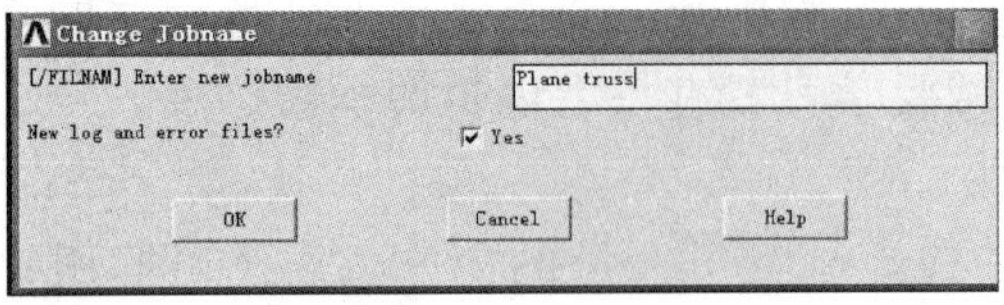

图 6-3

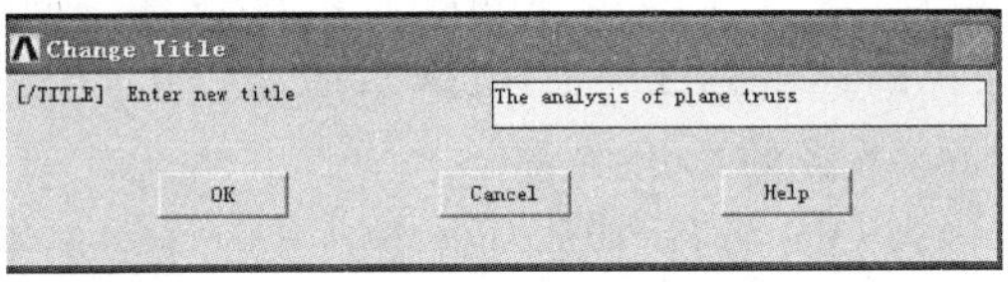

图 6-4

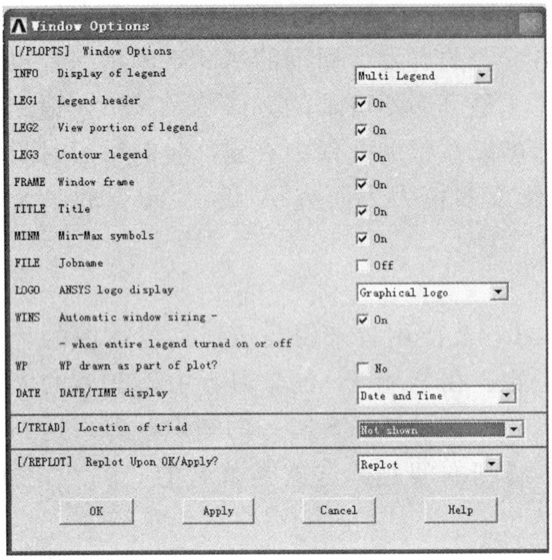

图 6-5

3）重新显示：Utility Menu>Plot>Replot。

4）关闭三角坐标符号：Utility Menu>Plotctrls>Window Controls>Window Options，弹出一个如图 6-5 所示的对话框，在“Location of triad”后面的下拉选择框中，选择“Not Shown”，单击“OK”。

（2）定义单元属性。

1）选择单元类型：Main Menu>Preprocessor>Element Type>Add/Edit/Delete，弹出一个如图 6-6 所示的对话框，为单元类型对话框，单击“Add…”，又弹出一个如图 6-7 所示的对话框，为单元类型选择对话框在选择框中分别选择“Structural Link”和“2D spar 1”，单击“OK”，又单击图 6-6 上的“Close”，则完成单元类型的选择。

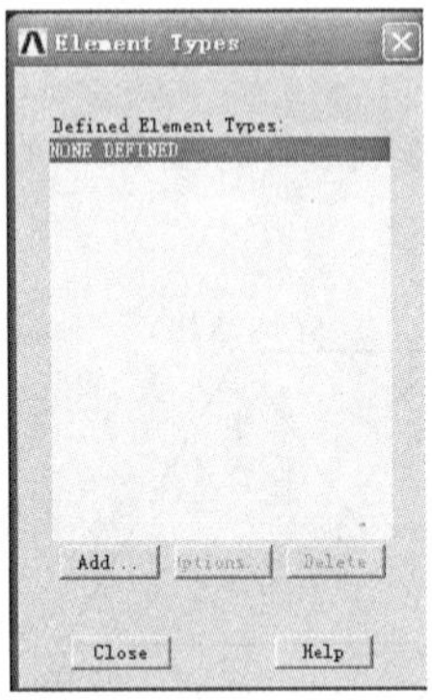

图 6-6

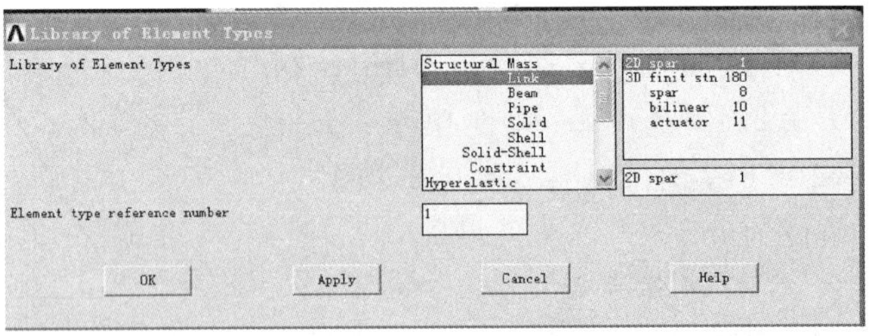

图 6-7

2）定义实常数：Main Menu>Preprocessor>Real Constants>Add/Edit/Delete，弹出一个如图 6-8 所示的对话框为定义实常数对话框，单击“Add…”，弹出一个如图 6-9 所示的对话框为选择单元类型对话框，单击“OK”，弹出一个如图 6-10 所示的对话框为输入实常数对话框，在“AREA”后面的输入框中输入“0.01”，输入的数据见图 6-10，输入完数据后，单击“OK”。单击图6-8上的“Close”。

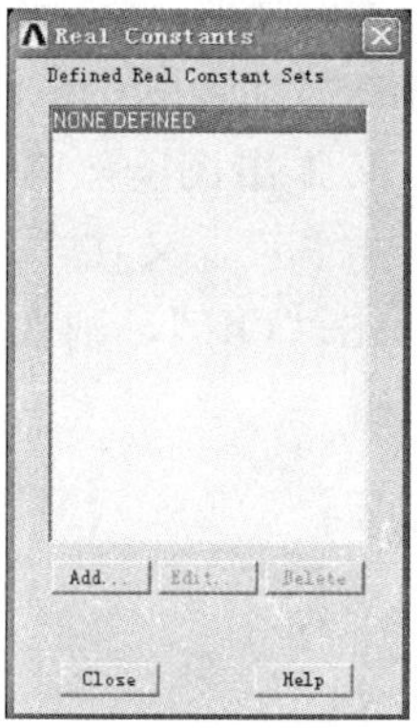

图6-8

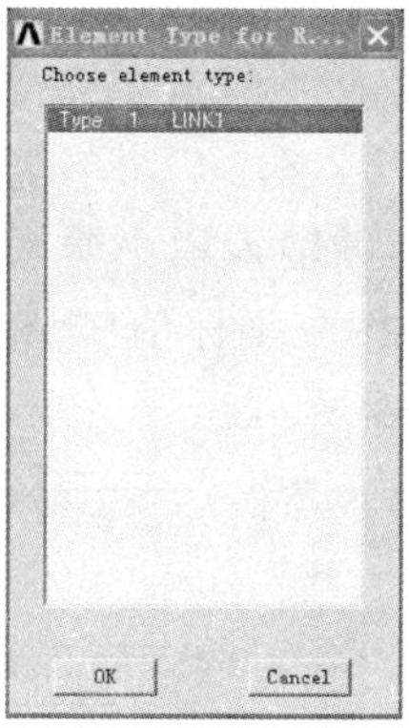

图6-9

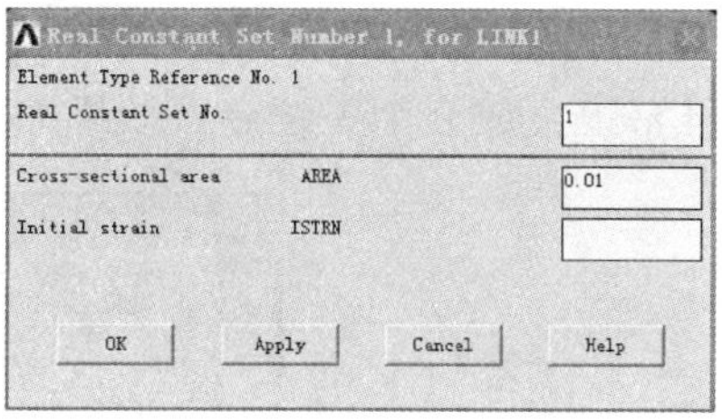

图6-10

3）定义材料属性：Main Menu>Preprocessor>Material Props>Material Models，弹出一个如图6-11所示的定义材料属性对话框，在“Define Material Model Behavior”对话框的右边“Material Model Available”框中，双击“Structural>Linear>Elastic>Isotropic”后，又弹出一个“Linear Isotropic Properties for Material Number 1”对话框，在“EX”后面的输入框中，输入“2.1E11”，在“PRXY”后面的输入框中输入“0.3”，如图6-12所示，单击“OK”退出该对话框，单击“Material Model Available”右上角的关闭按钮，关闭该对话框。

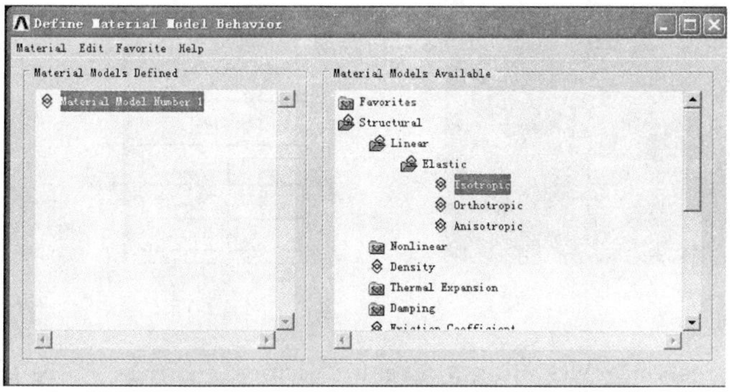

图6-11

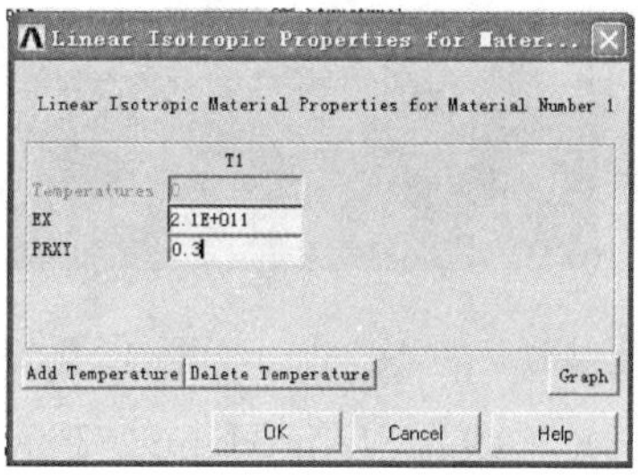

图6-12

4）保存数据：单击工具条上的“SAVE _ DB”。

（3）建立有限元分析模型。

1）生成关键点：Main Menu>Preprocessor>Create>Keypoints>In Active CS，弹出一个如图6-13所示的生成关键点对话框，在“Keypoint number”后面的输入栏中输入关键点的编号“1”，又在“Location in active CS”后面输入该关键点的相应坐标值“0，0，0”，单击“Apply”，又弹出图6-13所示的对话框，在“Keypoint number”后面的输入栏中输入关键点的编号“2”，又在“Location in active CS”后面输入该关键点的相应坐标值“12，0，0”，单击“Apply”，又弹出图6-13所示的对话框，在“Keypoint number”后面的输入栏中输入关键点的编号“3”，又在“Location in active CS”后面输入该关键点的相应坐标值“24，0，0”，单击“Apply”，又弹出图 6-13 所示的对话框，在“Keypoint number”后面的输入栏中输入关键点的编号“4”，又在“Location in active CS”后面输入该关键点的相应坐标值“6，8，0”，单击“Apply”，又弹出图 6-13 所示的对话框，在“Keypoint number”后面的输入栏中输入关键点的编号“5”，又在“Location in active CS”后面输入该关键点的相应坐标值“18，8，0”，单击“OK”，则在图形屏幕上生成五个关键点，结果如图 6-14 所示。

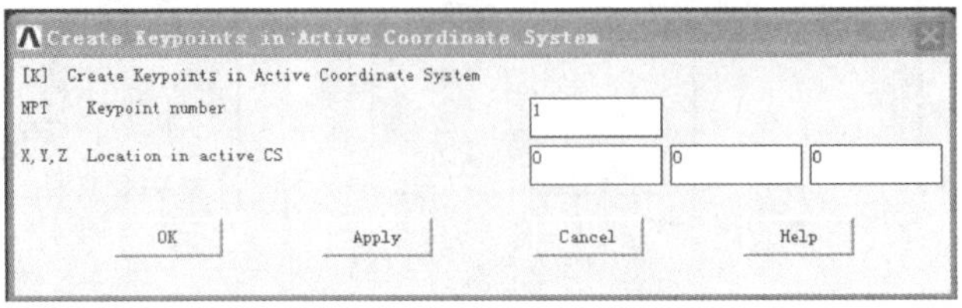

图 6-13

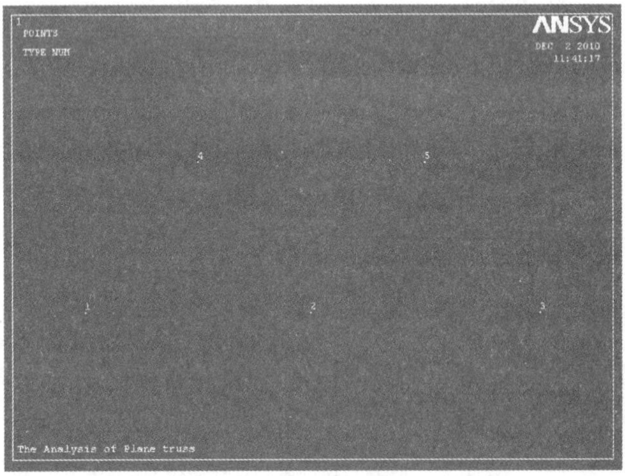

图 6-14

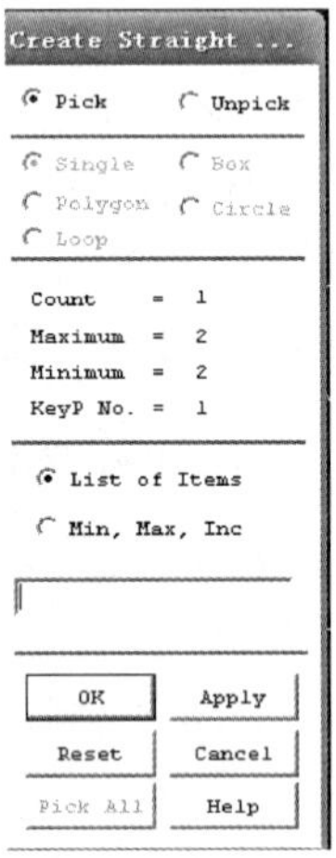

图 6-15

2）连线：Main Menu>Preprocessor>Modeling>Create>Lines>Lines>Straight Line，出现一个如图6-15所示的生成直线拾取框，用鼠标在图形窗口上分别拾取编号为“1，2、2，3、1，4、4，5、4，2、2，5、5，3”的关键点，单击“OK”，则在图形输出窗口上生成七条直线，如图 6-16 所示。

3）指定单元属性：Main Menu>Preprocessor>Meshing>Mesh Attributes>All Lines，弹出一个如图 6-17 所示的指定单元属性对话框，单击“OK”。

4）设置单元划分数量：Main Menu>Preprocessor>Meshing>Size Cntrls>ManualSize>Global>Size，弹出一个如图 6-18 所示的设置单元数量对话框，在“NDIV No. of element divisions”后面的输入栏中输入单元划分数量“1”，单击“OK”。

5）划分网格：Main Menu>Preprocessor>Meshing>Mesh>Lines，出现一个如图 6-19 所示的拾取框为划分网格对话框，单击“Pick All”，则完成线单元的划分。

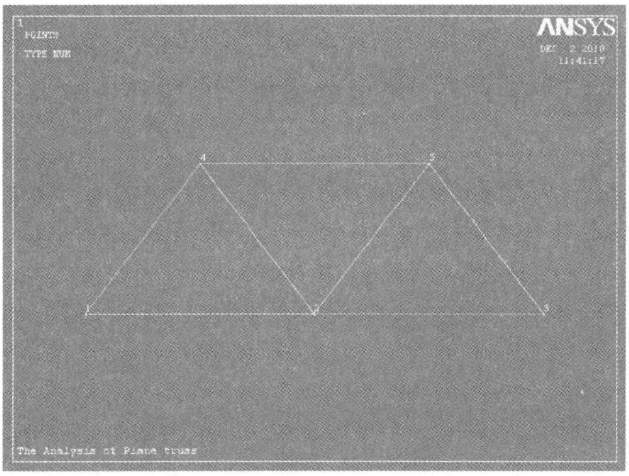

图 6-16

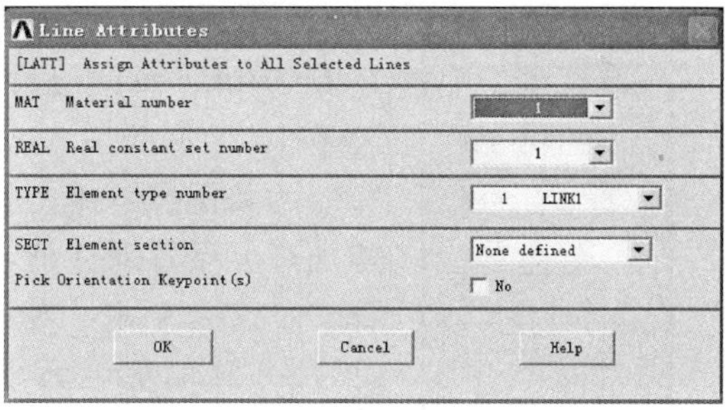

图 6-17

6) 保存网格数据：单击工具条上的“SAVE _ DB”。

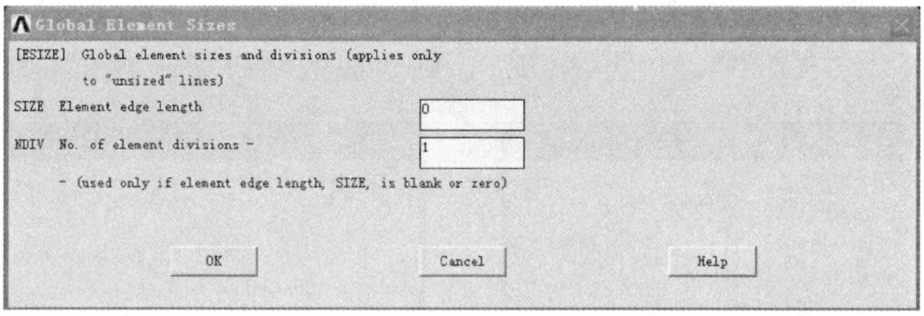

图 6-18

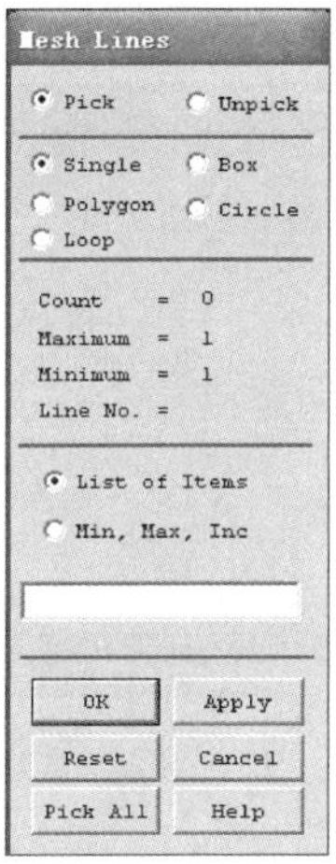

图 6-19

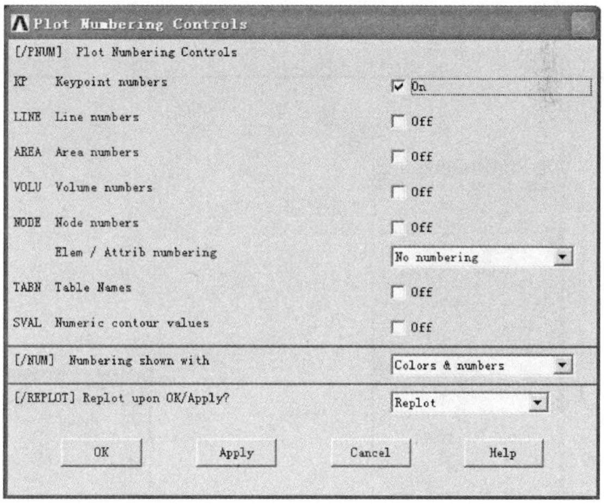

图 6-20

(4) 施加荷载。

1) 显示关键点编号：Utility Menu>PlotCtrls>Numbering …，弹出一个如图 6-20 所示的显示键点编号对话框，单击“KP Keypoints numbers”后面的小方框，使其变为

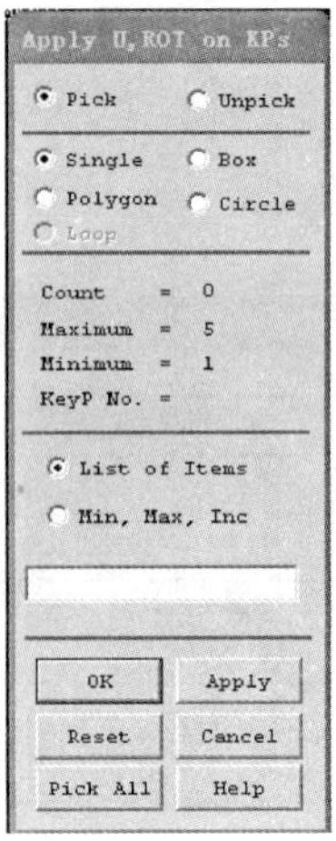

图 6-21

“on”，单击对话框上的“OK”。

2）施加边界条件：Main Menu>Solution>Apply>Displacement>On Keypoints，出现一个如图 6-21 所示的施加边界条件拾取框，用鼠标在图形窗口上拾取编号为“1”的关键点，单击拾取框上的“OK”，弹出一个如图 6-22 所示的施加边界条件对话框，在“Items to be contrained”后面的选择栏中选择“All DOF”，单击对话框上的“Apply”，回到图 6-22 所示拾取框，用鼠标在图形窗口上拾取编号为“3”的关键点，单击拾取框上的“OK”，弹出一个如图 6-23 所示的施加边界条件对话框，在“Items to be contrained”后面的选择栏中选择“UY”，单击“All DOF”，取消选择，单击对话框上的“OK”。

3）施加集中力：Main Menu>Solution>Define Load>Apply>Force/Moment>On Keypoints，出现一个如图 6-24 所示的施加荷载拾取框，用鼠标在图形窗口上拾取编号为“2、4、5”的关键点，单击拾取框上的“OK”，则又弹出一个如图 6-25 所示的施加荷载对话框，在“Direction of Force/Moment”后面的下拉式选择栏中选择“FY”，然后在“Force/Moment Value”后面的输入栏中输入“－50000”，单击“OK”，则生成的结果如图 6-26 所示。

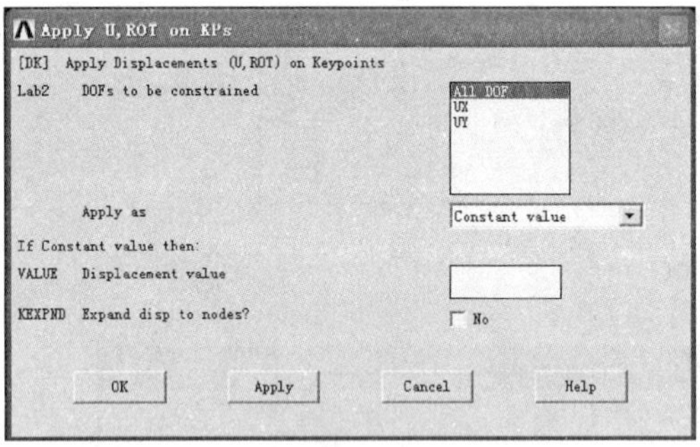

图 6-22

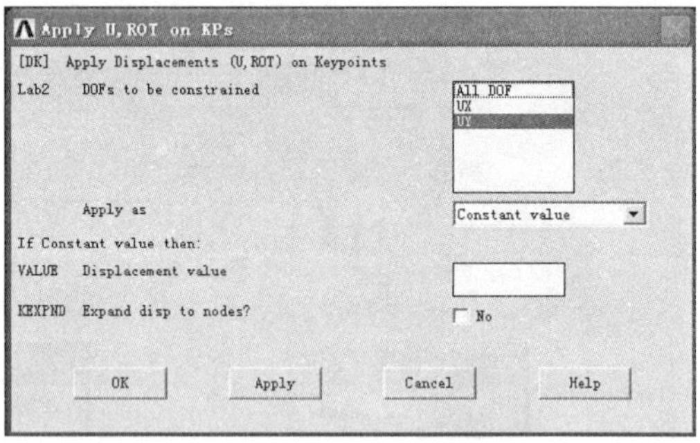

图 6-23

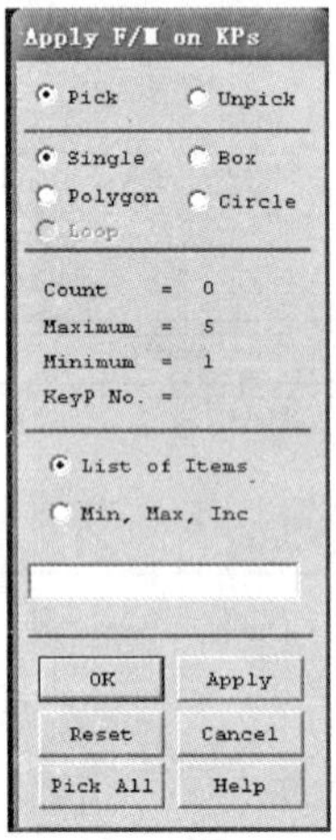

图 6-24

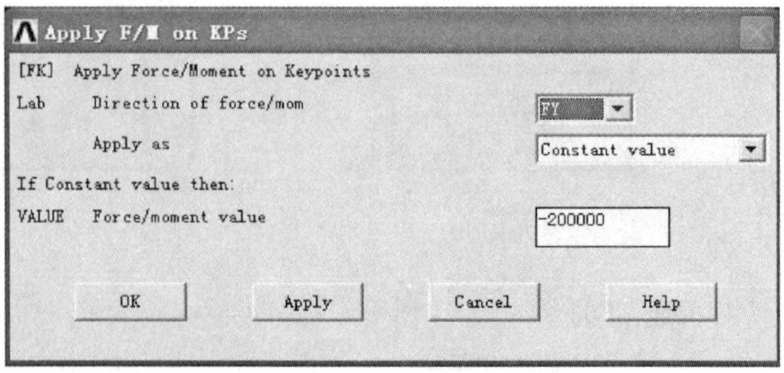

图 6-25

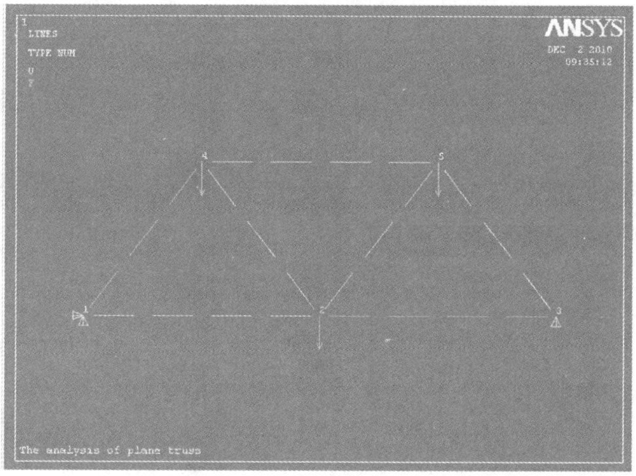

图 6－26

4）求解计算：Main Menu＞Solution＞Solve＞Current LS，弹出一个如图 6－27 所示的检查信息窗口，浏览完信息并确认无误后，单击“File＞Close”关闭信息窗口，又单击对话框上的“OK”，系统将开始分析计算，当在显示器上出现一个如图 6－28 所示的“Solution is done”的提示后，表示计算结束，单击“Close”关闭提示框。

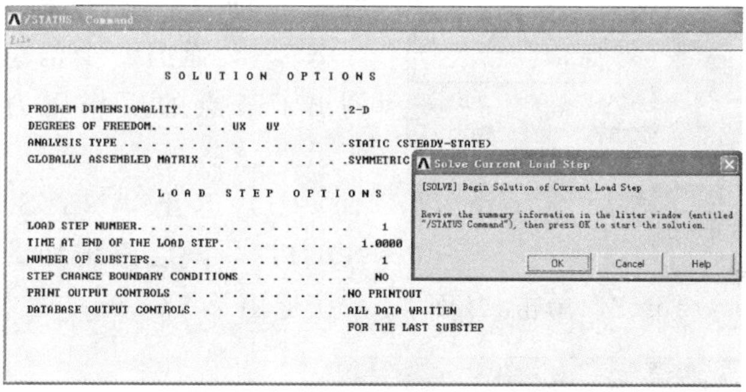

图 6－27

图 6－28

5）保存结果：单击工具条上的“SAVE _ DB”。

（5）浏览计算结果。

1）显示变形形状：Main Menu＞General Postproc＞Plot Results＞Deformed Shape，弹出一个如图 6－29 所示的显示变形形状对话框，在其中“Items to be Plotted”选项中，选择“Def＋Undeformed”单击对话框上的“OK”，其显示结果如图 6－30 所示。

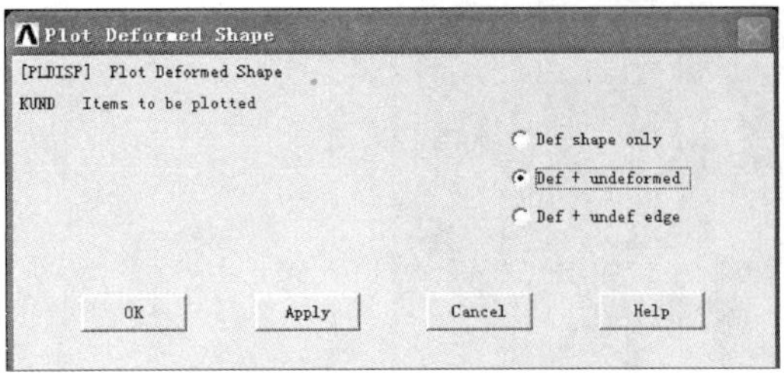

图 6 - 29

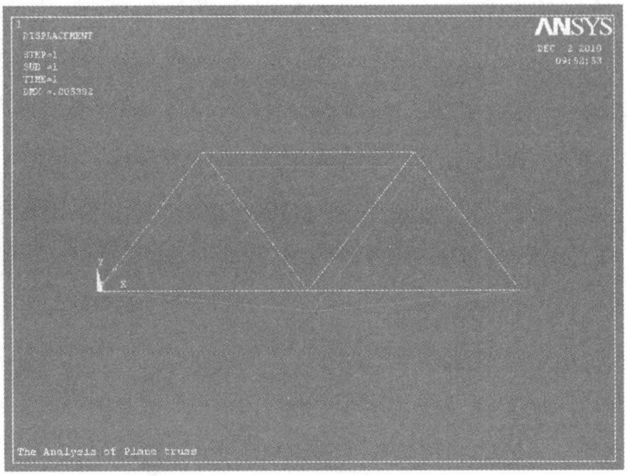

图 6 - 30

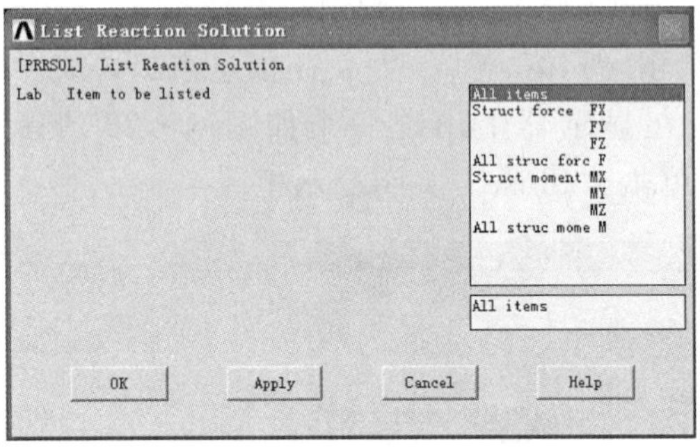

图 6 - 31

2）列出节点的反作用力：Main Menu＞General Postproc＞List Results＞Reaction Solu，弹出一个如图 6 - 31 所示的列表反作用力对话框，在其中 “Items to be Listed” 后面的选择栏中选择 “All items”，单击 “OK”，又弹出一个信息窗口，在该窗口中列出了节点的反作用力，结果如图 6 - 32 所示。

（6）退出 ANSYS。单击工具条上的 “QUIT”，随后出现如图 6 - 33 所示的对话框，选择 “Save Everything”，单击 “OK”，系统退出 ANSYS。

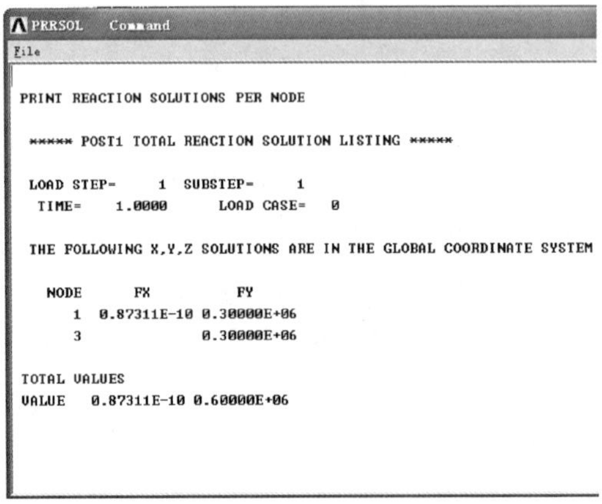

图 6 - 32

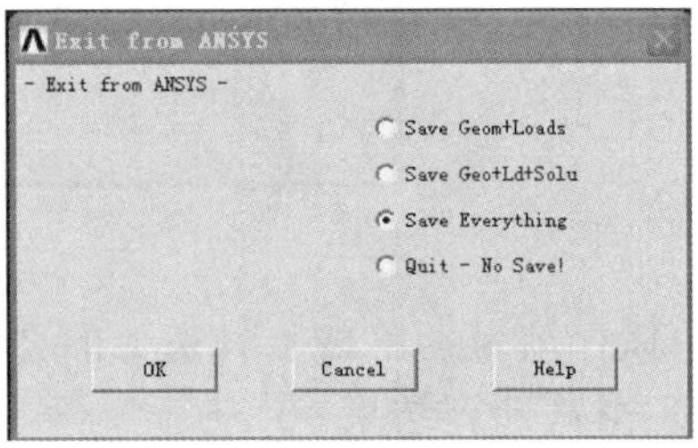

图 6 - 33

3. 命令流方式

/filname,Plane truss,1　　　　　! 指定工作文件名

```
/title,The analysis of plane truss  ! 指定工作标题
/triad,off                          ! 关闭坐标系的三角符号
/replot

/prep7                              ! 进入前处理器
et,1,link1                          ! 选择单元
r,1,0.01                            ! 输入实常数
mp,ex,1,2.1e11                      ! 输入弹性模量
mp,prxy,1,0.3                       ! 输入泊松比
save
k,1,0,0,0                           ! 生成关键点
k,2,12,0,0
k,3,24,0,0
k,4,6,8,0
k,5,18,8,0
lstr,1,2                            ! 由关键点生成线
lstr,2,3
lstr,1,4
lstr,4,5
lstr,4,2
lstr,2,5
lstr,5,3
lsel,all
latt,1,1,1                          ! 指定单元属性
allsel,all
lesize,all,,,1                      ! 设定单元个数
lmesh,all                           ! 对线划分网格
save
finish

/solu                               ! 进入求解器
dk,1,all,0                          ! 在关键点上施加约束条件
dk,3,uy,0
fk,2,fy,-200000                     ! 在关键点上施加集中力
fk,4,fy,-200000
fk,5,fy,-200000
solve                               ! 开始求解运算
finish
```

```
/post1                          ! 进入后处理器
pldisp,1                        ! 显示变形的结果
prrsol                          ! 列表显示支反力结果
save
finish
/exit,all                       ! 退出 ANSYS
```

二、悬臂梁问题

1. 问题的描述

如图 6-34 所示为一根矩形悬臂梁，在荷载 P 作用下求该梁 A 点的挠度。已知条件如下：

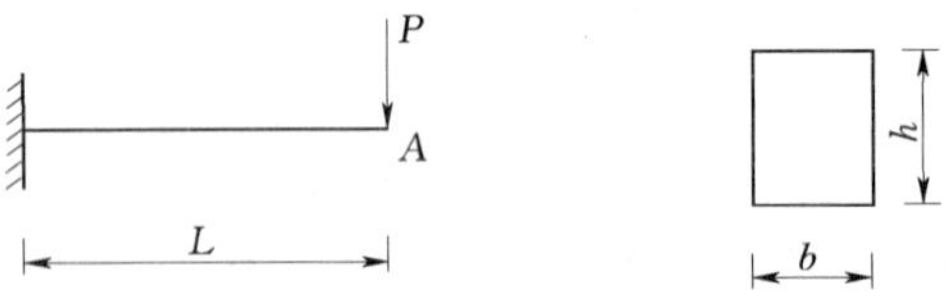

图 6-34

矩形截面：$b=0.3\text{m}$，$h=0.5\text{m}$；长度：$L=2\text{m}$；荷载：$P=2\times10^5\text{N}$；弹性模量：$E=3\times10^{10}\text{Pa}$，泊松比：$\nu=0.2$。

在有限元分析过程中，可以根据分析问题的性质将其进行简化，如图 6-34 所示。这样就将一个三维问题的分析用一个二维问题的分析来代替，从而有效简化建模过程和分析步骤。

2. GUI 操作方式

(1) 定义工作文件名和工作标题。

1) 定义工作文件名：Utility Menu>File>Change Jobname，在出现的如图 6-35 所示对话框中输入“Cantilever beam”作为工作文件名，并将“New log and error files”复选框选为“Yes”，单击“OK”。

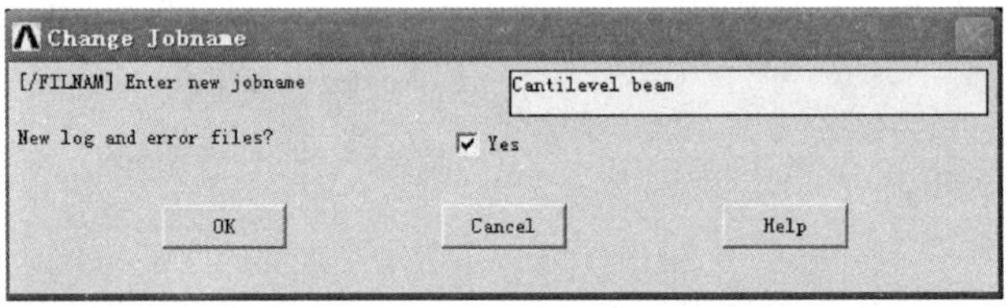

图 6-35

2) 定义工作标题：Utility Menu>File>Change Title，在出现的如图 6-36 所示对话框中输入“The analysis of cantilever beam”，单击“OK”。

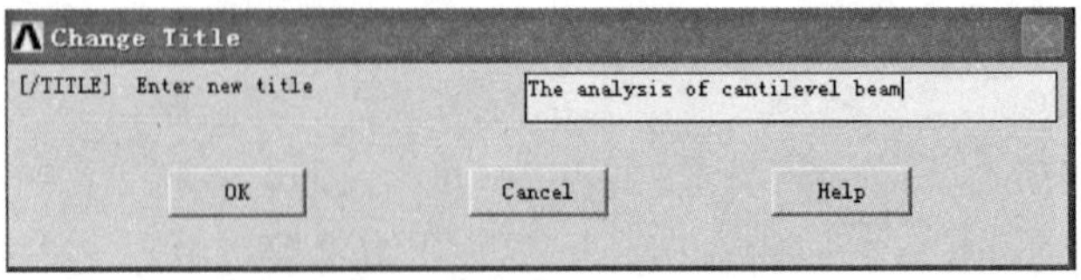

图 6-36

3）重新显示：Utility Menu>Plot>Replot。

4）关闭三角坐标符号：Utility Menu>Plotctrls>Window Controls>Window Options，弹出一个如图 6－37 所示的对话框，在“Location of triad”后面的下拉选择框中，选择“Not Shown”，单击“OK”。

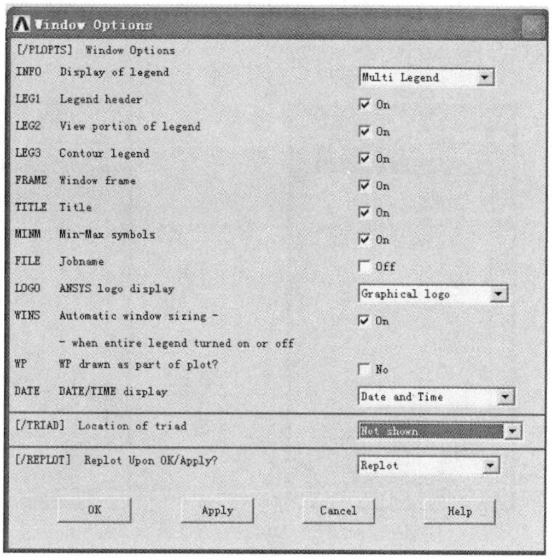

图 6－37

（2）定义单元属性。

1）选择单元类型：Main Menu>Preprocessor>Element Type>Add/Edit/Delete，弹出一个如图 6－38 所示的对话框，单击“Add…”，又弹出一个如图 6－39 所示的对话框，在选择框中分别选择“Structural Baem”和“2D elastic 3”，单击“OK”，又单击图 6－38 上的“Close”，则完成单元类型的选择。

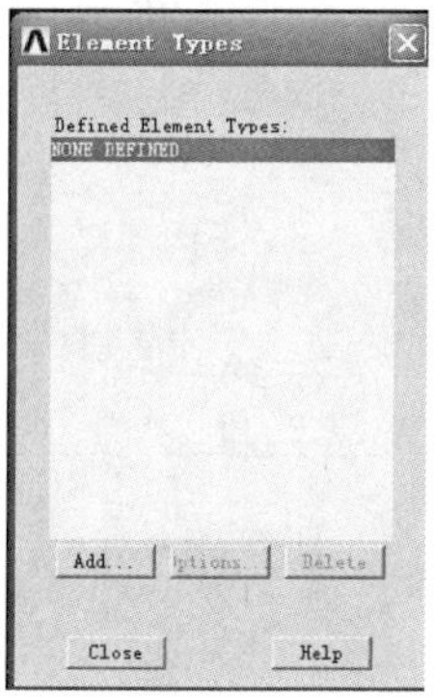

图 6－38

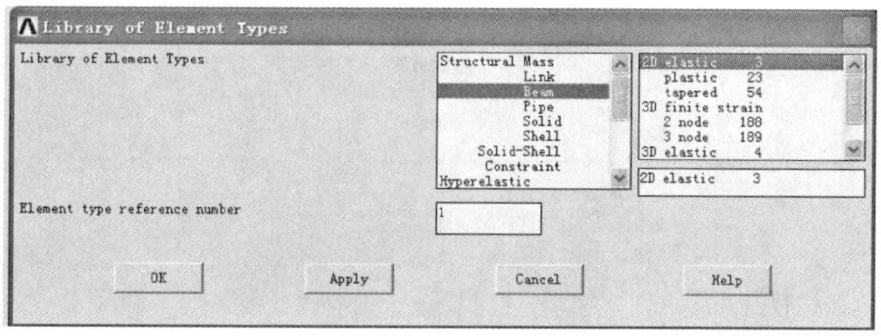

图 6－39

2）定义实常数：Main Menu>Preprocessor>Real Constants> Add/Edit/Delete，弹出一个如图 6－40 所示的对话框，单击“Add…”，弹出一个如图 6－41 所示的对话框，单击“OK”，弹出一个如图 6－42 所示的对话框，在“AREA”后面的输入框中输入“0.15”，在“IZZ”后面的输入框中输入“0.003125”，在“HEIGHT”后面的输入框中输入“0.5”，输入的数据见图 6－42，输入完数据后，单击“OK”。单击图 6－40 上的“Close”。

3）定义材料属性：Main Menu>Preprocessor>Material Props>Material Models，弹出一个如图 6－43 所示的对话框，在“Define Material Model Behavior”对话框的右边“Material Model Available”框中，双击“Structural>Linear>Elastic>Isotropic”后，又弹出一个“Linear Isotropic Properties for Material Number 1”对话框，在“EX”后面的输入框中，输入“3E10”，在“PRXY”后面的输入框中输入“0.2”，如图 6－44 所示，

单击“OK”退出该对话框，单击“Material Model Available”右上角的关闭按钮，关闭该对话框。

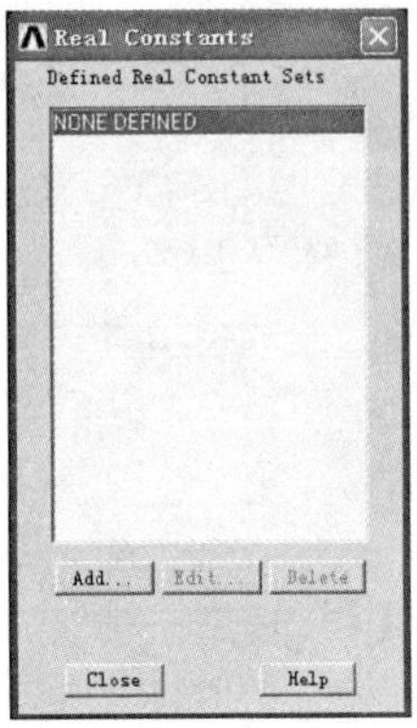

图 6-40

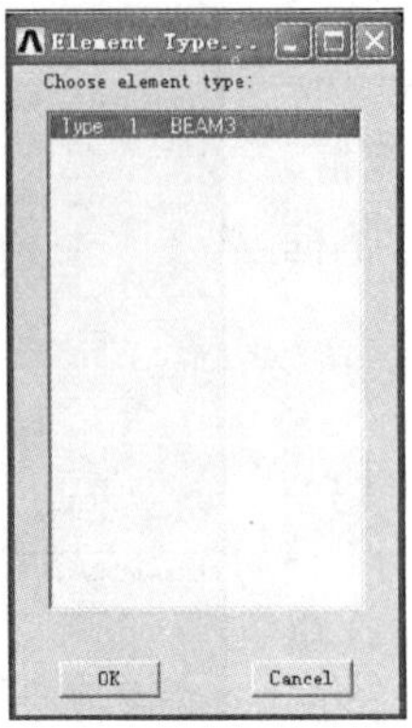

图 6-41

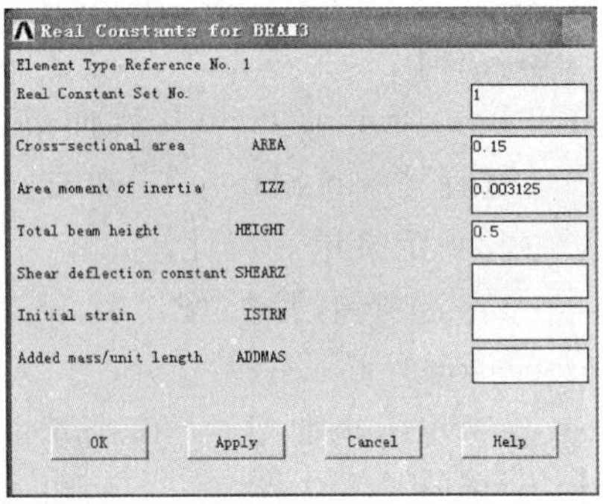

图 6-42

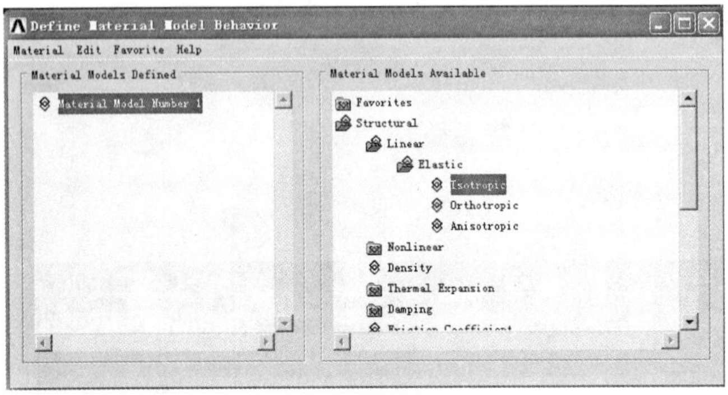

图 6-43

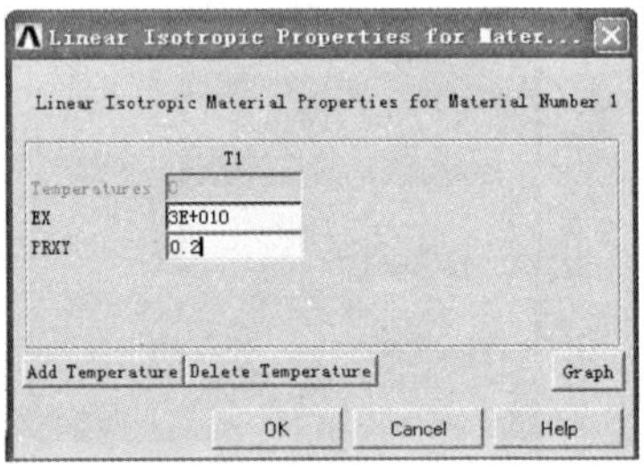

图 6-44

4）保存数据：单击工具条上的“SAVE _ DB”。

（3）建立有限元分析模型。

1）生成关键点：Main Menu>Preprocessor>Create>Keypoints>In Active CS，弹出一个如图 6-45 所示的对话框，在“Keypoint number”后面的输入栏中输入关键点的编号“1”，又在“Location in active CS”后面输入该关键点的相应坐标值“0，0，0”，单击“Apply”，又弹出图 6-46 所示的对话框，在“Keypoint number”后面的输入栏中输入关键点的编号“2”，又在“Location in active CS”后面输入该关键点的相应坐标值“2，0，0”，单击“OK”，则在图形屏幕上生成两个关键点。

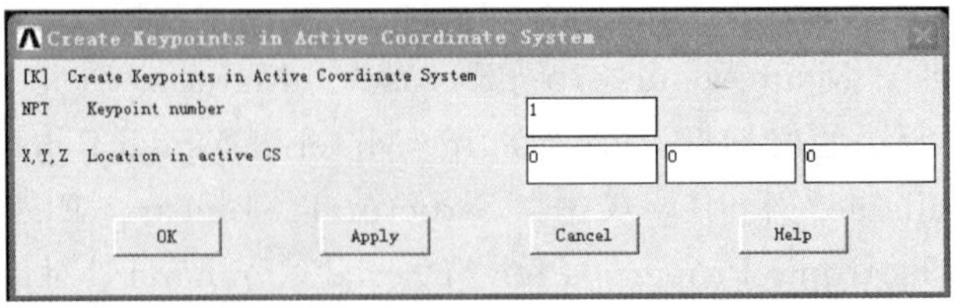

图 6-45

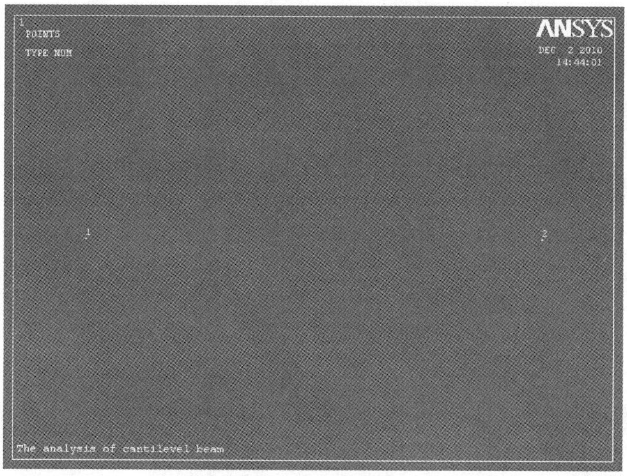

图 6-46

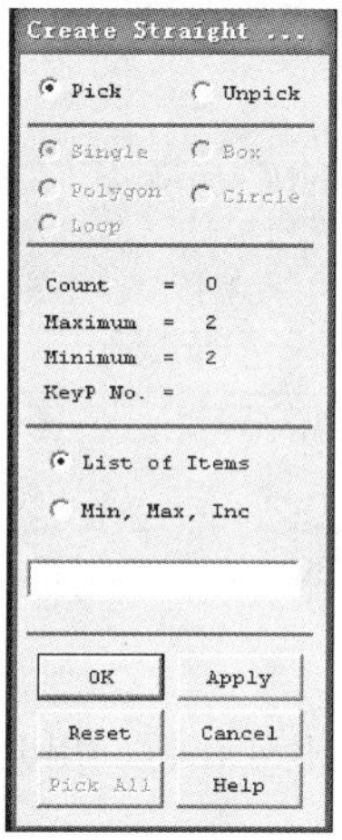

图 6-47

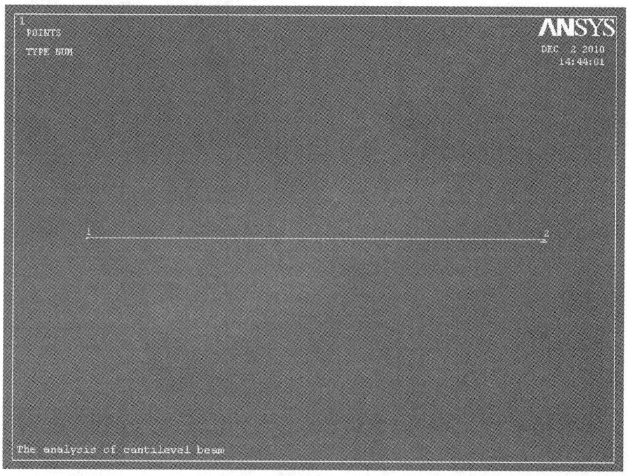

图 6-48

2）连线：Main Menu＞Preprocessor＞Modeling＞Create＞Lines＞Lines＞Straight Line，出现一个如图 6-47 所示的拾取框，用鼠标在图形窗口上分别拾取编号为“1，2”的关键点，单击“OK”，则在图形输出窗口上生成一条线，如图 6-48 所示。

3）指定单元属性：Main Menu＞Preprocessor＞Meshing＞Mesh Attributes＞All Lines，弹出一个如图 6-49 所示的对话框，单击“OK”。

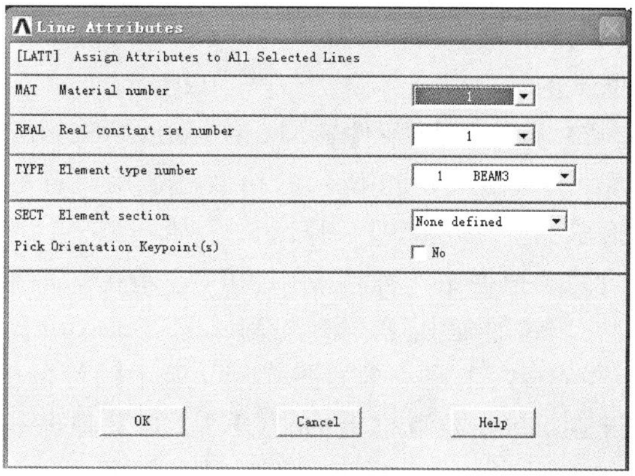

图 6-49

4）设置单元尺寸大小：Main Menu＞Preprocessor＞Meshing＞Size Cntrls＞

ManualSize>Global>Size，弹出一个如图 6－50 所示的对话框，在“Element edge length”后面的输入栏中输入单元尺寸大小“0.1”，单击“OK”。

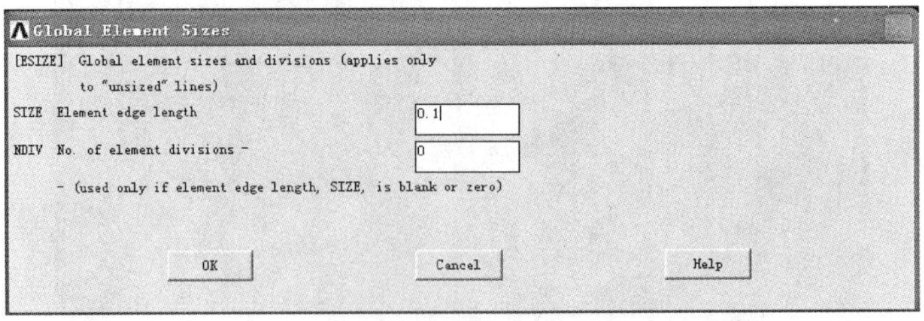

图 6－50

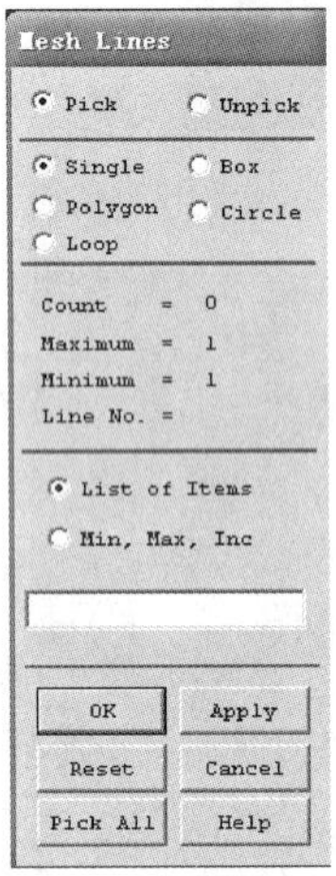

图 6－51

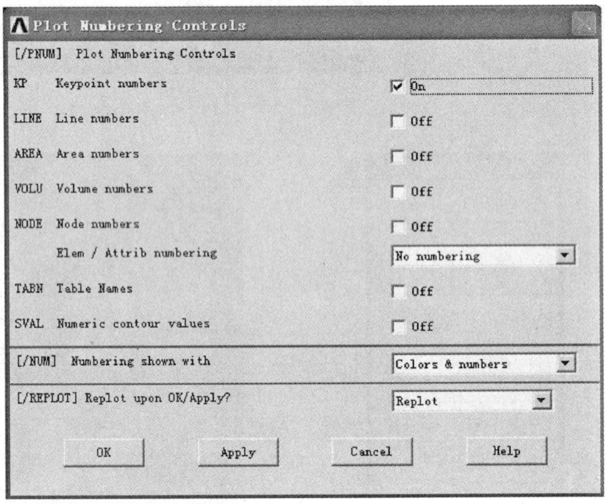

图 6－52

5）划分网格：Main Menu>Preprocessor>Meshing>Mesh>Lines，出现一个如图 6－51 所示的拾取框，单击“Pick All”，则完成线单元的划分。

6）保存网格数据：单击工具条上的“SAVE _ DB”。

（4）施加荷载。

1）显示关键点编号：Utility Menu>PlotCtrls>Numbering …，弹出一个如图 6－52 所示的对话框，单击“KP Keypoints numbers”后面的小方框，使其变为“on”，单击对话框上的“OK”。

2）施加边界条件：Main Menu>Solution>Apply>Displacement>On Keypoints，出现一个如图 6－53 所示的拾取框，用鼠标在图形窗口上拾取编号为“1”的关键点，单击拾取框上的“OK”，弹出一个如图 6－54 所示的对话框，在“Items to be contrained”后面的选择栏中选择“All DOF”，单击对话框上的“OK”。

3）施加集中力：Main Menu>Solution>Define Load>Apply>Force/Moment>On Keypoints，出现一个如图 6－55 所示的拾取框，用鼠标在图形窗口上拾取编号为“2”的关键点，单击拾取框上的“OK”，则又弹出一个如图 6－56 所示的对话框，在“Direction of force/moment”后面的下拉式选择栏中选择“FY”，然后在“force/moment value”后面的输入栏中输入“－200000”，单击“OK”，则生成的结果如图 6－57 所示。

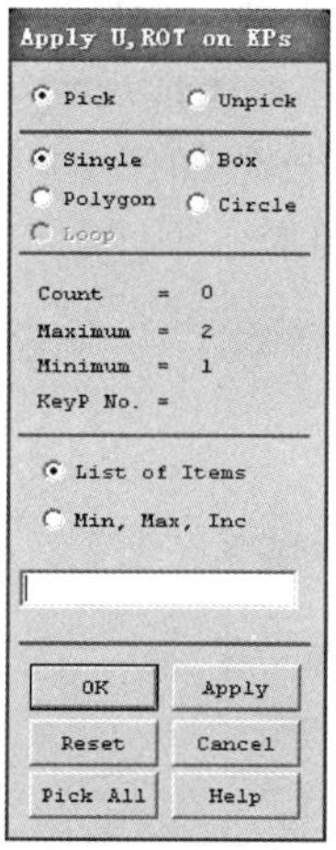

图 6-53

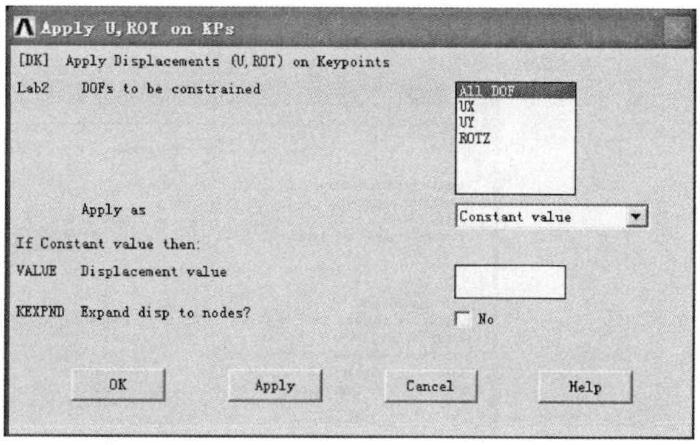

图 6-54

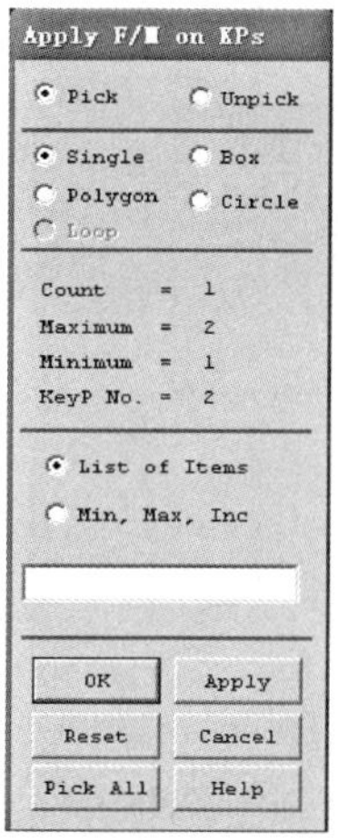

图 6-55

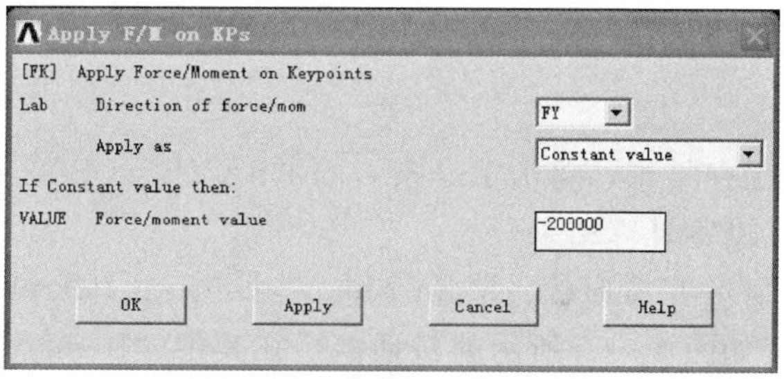

图 6-56

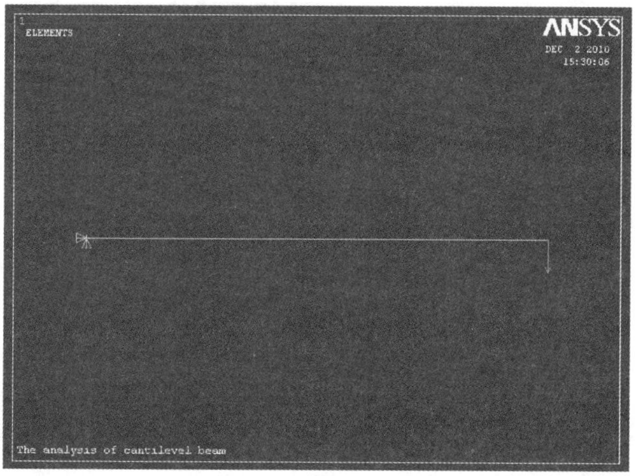

图 6-57

4）求解计算：Main Menu>Solution>Solve>Current LS，弹出一个如图6－58所示的检查信息窗口，浏览完信息并确认无误后，单击“File>Close”关闭信息窗口，又单击对话框上的“OK”，系统将开始分析计算，当在显示器上出现一个如图6－59所示的“Solution is done”的提示后，表示计算结束，单击“Close”关闭提示框。

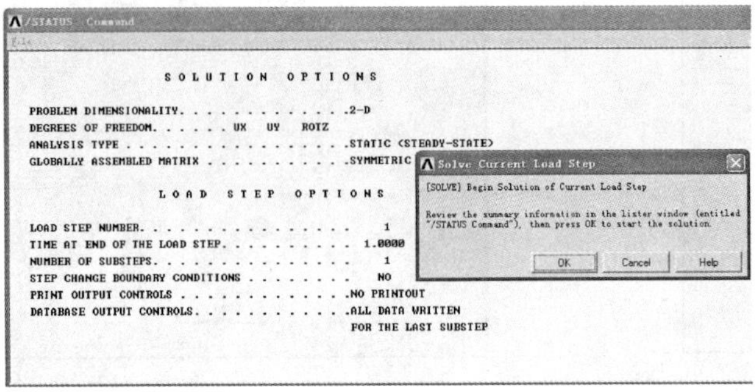

图6－58

图6－59

5）保存结果：单击工具条上的“SAVE_DB”。

（5）浏览计算结果。

1）显示变形形状：Main Menu>General Postproc>Plot Results>Deformed shape，弹出一个如图6－60所示的对话框，在其中“Items to be Plotted”选项中，选择“Def＋Undeformed”单击对话框上的“OK”，其显示结果如图6－61所示。

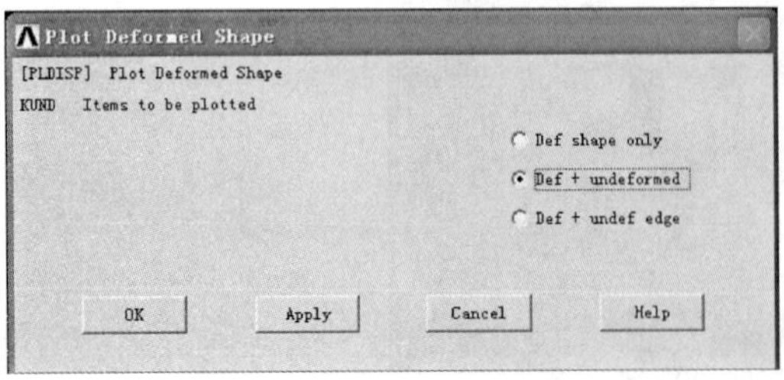

图6－60

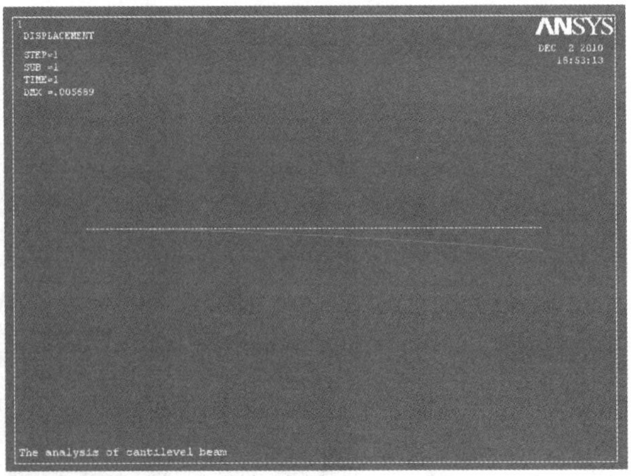

图6－61

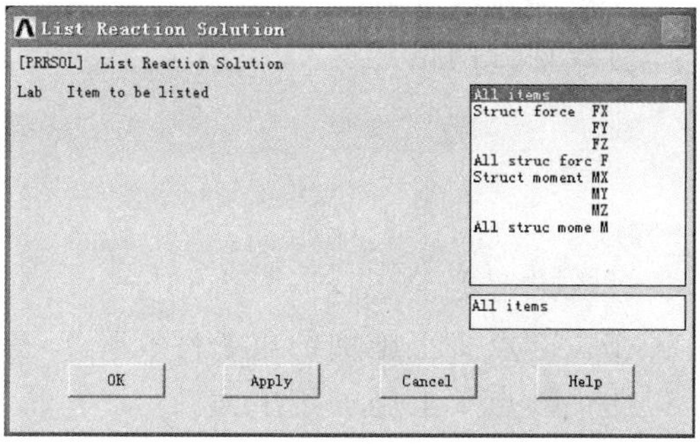

图 6－62

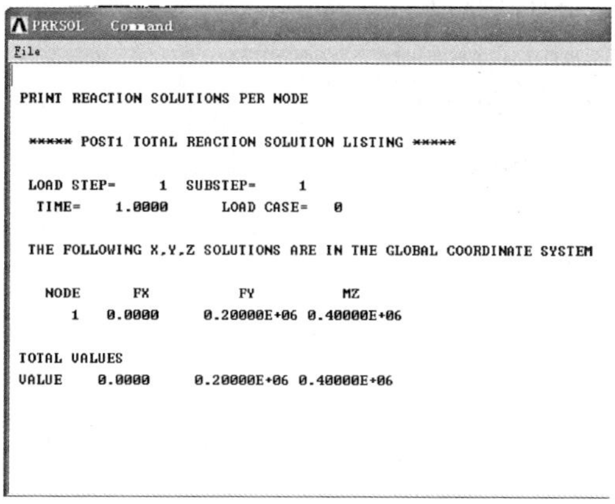

图 6－63

2）列出节点的反作用力：Main Menu＞General Postproc＞List Results＞Reaction Solu，弹出一个如图 6－62 所示的对话框，在其中“Items to be Listed”后面的选择栏中选择“All items”，单击“OK”，又弹出一个信息窗口，在该窗口中列出了节点的反作用力，如图 6－63 所示。

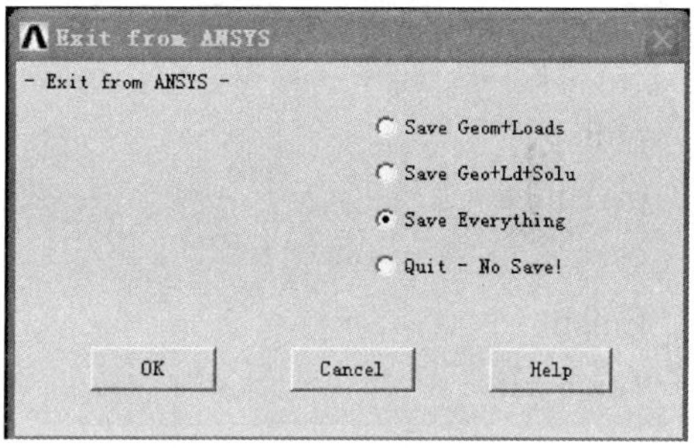

图 6－64

（6）退出 ANSYS。

单击工具条上的“QUIT”，随后出现如图 6－64 所示的对话框，选择“Save Everything”，单击“OK”，系统退出 ANSYS。

3. 命令流方式

```
/filname,Cantilevel beam,1                  ！指定工作文件名
/title,The analysis of cantilevel beam      ！指定工作标题
/triad,off                                  ！关闭坐标系的三角符号

/prep7                                      ！进入前处理器
et,1,beam3                                  ！选择单元
r,1,0.15,0.003125,0.5                       ！输入实常数
mp,ex,1,3e10                                ！输入弹性模量
mp,prxy,1,0.2                               ！输入泊松比
save

k,1,0,0                                     ！生成关键点
k,2,2,0,0
lstr,1,2                                    ！由关键点生成线
lsel,all
```

```
latt,1,1,1                          ! 指定单元属性
allsel,all
esize,0.1,0                         ! 设定单元尺寸大小
lmesh,1                             ! 对线划分网格
save
finish

/solu                               ! 进入求解器
dk,1,all,0                          ! 在关键点 1 上施加约束条件
fk,2,fy,-200000                     ! 在关键点 2 上施加集中力
solve                               ! 开始求解运算
finish

/post1                              ! 进入后处理器
pldisp,1                            ! 显示变形的结果
prrsol                              ! 列表显示支反力结果
save
finish
/exit,all                           ! 退出 ANSYS
```

三、板中圆孔问题

1. 问题的描述

如图 6-65 所示为一个承受双向拉伸的方板，在其中心位置有一个小圆孔，相关的结构尺寸见图 6-65，图中单位为 m。

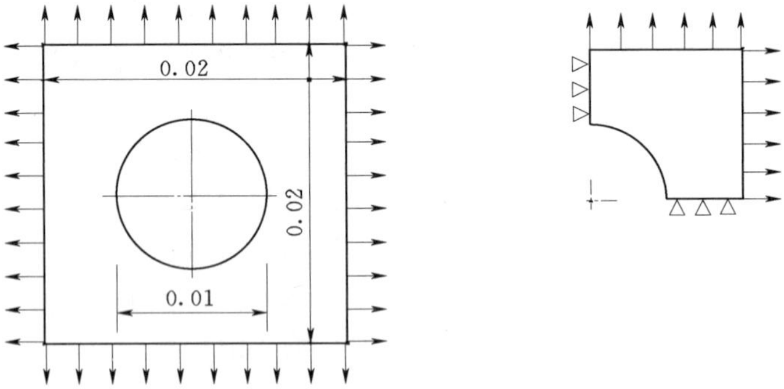

图 6-65

荷载：$q=1000$Pa；厚度：$t=0.001$m；弹性模量：$E=2.1\times10^{11}$ Pa，泊松比：$\nu=0.3$。

根据平板的物理性质，该问题属于平面应力问题，由平板的对称性可知，只需分析其中四分之一即可。

2. GUI 操作方式

（1）定义工作文件名和工作标题。

1）定义工作文件名：Utility Menu>File>Change Jobname，在出现的如图 6-66 所示对话框中输入“Plane plate”，并将“New log and error files”复选框选为“Yes”，单击“OK”。

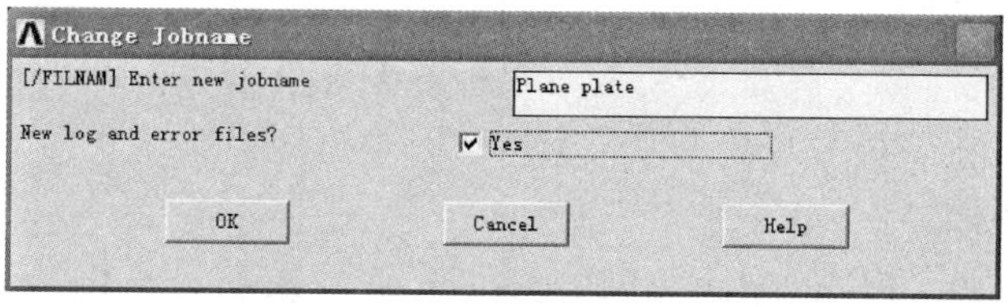

图 6-66

2）定义工作标题：Utility Menu>File>Change Title，在出现的如图 6-67 所示对话框中输入“The analysis of plane plate”，单击“OK”。

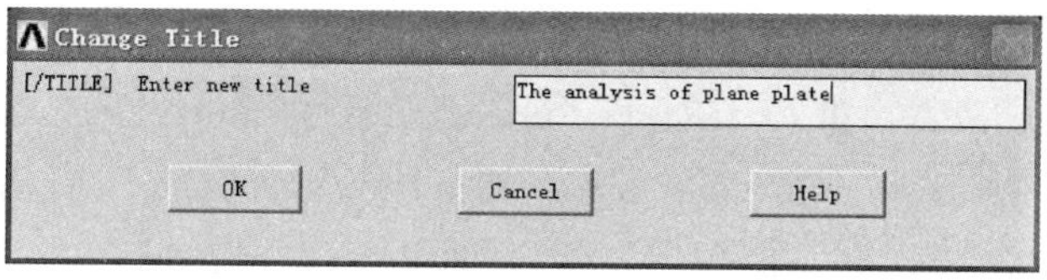

图 6-67

3）重新显示：Utility Menu>Plot>Replot。

4）关闭三角坐标符号：Utility Menu>Plotctrls>Window Controls>Window Options，弹出一个如图 6-68 所示的对话框，在“Location of triad”后面的下拉选择框中，选择“Not Shown”，单击“OK”。

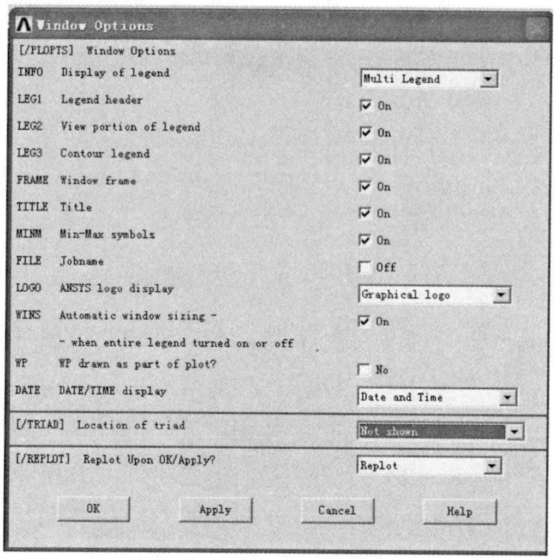

图 6-68

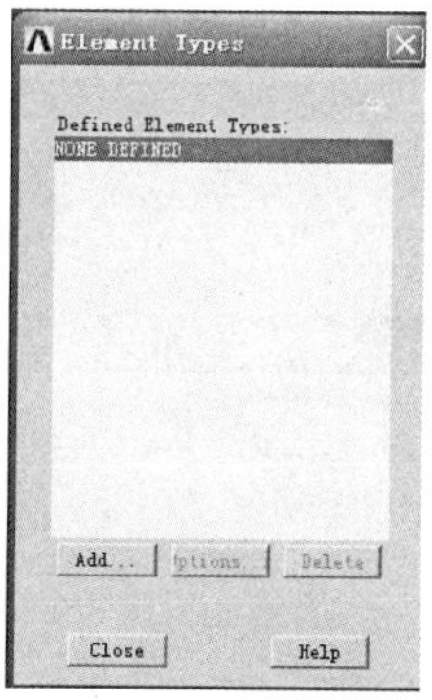

图 6-69

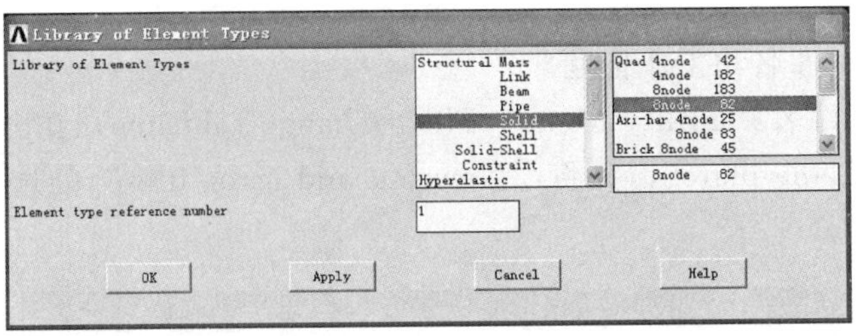

图 6-70

（2）定义单元属性。

1）选择单元类型：Main Menu＞Preprocessor＞Element Type＞Add/Edit/Delete，弹出一个如图 6-69 所示的对话框，单击“Add…”，又弹出一个如图 6-70 所示的对话框，在选择框中分别选择“Structural Solid”和“Quad 8node 82”，单击“OK”，又单击图 6-69 上的“Close”，则完成单元类型的选择。

2）定义材料属性：Main Menu＞Preprocessor＞Material Props＞Material Models，弹出一个如图 6-71 所示的对话框，在“Define Material Model Behavior”对话框的右边“Material Model Available”框中，双击“Structural＞Linear＞Elastic＞Isotropic”后，又弹出一个“Linear Isotropic Properties for Material Number 1”对话框，在“EX”后面的输入框中，输入“2.1E11”，在“PRXY”后面的输入框中输入“0.3”，如图 6-72 所示，单击“OK”退出该对话框，单击“Material Model Available”右上角的关闭按钮，关闭该对话框。

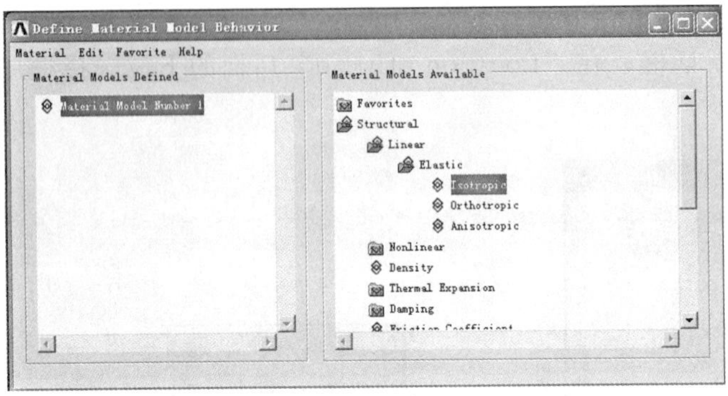

图 6-71

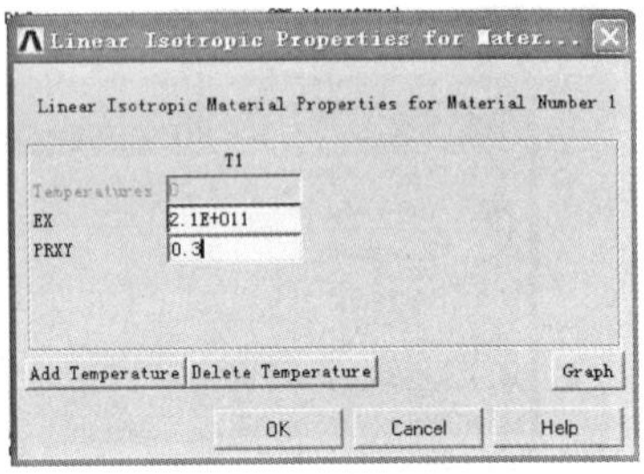

图 6-72

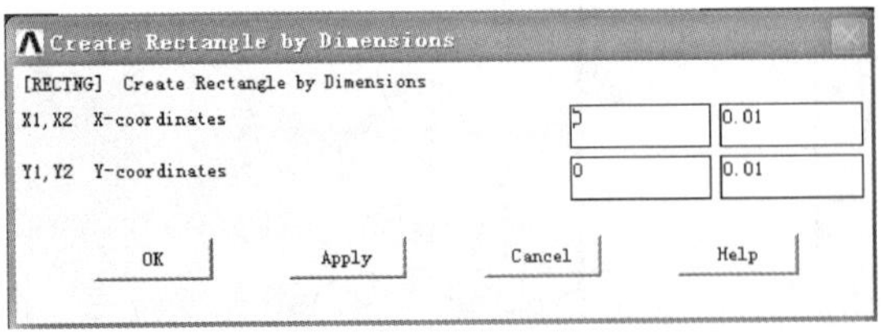

图 6-73

3）保存数据：单击工具条上的“SAVE_DB”。

（3）建立有限元分析模型。

1）生成一个正方形：Main Menu＞Preprocessor＞Create＞Areas＞Rectangle＞By Demensions，弹出一个如图 6-73 所示的对话框，在“X-coordinates”后

面的输入栏中依次输入“0、0.01”，在“Y - coordinates”后面的输入栏中依次输入“0.0.01”，单击“OK”，将在图形输出窗口显示一个正方形，如图 6-74 所示。

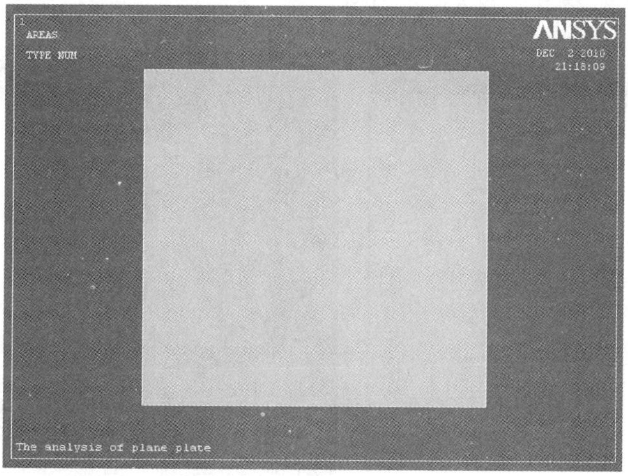

图 6-74

2）生成一个小圆孔：Main Menu>Preprocessor>Create>Areas>Circle>>Solid Circle，弹出一个如图 6-75 所示的对话框，在“WP X”后面的输入栏中输入“0”，在“WP Y”后面的输入栏中输入“0”，在“Radius”后面的输入栏中输入“0.005”，单击“OK”，其生成的结果如图 6-76 所示。

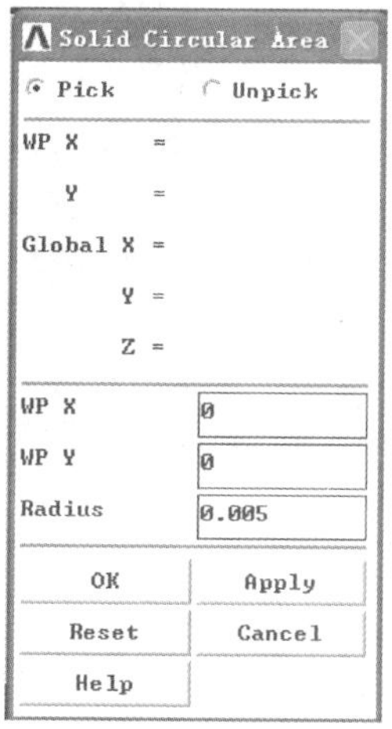

图 6-75

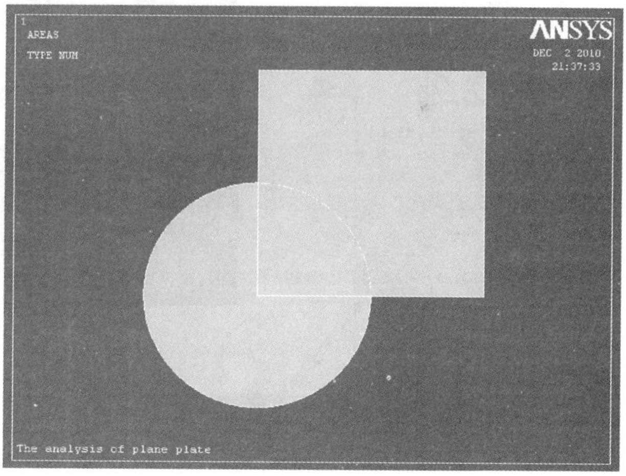

图 6-76

3）显示关键点号及面积号：Utility Menu>PlotCtrls>Numbering …，弹出一个如图 6-77 所示的对话框，单击“KP Keypoints numbers”后面的小方框，使其变为“on”，单击“AREA Area numbers”后面的小方框，使其变为“on”，单击对话框上的“OK”。

4）重新显示：Utility Menu>Plot>Replot，编号如图 6-78 所示。

5）进行面相减：Main Menu>Preprocessor>Operate>Booleans>Subtract>>Areas，弹出一个如图 6－79 所示的拾取框，用鼠标在图形窗口上拾取编号为“A1（即矩形面）”，单击拾取框上的“Apply”，用鼠标在图形显示窗口上拾取编号为“A2（即圆面）”，单击“OK”，其生成的结果如图 6－80 所示。

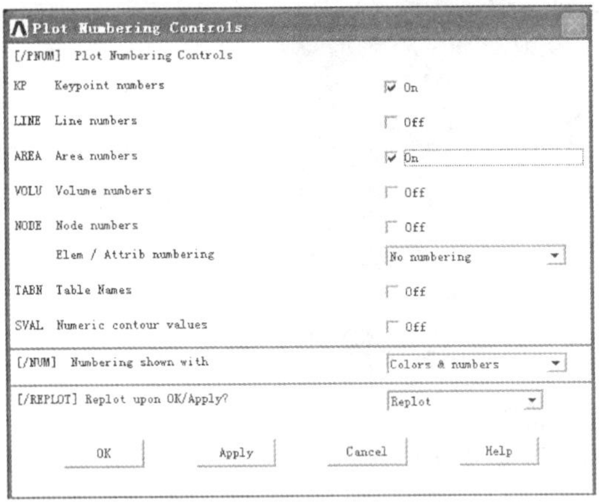

图 6－77

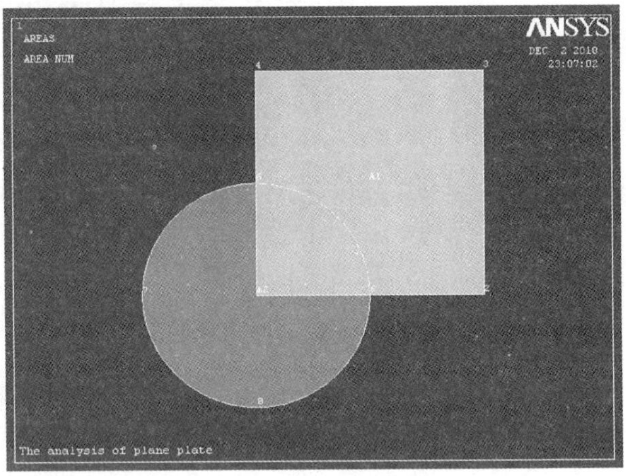

图 6－78

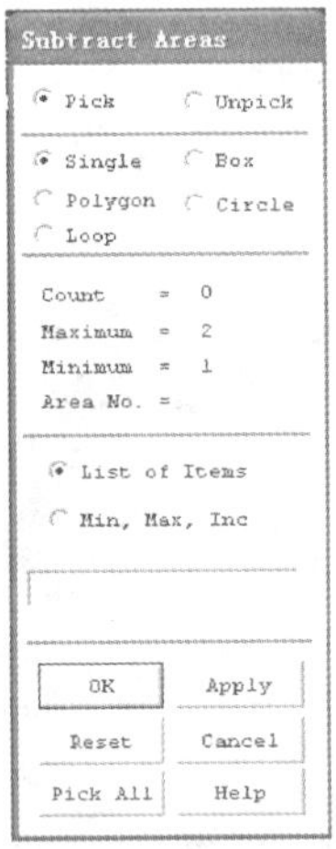

图 6－79

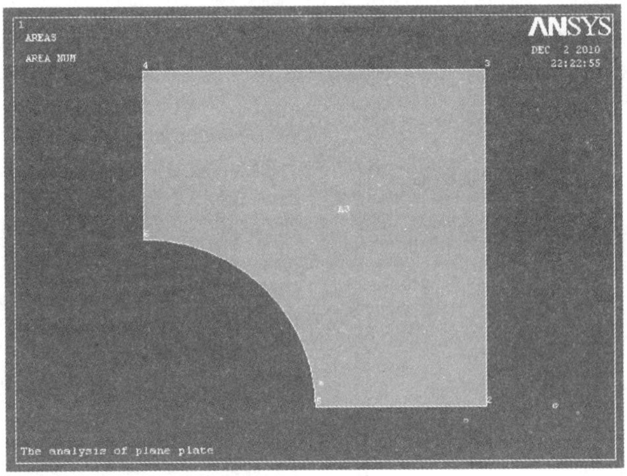

图 6－80

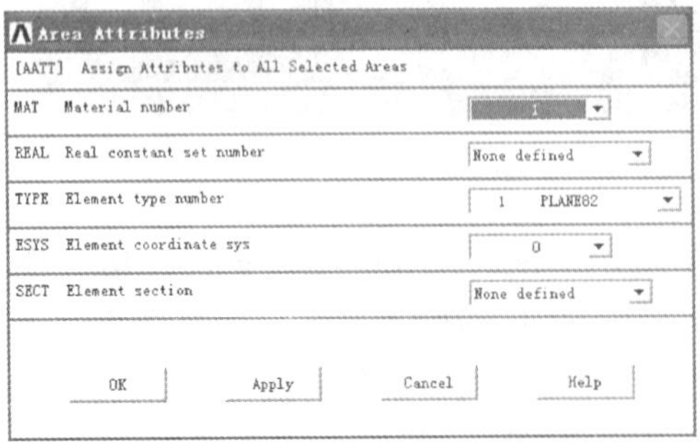

图 6－81

6）指定单元属性：Main Menu>Preprocessor>Meshing>Mesh Attributes>All Areas，弹出一个如图 6－81 所示的对话框，单击“OK”。

7）设置单元划分数量：Main Menu>Preprocessor>Meshing>Size Cntrls>ManualSize>Global>Size，弹出一个如图 6－82 所示的对话框，在“SIZE Element edge length”后面的输入栏中输入单元划分数量

“0.0005”，单击“OK”。

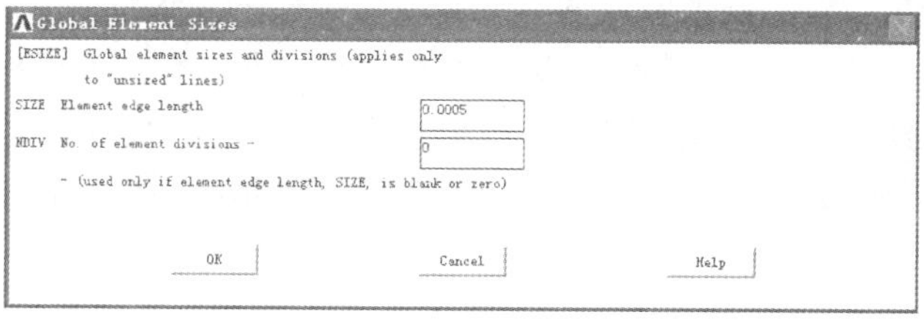

图 6-82

8）划分网格：Main Menu>Preprocessor>Meshing>Mesh>Areas>Mapped>By Corners，出现一个如图 6-83 所示的拾取框，用鼠标在图形窗口上拾取编号为“A3”的面，单击“Apply”，又出现第二个如图 6-83 所示的拾取框，在图形窗口上按顺序依次拾取编号为“5、2、4、6”的 4 个关键点，单击拾取框的“OK”，生成的网格如图 6-84 所示。

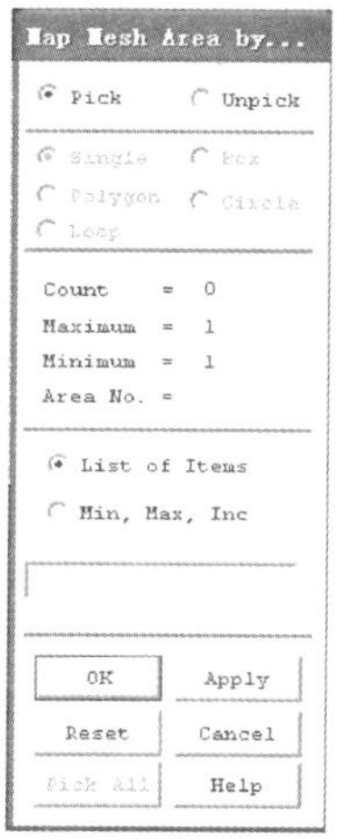

图 6-83

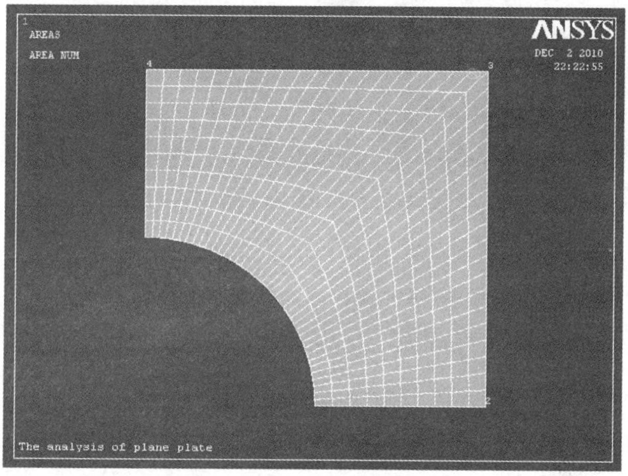

图 6-84

9）保存网格数据：单击工具条上的“SAVE_DB”。

（4）施加荷载。

1）显示线编号：Utility Menu>PlotCtrls>Numbering…，弹出一个如图 6-85 所示的对话框，单击“LINE Line numbers”后面的小方框，使其变为“on”，单击对话框上的“OK”。

2）显示线：Utility Menu>Plot>Multi-plots，编号如图 6-86 所示。

3）施加边界条件：Main Menu>Solution>Define Loads>Apply>Structural

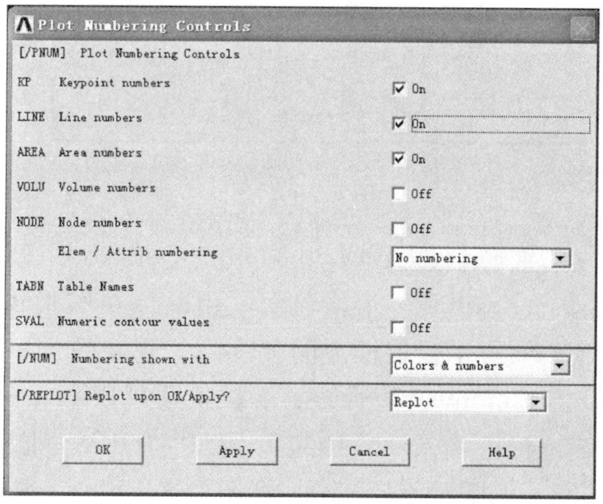

图 6-85

> Displacement>On Lines，出现一个如图 6－87 所示的拾取框，用鼠标在图形窗口上拾取编号为“L9”的线，单击拾取框上的“Apply”，弹出一个如图 6－88 所示的对话框，在“DOFs to be contrained”后面的选择栏中选择“UY”，单击对话框上的“Apply”，回到图 6－87 所示的拾取框，用鼠标在图形窗口上拾取编号为“L10”的线，单击拾取框上的“OK”，弹出一个如图 6－89 所示的对话框，在“DOFs to be contrained”后面的选择栏中选择“UX”，单击对话框上的“OK”。

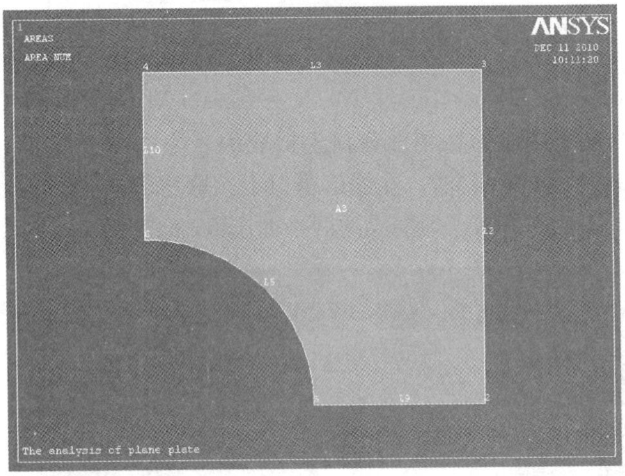

图 6－86

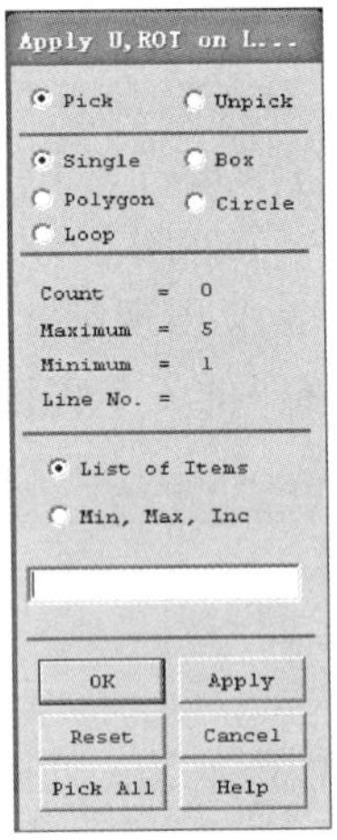

图 6－87

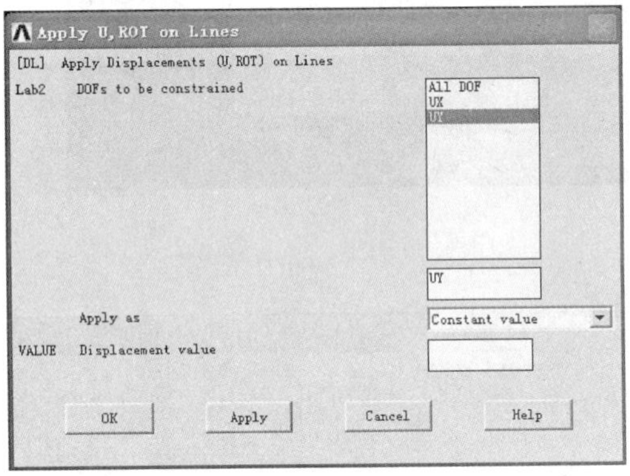

图 6－88

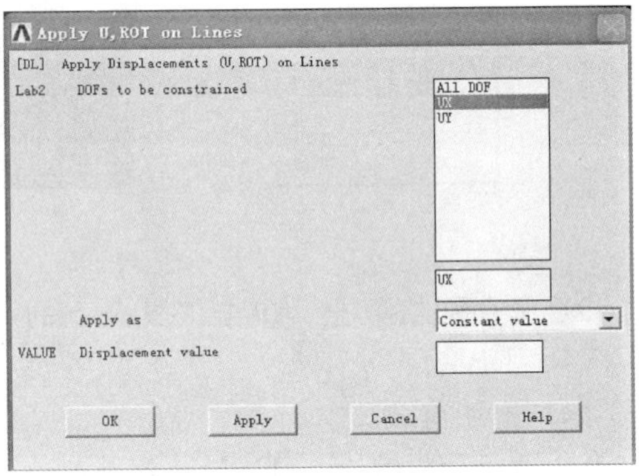

图 6－89

4）施加载荷：Main Menu>Solution>Define Load>Apply>Structural>Pressure>On Lines，出现一个拾取框，用鼠标在图形窗口上拾取编号为“L2、L3”的线，单击如图 6－90 所示拾取框上的“OK”，则又弹出一个如图 6－91 所示的对话框，在“Direction of force/moment”后面的下拉式选择栏中选择“FY”，然后在“Load PRES value”后面的输入栏中输入“－1000”，单击“OK”，则生成的结果如图 6－92 所示。

5）求解计算：Main Menu>Solution>Solve>Current LS，弹出一个如图 6－93 所示的检查信息窗口，浏览完信息并确认无误后，单击“File>Close”关闭信息窗口，又单击对话框上的“OK”，系统将开始分析计算，当在显示器上出现一个如图 6 - 94 所示的“Solution is done”的提示后，表示计算结束，单击“Close”关闭提示框。

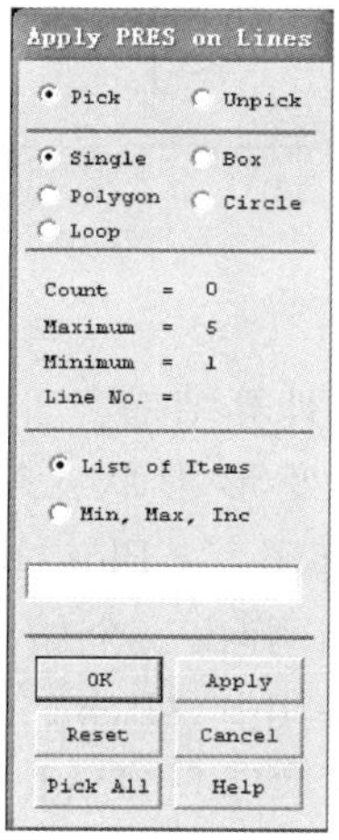

图 6 - 90

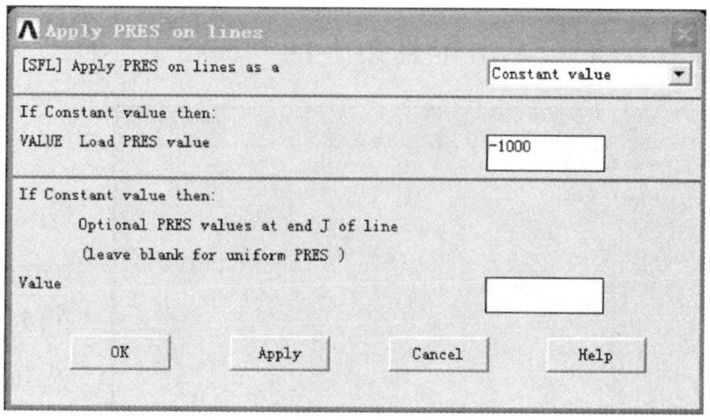

图 6 - 91

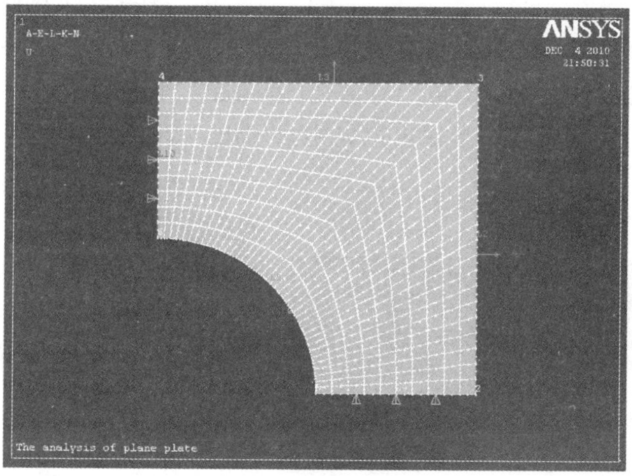

图 6 - 92

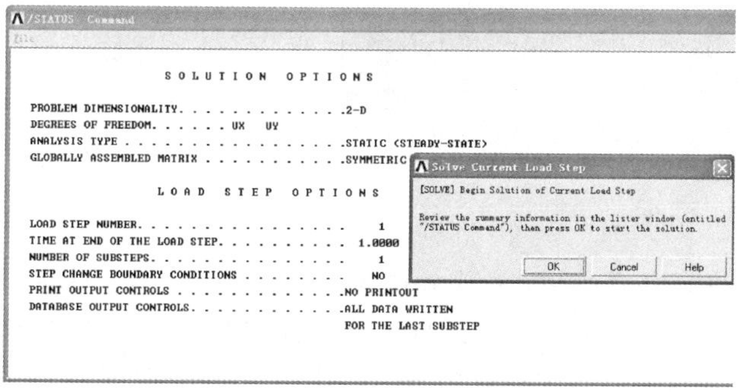

图 6 - 93

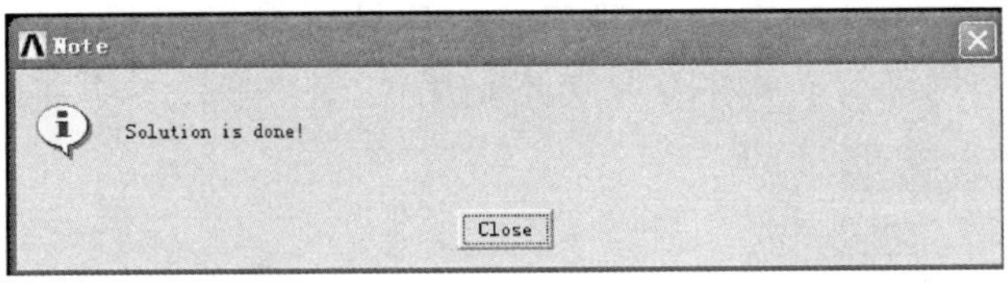

图 6－94

6）保存结果：单击工具条上的“SAVE＿DB”。

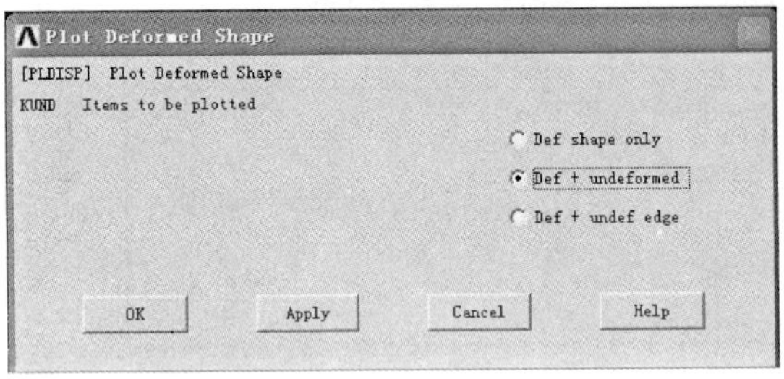

图 6－95

（5）浏览计算结果。

1）显示变形形状：Main Menu＞General Postproc＞Plot Results＞Deformed shape，弹出一个如图 6－95 所示的对话框，在其中“Items to be Plotted”选项中，选择“Def＋Undeformed”单击对话框上的“OK”，其显示结果如图 6－96所示。

2）显示节点上的 Von Mises 应力值：Main Menu＞General Postproc＞Plot Results＞Contour Plot＞Nodal Solu，弹出一个如图 6－97 所示的对话框，在其中“Items to be Contoured”下面的选择栏中选择“Von Mises stress”，单击“OK”，这时在图形输出窗口中显示出“Von Mises”应力的彩色云图如图 6－98 所示。

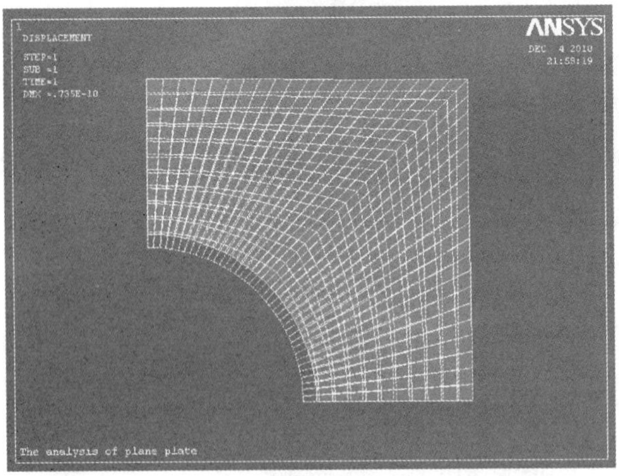

图 6－96

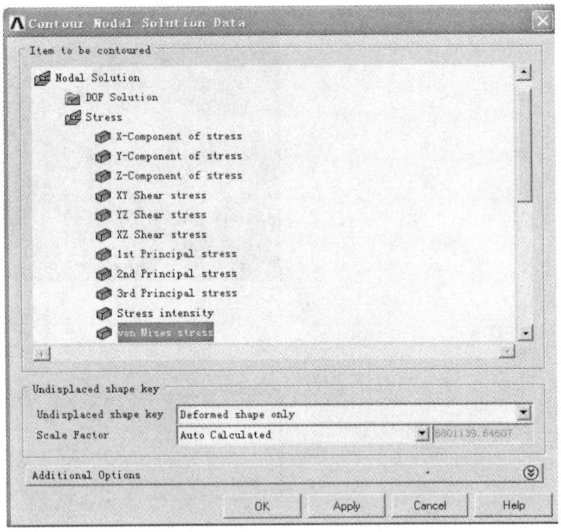

图 6－97

3）列出节点上的应力值：Main Menu＞General Postproc＞List Results＞ Nodal Solution，弹出一个如图 6－99 所示的对话框，在其中“Items to be listed”下面的选择栏中选择“X-component of stress”，单击“OK”，这时在每个单元节点的六个应力分量将以列表的方式显示出来（第一列为“X-component of stress”），如图 6－100 所示。单击列表

窗口上的File>Save as命令，用户可以将它作为一个文本文件保存。

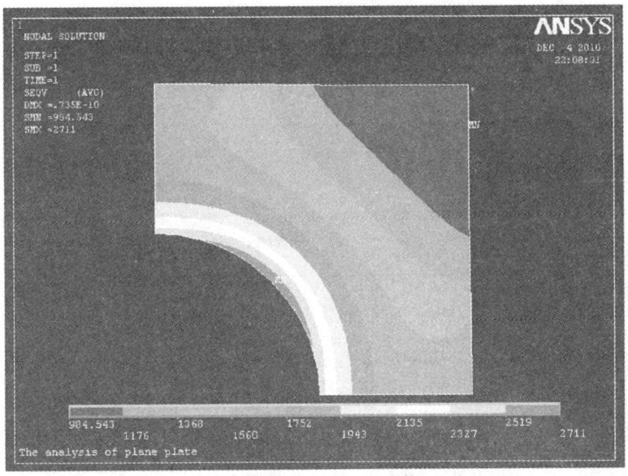

图 6-98

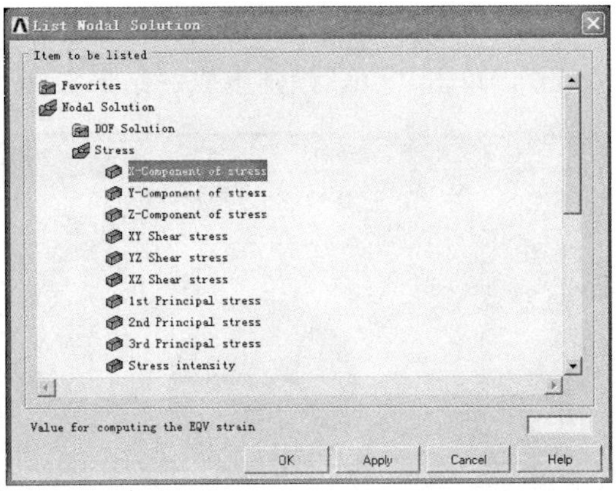

图 6-99

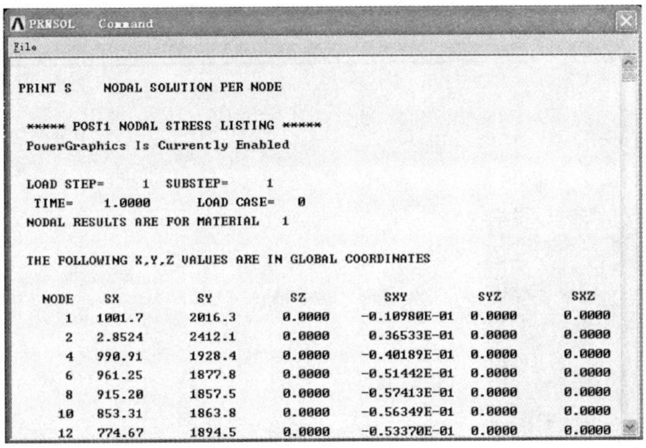
PRNSOL Command

File

PRINT S NODAL SOLUTION PER NODE

***** POST1 NODAL STRESS LISTING *****
PowerGraphics Is Currently Enabled

LOAD STEP= 1 SUBSTEP= 1
TIME= 1.0000 LOAD CASE= 0
NODAL RESULTS ARE FOR MATERIAL 1

THE FOLLOWING X,Y,Z VALUES ARE IN GLOBAL COORDINATES

NODE	SX	SY	SZ	SXY	SYZ	SXZ
1	1001.7	2016.3	0.0000	-0.10980E-01	0.0000	0.0000
2	2.8524	2412.1	0.0000	0.36533E-01	0.0000	0.0000
4	990.91	1928.4	0.0000	-0.40189E-01	0.0000	0.0000
6	961.25	1877.8	0.0000	-0.51442E-01	0.0000	0.0000
8	915.20	1857.5	0.0000	-0.57413E-01	0.0000	0.0000
10	853.31	1863.8	0.0000	-0.56349E-01	0.0000	0.0000
12	774.67	1894.5	0.0000	-0.53370E-01	0.0000	0.0000

图 6-100

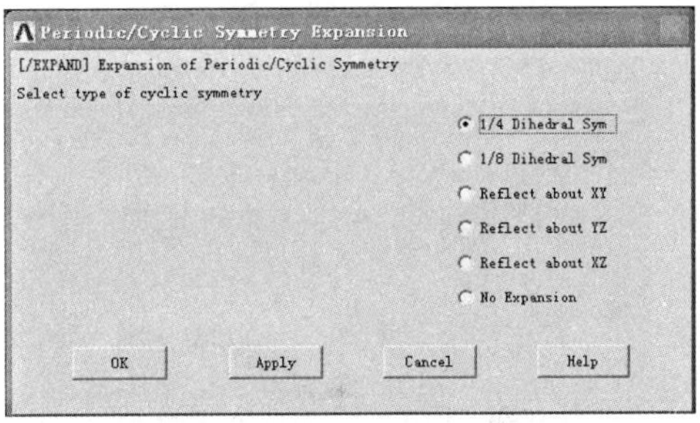

图 6-101

（6）以扩展方式显示计算结果。

1）设置扩展模式：Utility Menu>Plotctrls>Style>Symmetry Expansion>Periodic/Cyclic Symmetry …，弹出一个如图6-101所示的对话框，单击“OK”接受其缺省设置。

2）显示节点的Mise应力：Main Menu>General Postproc>Plot Results>Contour Plot>Nodal Solu，弹出一个如图6-102所示的对话框，在其中“Items to be Contoured”下面的选择栏中选择“Von Mises stress”，单击“OK”，这时在图形输出窗口中显示出“Von Mises”应力的彩色

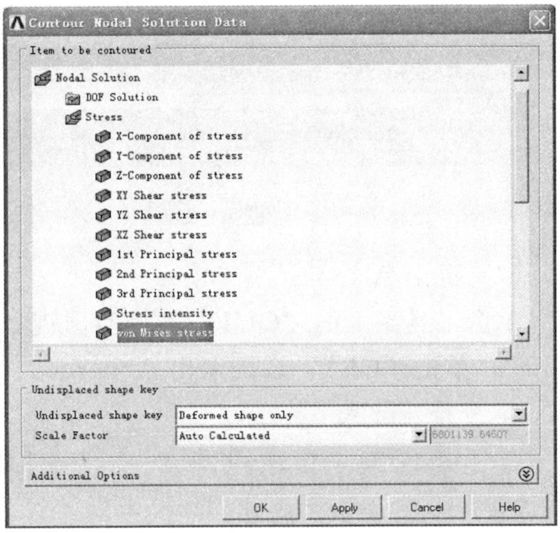

图 6-102

云图如图 6-103 所示。

3）以等值线方式显示：Utility Menu>Plotctrls>Device Options，弹出一个如图 6-104 所示的对话框，选择“Vector mode（wireframe）”后面的复选框，使其处于“On”，单击“OK”，则生成的结果如图 6-105 所示。

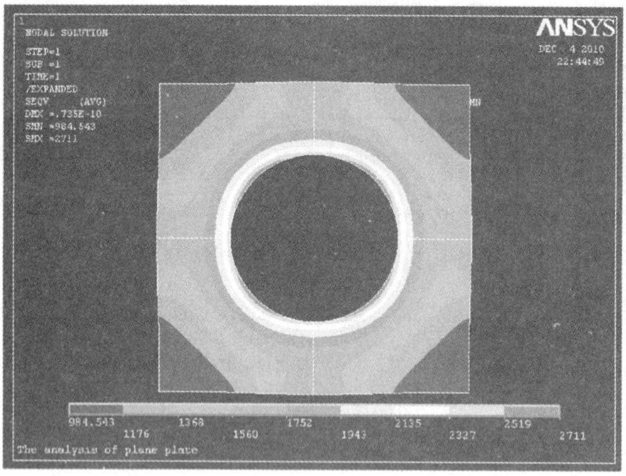

图 6-103

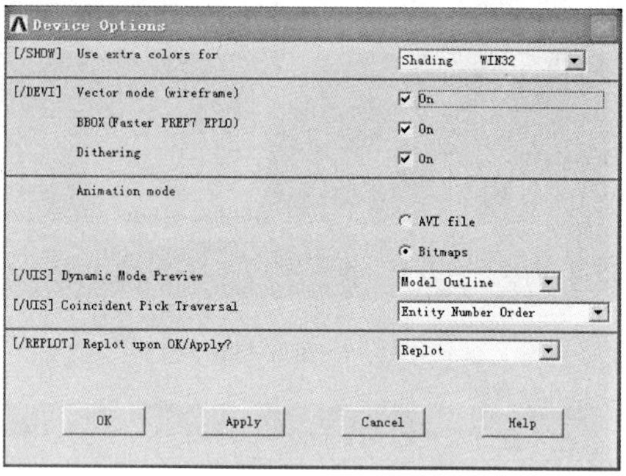

图 6-104

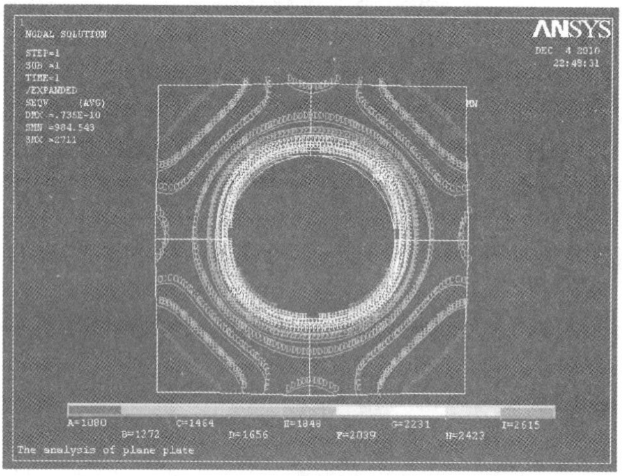

图 6-105

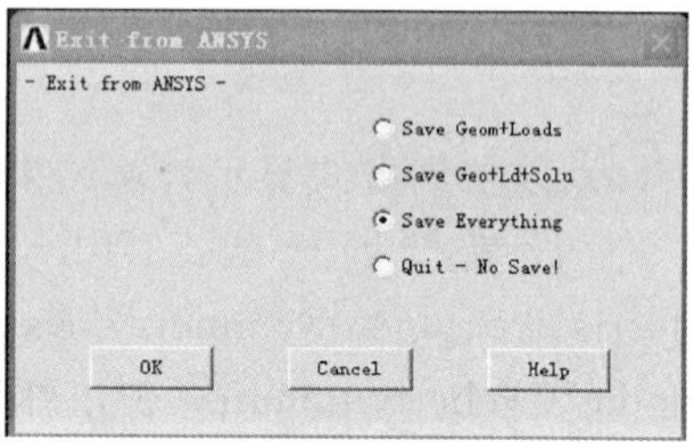

图 6-106

（7）退出 ANSYS。

单击工具条上的“QUIT”，随后出现如图 6-106 所示的对话框，选择“Save Everything”，单击“OK”，系统退出 ANSYS。

3. 命令流方式

```
/filname,Plane plate,1                 ! 指定工作文件名
/title,The analysis of plane plate     ! 指定工作标题
/triad,off                             ! 关闭坐标系的三角符号
```

```
/prep7                          ! 进入前处理器
et,1,plane82                    ! 选择单元
mp,ex,1,2.1e11                  ! 输入弹性模量
mp,prxy,1,0.3                   ! 输入泊松比
save
rectng,0,0.01,0,0.01            ! 生成矩形面
cyl4,0,0,0.005
/pnum,kp,1
/pnum,area,1
asba,1,2
esize,0.0005,0                  ! 设定单元尺寸大小
amap,3,5,2,4,6                  ! 映射网格划分
save
finish

/solu                           ! 进入求解器
/pnum,line,1
gplot
dl,9,,uy                        ! 施加 uy 方向的边界条件
dl,10,,ux                       ! 施加 ux 方向的边界条件
sfl,2,pres,-1000                ! 施加面荷载
sfl,3,pres,-1000                ! 施加面荷载
solve                           ! 开始求解运算
save
finish

/post1                          ! 进入后处理器
pldisp,1                        ! 显示变形的结果
plnsol,s,eqv,0,1                ! 显示节点的 Mises 当量应力
prnsol,s,comp                   ! 列表出节点的 6 个应力分量
/expand,4,polar,half,,90        ! 显示模式扩展
/device,vector,1                ! 等值线结果显示

finish
/exit,all                       ! 退出 ANSYS
```

习　题　六

6-1　概念题

(1) 什么是工作平面？

(2) ANSYS内有哪几种坐标系，适用哪些场合？

(3) ANSYS建模的基本过程是什么？

(4) 如何在ANSYS内构建复杂实体模型？

6-2　计算操作题

(1) 悬臂梁的自重分析：计算如图6-107 (a) 所示的悬臂梁在自身重力作用下的绕度曲线。梁的材料是钢，其弹性模量为 $E=2\times10^{11}$ Pa，各尺寸如图所示，单位为m。

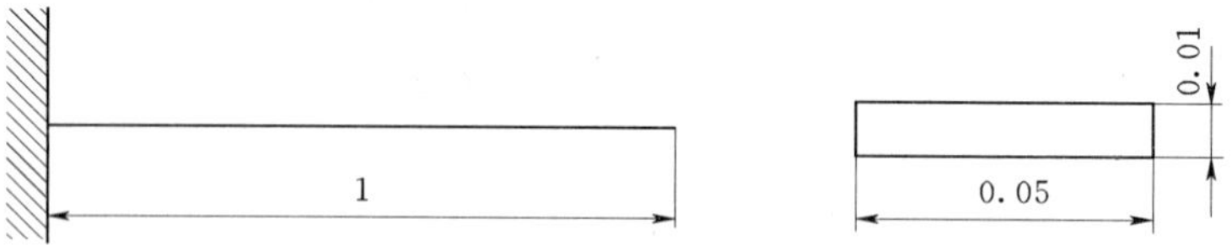

(a)

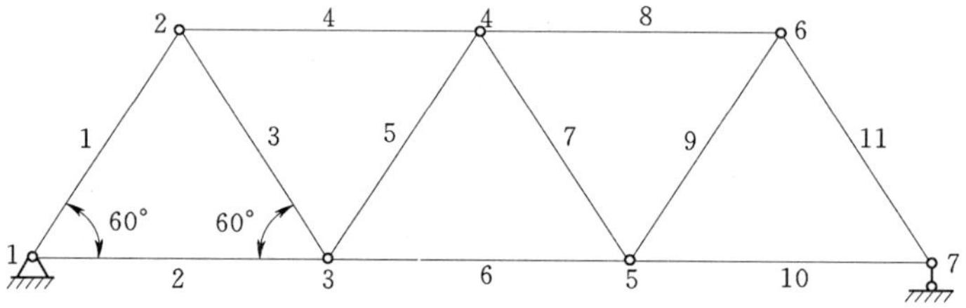

(b)

图6-107

(2) 桁架结构受力分析：求解如图6-107 (b) 所示的桁架的节点位移、支座反力和每根杆内的应力。弹性模量 $E=2\times10^{11}$ Pa，杆的横截面积 $A=3250\text{mm}^2$。各节点坐标如表6-1所示。

表6-1　　单位：mm

序　号	X	Y
1	0	0
2	1800	3118
3	3600	0
4	5400	3118
5	7200	0
6	9000	3118
7	10800	0

参　考　文　献

[1]　张铜生，张富德．简明有限元法及其应用．北京：地震出版社，1990.

[2]　徐芝纶．弹性力学简明教程．北京：高等教育出版社，2002.

[3]　龚曙光．ANSYS 工程应用实例解析．北京：机械工业出版社，2003.

[4]　祝效华，余志祥．ANSYS 高级工程有限元分析范例精选．北京：电子工业出版社，2004.

[5]　胡于进，王璋奇．有限元分析及应用．北京：清华大学出版社，2009.

[6]　李皓月，周田朋，刘相新．ANSYS 工程计算应用教程．北京：中国铁道出版社，2003.

习 题 答 案

第二章

2-1 ①图（a）的应力边界条件为

右侧面：$l=\cos\alpha$，$m=-\sin\alpha$，$x=y\tan\alpha$

$$\cos\alpha\sigma_x-\sin\alpha\tau_{xy}=0,\quad \cos\alpha\tau_{xy}-\sin\alpha\sigma_y=0$$

左侧面：$l=-\cos\beta$，$m=-\sin\beta$，$x=-y\tan\beta$

$$-\cos\beta\sigma_x-\sin\beta\tau_{xy}=\gamma y\cos\beta,\quad -\cos\beta\tau_{xy}-\sin\beta\sigma_y=\gamma y\sin\beta$$

②图（b）的应力边界条件为

上边界：$(\sigma_y)_{y=0}=0,(\tau_{xy})_{y=0}=-q$

下边界：$l=-\sin\alpha$，$m=\cos\alpha$，$y=x\tan\alpha$

$$-\sin\alpha\sigma_x+\cos\alpha\tau_{xy}=0,\quad -\sin\alpha\tau_{xy}+\cos\alpha\sigma_y=-\rho$$

2-2 满足。$\sigma_y=-\dfrac{q}{2}+\dfrac{3q}{2h}y-\dfrac{2q}{h^3}y^3$

2-3

$a=0$，$b=-\gamma_1$，$d=-\gamma_1\cot^2\beta-\rho g$，$c=\dfrac{\rho g}{\tan\beta}-2\gamma_1\cot^3\beta$	$A=-\dfrac{q}{\tan\beta-\beta}$，$B=\tan\beta-\beta$ $C=-\beta$

2-4 左边界：$(\sigma_x)_{x=h}=0,(\tau_{xy})_{x=h}=0$

右边界：$(\sigma_x)_{x=-h}=-\gamma y,(\tau_{xy})_{x=-h}=0$

上端部：$\displaystyle\int_{-h}^{h}(\sigma_y)_{y=0}\mathrm{d}x=-P\sin\alpha$

$$\int_{-h}^{h}(\sigma_y)_{y=0}\mathrm{d}x=-P\frac{h}{2}\sin\alpha$$

$$\int_{-h}^{h}(\tau_{xy})_{y=0}\mathrm{d}x=P\cos\alpha$$

第三章

3-2 应力分量为：
$$\left\{\begin{aligned}&\sigma_x=\frac{\partial^2\varphi}{\partial y^2}=-12ay^2\\&\sigma_y=\frac{\partial^2\varphi}{\partial x^2}=12ax^2\\&\tau_{xy}=-\frac{\partial^2\varphi}{\partial x\partial y}=0\end{aligned}\right\}$$

面力为：$\overline{f_x}=\sigma_x$，$\overline{f_y}=\sigma_y$

3-3 $\frac{\partial^4\varphi}{\partial x^4}+2\frac{\partial^4\varphi}{\partial x^2\partial y^2}+\frac{\partial^4\varphi}{\partial y^4}=-\left(\frac{1-2\mu}{1-\mu}\right)\left(\frac{\partial^2 V}{\partial x^2}+\frac{\partial^2 V}{\partial y^2}\right)$，$\nabla^4\varphi=-\left(\frac{1-2\mu}{1-\mu}\right)\nabla^2 V$

3-5 $\varphi=\frac{q}{5h^3}y^5-\frac{q}{h^3}x^2y^3+\left(\frac{ql^2}{4h^3}-\frac{q}{10h}\right)y^3+\frac{3q}{4h}x^2y-\frac{q}{4}x^2$

应力分量：$\left\{\begin{aligned}&\sigma_x=-\frac{6q}{h^3}x^2y+\frac{4q}{h^3}y^3+\frac{3ql^2}{2h^3}y-\frac{3q}{5h}y=\frac{M}{I}y+q\frac{y}{h}\left(4\frac{y^2}{h^2}-\frac{3}{5}\right)\\&\sigma_y=-\frac{q}{2}\left(1+\frac{y}{h}\right)\left(1-\frac{2y}{h}\right)^2\\&\tau_{xy}=\frac{6q}{h^3}xy^2-\frac{3q}{2h}x=\frac{QS}{I}\end{aligned}\right\}$

3-6 应力分量：$A=-\frac{q}{h^2}$，$B=\frac{q}{h}$

$$\left\{\begin{aligned}&\sigma_x=0\\&\sigma_y=\frac{2qy}{h}\left(1-\frac{3x}{h}\right)-Py\\&\tau_{xy}=-\frac{qy}{h}\left(2-\frac{3x}{h}\right)\end{aligned}\right\}$$

第四章

4-1 结点位移为 $\begin{Bmatrix}u_1\\v_1\\u_2\\v_2\end{Bmatrix}=\frac{P}{Et}\begin{Bmatrix}1.88\\-8.99\\-1.50\\-8.42\end{Bmatrix}$

支座反力为 $F_{3x}=\frac{9Et}{32}\left(-u_1-\frac{2}{3}v_1+\frac{4}{3}v_2\right)=-2P$

$$F_{3y}=\frac{9Et}{32}\left(-\frac{2}{3}u_1-\frac{1}{3}v_1+\frac{4}{3}u_2\right)=-0.07P$$

$$F_{4x}=\frac{9Et}{32}\left(-u_2-\frac{2}{3}v_2\right)=2P$$

$$F_{4y}=\frac{9Et}{32}\left(-\frac{2}{3}u_2-\frac{1}{3}v_2\right)=1.07P$$

4-3 $F_{1x}=0.220\text{N}$，$F_{2x}=-0.132\text{N}$，$F_{4x}=-0.088\text{N}$，$F_{4y}=0.626\text{N}$，$F_{5y}=0.44\text{N}$，$F_{6y}=-0.066\text{N}$

4-4 $K_{41}=Et\begin{pmatrix}-0.5 & -0.25\\0 & -0.25\end{pmatrix}$，$K_{41}=Et\begin{pmatrix}0 & 0\\0 & 0\end{pmatrix}$

$$K_{44}=Et\begin{pmatrix}1.5 & 0.25\\0.25 & 1.5\end{pmatrix},\ K_{46}=Et\begin{pmatrix}0 & 0\\0 & 0\end{pmatrix}$$

第五章

5－1
$$\begin{cases}\alpha_1-a\alpha_2-b\alpha_3+ab\alpha_4=u_i\\\alpha_5-a\alpha_6-b\alpha_7+ab\alpha_8=v_i\\\alpha_1+a\alpha_2-b\alpha_3-ab\alpha_4=u_j\\\alpha_5+a\alpha_6-b\alpha_7-ab\alpha_8=v_j\\\alpha_1+a\alpha_2+b\alpha_3+ab\alpha_4=u_m\\\alpha_5+a\alpha_6+b\alpha_7+ab\alpha_8=v_m\\\alpha_1-a\alpha_2+b\alpha_3-ab\alpha_4=u_p\\\alpha_5-a\alpha_6+b\alpha_7+ab\alpha_8=v_p\end{cases}$$